应用型本科系列规划教材

单片机原理与应用

——基于 Proteus 软件仿真

许　刚　编著

西北工業大學出版社

西　安

【内容简介】 本书以典型应用实例为主线，详细介绍了利用 Proteus 软件、C51 语言实现基于单片机设计的多个经典案例，通过案例的分析、引导，给出解决方法。每章精心设计一个拓展问题，解决拓展问题可以进一步提升初学者解决问题的能力。根据目前单片机在实际项目中的使用情况，本书重点突出了单片机通信总线方面的应用，如串行总线(第 7 章)、IIC 总线(第 8 章)、SPI 总线(第 9～10 章)都做了相关项目应用，凸显总线通信在单片机应用方面的重要性。

本书可作为高等院校电子类、电气类、计算机类、自动化类及机电一体化专业的单片机课程的入门教材，也可作为广大电子工程技术人员和爱好者的学习参考用书。

图书在版编目(CIP)数据

单片机原理与应用 ：基于 Proteus 软件仿真 / 许刚编著. —西安 ：西北工业大学出版社，2021.6(2024.1 重印)
ISBN 978-7-5612-7571-9

Ⅰ. ①单… Ⅱ. ①许… Ⅲ. ①单片微型计算机-高等学校-教材 Ⅳ. ①TP368.1

中国版本图书馆 CIP 数据核字(2021)第 103033 号

DANPIANJI YUANLI YU YINGYONG ——JIYU Proteus RUANJIAN FANGZHEN

单片机原理与应用——基于 Proteus 软件仿真

责任编辑：张 潼　　**策划编辑：**蒋民昌
责任校对：孙 倩　　**装帧设计：**董晓伟
出版发行：西北工业大学出版社
通信地址：西安市友谊西路 127 号　　邮编：710072
电　　话：(029)88491757，88493844
网　　址：www.nwpup.com
印 刷 者：广东虎彩云印刷有限公司
开　　本：787 mm×1 092 mm　　1/16
印　　张：13
字　　数：341 千字
版　　次：2021 年 6 月第 1 版　　2024 年 1 月第 2 次印刷
定　　价：50.00 元

前　言

为进一步提高应用型本科高等教育的教学水平，促进应用型人才的培养工作，提升学生的实践能力和创新能力，提高应用型本科教材的建设和管理水平，西安航空学院与国内其他高校、科研院所、企业进行深入探讨和研究，编写了“应用型本科系列规划教材”系列用书，包括《航空安全管理学》共计30种。本系列教材的出版，将对基于生产实际，符合市场人才的培养工作起到积极的促进作用。

随着电子工业的发展、教学改革的深入，针对实用性人才培养的需要及在校学生的现状，笔者编写了本书。

当下微处理器技术发展日新月异，传统的教学模式、思维和市场需求之间的矛盾日益突出，学和用严重脱节。笔者多年从事单片机教学，同时也承担过多项横向课题的开发，深知学生缺什么，教师该教些什么。教师不能只是传授知识点，应该把更多精力放到对学生能力的培养上，比如，编程调试能力、电路图绘制能力、电路分析能力等。对学生综合素质的培养无疑是对教师教学以及教材编写的一大挑战。一本好的教材，适应当下需求、适应特定学生的需求显得尤为重要。

本书就是在这样的背景下编写的，历时两年完成。本书共11章：第1章介绍Keil环境的安装及基本使用。第2章通过点亮一颗LED灯，介绍单片机内部结构、端口及仿真。第3章通过心形LED流动效果的实现，介绍C51编程的思路及C51语法。第4章介绍数码管、按键原理，掌握数码管及按键驱动程序的撰写。第5章介绍定时器基本原理，通过定时器完成秒表设计，要求学生初步了解定时器、按键、数码管综合应用。第6章利用定时器中断完成周期性方波的产生，要求学生学会中断、定时器综合应用。第7章介绍按键键值的串口输出及实现串口双机通信，要求学生学会串口通信配置及灵活应用。第8章介绍存储芯片AT24C02的读写，要求学生熟练掌握IIC一类芯片的应用。第9章介绍LCD12864液晶屏控制，要求学生掌握和理解SPI一类芯片的应用。第10章综合利用前面所学完成数控电源仿真与实现，培养学生综合利用各种资源解决问题的能力。第11章为拓宽项目方案设计。前10章每章末尾都有拓展练习题，每章的内容都通过了Proteus仿真实现，书中代码已经通过仿真验证，核心代码已添加注释。

本书由许刚编著。书中插图由李永恒绘制，在此表示感谢。

鉴于笔者水平有限，书中难免会有不足之处，望读者能不吝赐教。书中的仿真文件、Keil软件工程及PPT课件等资料，可以通过781691114@qq.com联系获取。

编著者

2021年2月

目　　录

第 1 章　概述……………………………………………………………………… 1

1.1　单片机概述 ………………………………………………………………… 1

1.2　单片机的学习方法及准备工作 …………………………………………… 2

1.3　单片机内部结构 …………………………………………………………… 3

1.4　单片机开发软件获取与安装 ……………………………………………… 4

1.5　知识梳理与总结 …………………………………………………………… 9

拓展练习题………………………………………………………………………… 9

第 2 章　单片机内部结构及 I/O 端口 ………………………………………… 10

2.1　单片机的存储介绍………………………………………………………… 10

2.2　单片机的并行 I/O 端口 ………………………………………………… 14

2.3　单片机最小系统…………………………………………………………… 17

2.4　点亮 LED 灯仿真实现 …………………………………………………… 18

2.5　知识点梳理与总结………………………………………………………… 21

拓展练习题 ……………………………………………………………………… 21

第 3 章　单片机并行 I/O 端口的应用 ………………………………………… 22

3.1　C51 语言概述……………………………………………………………… 22

3.2　C51 编程的基本格式……………………………………………………… 28

3.3　心形 LED 流水灯仿真实现 ……………………………………………… 29

3.4　知识梳理与总结…………………………………………………………… 33

拓展练习题 ……………………………………………………………………… 33

第 4 章　数码管显示和键盘接口技术 ………………………………………… 34

4.1　数码管显示原理及分类…………………………………………………… 34

4.2　数码管驱动电路设计……………………………………………………… 35

4.3　数码管驱动函数…………………………………………………………… 36

4.4　数码管显示仿真调试……………………………………………………… 37

4.5　按键原理及分类…………………………………………………………… 38

4.6 独立按键和矩阵按键扫描函数仿真实现 …… 40
4.7 密码锁设计仿真实现 …… 43
4.8 知识梳理与总结 …… 51
拓展练习题 …… 51

第5章 定时器/计数器及应用 …… 52

5.1 定时器/计数器结构 …… 52
5.2 定时器/计数器相关寄存器 …… 53
5.3 定时器/计数器配置流程 …… 57
5.4 秒表电路仿真实现 …… 57
5.5 知识梳理与总结 …… 63
拓展练习题 …… 64

第6章 中断系统及应用 …… 65

6.1 中断系统介绍 …… 65
6.2 中断系统的相关控制寄存器 …… 68
6.3 中断配置流程及函数配置 …… 69
6.4 信号发生器电路仿真实现 …… 71
6.5 知识梳理与总结 …… 75
拓展练习题 …… 76

第7章 异步串行通信原理与应用 …… 77

7.1 通信方式 …… 77
7.2 串口结构及相关寄存器 …… 78
7.3 串行通信的工作方式、波特率的计算及接口标准 …… 81
7.4 串行口的初始化流程和函数配置 …… 83
7.5 矩阵按键串口输出仿真实现 …… 84
7.6 双机通信仿真实现 …… 87
7.7 知识梳理与总结 …… 91
拓展练习题 …… 93

第8章 IIC总线原理及应用 …… 94

8.1 IIC总线概念 …… 94
8.2 IIC总线基本时序及函数实现 …… 95
8.3 串口设定参数AT24C02存储仿真实现 …… 100
8.4 知识梳理与总结 …… 109
拓展练习题 …… 110

第 9 章　SPI 总线原理及应用 …… 111

9.1　SPI 总线概述 …… 111
9.2　基于 SED1565 驱动 LCD12864 液晶屏控制原理 …… 114
9.3　液晶屏图文显示仿真实现 …… 119
9.4　知识梳理与总结 …… 125
拓展练习题 …… 125

第 10 章　ADC 和 DAC 原理及应用 …… 126

10.1　A/D 转换概述 …… 126
10.2　A/D 转换器 PCF8591 概述 …… 127
10.3　D/A 转换概述 …… 129
10.4　D/A 转换和 A/D 转换输出仿真实现 …… 130
10.5　知识梳理与总结 …… 135
拓展练习题 …… 137

第 11 章　拓展项目方案设计 …… 138

11.1　配置 Keil 软件及 Keil 调试方法详解 …… 138
11.2　单片机选择及 Proteus 使用步骤 …… 143
11.3　点阵屏仿真电路设计 …… 147
11.4　数码管显示仿真方案设计 …… 149
11.5　方波信号源设计实现 …… 155
11.6　频率计仿真方案设计 …… 160
11.7　多机通信拓展练习 …… 165
11.8　模拟 IIC 总线主从单片机通信仿真 …… 172
11.9　模拟 SPI 总线双机通信仿真方案设计 …… 184
11.10　数控恒压电源 …… 189

参考文献 …… 199

第1章　概　　述

任务　新建一个单片机工程项目

任务要求：在软件 Keil 中建立一个单片机项目。

任务分析：要实现本任务，需在电脑上安装 Keil 软件，Keil 软件版本比较多，找一款目前比较流行的 Keil 版本（支持 51 单片机）。再通过 Keil 软件，建立一个单片机项目。

任务目标：了解 Keil 软件一些基本配置的含义；掌握在 Keil 单片机开发环境中建立一个单片机工程步骤。

1.1　单片机概述

很多初学者在刚开始接触单片机的时候不清楚究竟什么是单片机。用专业语言讲，单片机就是在一块硅片上集成了微处理器、存储器及各种输入输出接口的芯片，这样一块芯片就具有了计算机的属性，因而被称单片机。有些用户可能对微处理器、存储器、接口等概念不是很清楚，这里打个比方，微处理器就像计算机里的 CPU，存储器就像计算机里的硬盘和内存，I/O 接口就像计算机机箱后面的 USB、串口等各种通信接口。只是单片机里微处理器、存储器、输入输出接口比计算机要简单得多，也便宜得多。称得上是“麻雀虽小五脏俱全”。可以理解为，单片机就是一块集成芯片，但这块集成芯片具有一些特殊的功能，它的功能的实现靠使用者编程完成。编程的目的就是控制这块芯片的各个引脚在不同时间输出不同的电平（高电平或低电平），进而控制与单片机各个引脚相连接的外围电路的电气状态。

单片机的型号比较多，选择哪一款学习，取决于自己的实际情况。如果是初学者，可以从 51 单片机入门学习，如果硬件知识比较薄弱，建议以仿真软件 Proteus 作为仿真学习平台。这样学习起来方便，可以节约很多自己摸索的时间，很快就能入门。

本书选择 89C51（简称 51）系列作为入门学习的单片机，51 单片机特点是简单、入门比较快，还可以为后面继续学习其他单片机打好基础。51 单片机作为一款成熟的单片机积累的资料非常多，在学习的过程中如果遇到问题，可以很方便地利用网络资源寻找到解决方案。

单片机的种类很多，那么是不是每一种都要学习一遍呢，答案当然是否定的。学习单片机除了学习一些基本操作、基本概念，更重要的是学习如何使用一颗可编程芯片的方法。学会举一反三、融会贯通。有些高级单片机编程风格和 51 单片机还是有很大区别。但是对于寄存器操作的思路是一致的。通过学习好 51 单片机，打好基础，循序渐进。逐步达到精通各类单片机，使用单片机就像使用普通数字芯片一样简单的目的。

学习单片机系统是必须要懂一些硬件相关知识，如果要快速入门单片机和单片机编程，可以先从仿真开始学习，对于单片机概念建立、资源的理解、资源的掌握是非常高效的。入门之后再结合硬件学习。这样可以避免初学者硬件知识薄弱，从而影响单片机理论、编程、资源使用这些知识点的深入。

1.2 单片机的学习方法及准备工作

在当今这个电子的时代，以单片机为核心的电子产品开发已经成为主流。学习、使用单片机已经成为步入电子开发这个领域的必备技能。下面介绍一些快速入门的方法和经验。

1. 模仿

学习一门未知的技术，模仿是最好的开始。从开始临摹书法大师的作品，到后来形成自己的风格。单片机的学习如何模仿？找一本好教材，找一个好的开发板，找一个好视频等，跟着从做一些简单实验开始，再逐步增加些难度。把那些优秀的设计、算法拿来为我所用、为我所有、消化吸收、加以改进。学习过程一定做好笔记和总结。

2. 倾听

我们在与人交流中，要学会倾听。这不仅仅是礼貌尊重，更是交流的基本技能。在单片机学习过程中，也要学会倾听他人解决问题的思路。认真学习对方的作品，获得的不仅仅是基本电路、编程等方面的知识，更是一个优秀作品设计者所体现的精神、设计风格、严谨的态度和那些不易被人察觉的经验。

作为从事多年设计工作的一名老师，建议读者如果有机会接近一些优秀的设计，一定要抓住这样的学习机会。

3. 毅力

自信是干好一件事的前提，那么自信来源于哪里呢？对于一门技术，自信来源于无数次对遇到的问题的完美解决。每一个问题解决离不开毅力。没有锲而不舍的追求，没有对于一件事情的执着，就不会取得完美的结果。

学习单片机技术，对于初学者来说，或多或少会遇到各种问题，遇到问题时，不要有畏难情绪，要逐个解决掉，不遗留。中国有句古话："世上无难事，只怕有心人"。经过一段时间的学习后，对于单片机的理解会接近于单片机本身。对单片机的应用也不同于开始。

4. 总结

从一开始模仿别人，到最后的自己提出一个方案。这个过程非常艰辛，但同时也是幸福的。随着时间的流逝，你会不知不觉发现自己提高了不少。解决方案更加接近最好的方案，也知道怎么才能达到设计方案的效果。在这个过程中有个非常关键的因素，就是总结，总结成功的经验，总结失败的教训。经验与教训同等重要，都会使你的想法、解决问题的方案趋于完美。善于总结会让你的事业从宽度走向深度，由非专业走向专业。单片机的学习、模仿实验、简单方案设计、复杂问题的解决。每一步都离不开每个知识点、问题的总结。若善于总结，那么一定可以很快入门单片机技术。

1.3　单片机内部结构

51单片机是对目前所有兼容MCS-51指令系统的单片机的统称。MCS-51单片机是指美国Intel公司生产的内核兼容的一系列单片机的总称。MCS-51代表了这一系列单片机的内核,该系列单片机硬件结构相似、指令兼容。

目前,单片机主要是向低功耗、高性能、集成度高的方向发展。近年来32位单片机已进入了成熟应用阶段。随着技术发展,32位将后来居上占据主导地位,但在某些领域51单片机还将会继续被使用。

8051是MCS-51系列单片机中早期的典型产品,其内部结构如图1.1所示。单片机主要由CPU、ROM、RAM、时钟电路、定时计数器、中断系统、并行接口和异步串行接口等部分组成,内部各部分功能见表1.1。

单片机不同的组成部分之间是通过总线连接起来的。总线在不同时刻起着不同作用,按照功能可划分为三种,分别是数据总线(DATA BUS),地址总线(ADDRESS BUS)和控制总线(CONTROL BUS)。

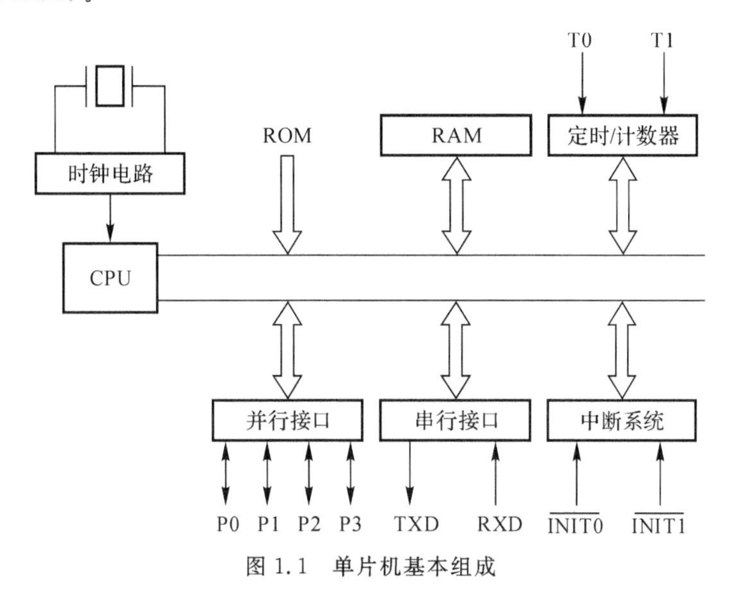

图1.1　单片机基本组成

表1.1　8051内部各部分功能

部件名称	功　能
中央处理器 (Central Processing Unit ,CPU)	CPU是单片机的控制核心,由运算器和控制器组成。运算器的主要功能是对数据进行各种运算,包括加、减、乘、除等基本算术运算,以及与、或、非等基本逻辑运算和数据的比较、移位等操作。控制器相当于人的大脑,它控制和协调整个单片机的动作
内部数据存储器 (Random Access Memory,RAM)	8051内部共有256个RAM单元,可读可写,掉电后数据丢失。其中,高128个单元被专用寄存器占用;低128个单元供用户使用,用于暂存中间数据,通常所说的内部数据存储器指的低128个单元

续表

部件名称	功 能
内部程序存储器 (Read - Only Memory,ROM)	8051内部共有4K掩膜ROM,只能读不能写,掉电后数据不会丢失,用于存储程序和程序运行过程中不会改变的原始数据,通常称为程序存储器
并行口 (Parallel Input/Output Port,I/O)	8051内部有四个8位并行I/O接口(P0、P1、P2、P3),可以实现数据的并行输入输出
串行口(Serial Port)	8051内部有一个全双工异步串行口,可以实现单片机与其他设备之间的串行数据通信。该串行口既可作为全双工异步通信收发器使用,也可作为同步移位器使用,扩展外部IO端口
定时器/计数器 (Time/Count)	8051内部有两个16位的定时/计数器,可实现定时或计数功能
中断系统 (Interrupt System)	中断系统包括中断源、中断请求、中断响应、中断优先级、中断嵌套、中断返回等部分。8051内部共有5个中断源,分为高级和低级两个优先级别
时钟电路(Clock Circuit)	8051内部有时钟电路,只需外接石英晶体和微调电容即可。晶振频率通常选择6 MHz、12 MHz或11.059 2 MHz等。时钟电路提供了单片机运行的最基本时钟来源

随着集成电路技术的发展,51单片机的集成度越来越高,除了表1.1所示的基本模块外,有的还集成了AD转换功能、IIC接口、SPI接口、PWM输出、看门狗和在系统可编程接口等功能。

1.4 单片机开发软件获取与安装

单片机的开发环境非常多。不同的单片机开发环境操作是不同的,有些开发环境可兼容多种单片机。比如目前流行的Keil开发环境,支持了多种单片机的开发。本书选择51单片机进行讲解,开发环境推荐使用Keil C51。

1. Keil软件的安装步骤

(1)通过Keil官网获取Keil c51 version 9.52的安装包。双击安装软件,如图1.2所示。

(2)点击NEXT后,出现如图1.3所示界面,注意打钩 ☑ I agree 。

(3)点击"NEXT",选择安装路径,如图1.4所示。

(4)点击"NEXT",注册信息的填写。注册信息可随机输入,如图1.5所示。

(5)点击"NEXT",软件开始安装,如图1.6所示。

(6)点击"Finish"安装完成后,如图1.7所示。

Setup Keil C51 Version 9.52
Welcome to Keil µ Vision
Release 6/2013
KEIL
Tools by ARM
This SETUP program installs:
Keil C51 Version 9.52
This SETUP program may be used to update a previous product installation.
However, you should make a backup copy before proceeding.
It is recommended that you exit all Windows programs before continuing with SETUP.
Follow the instructions to complete the product installation.
Keil µVision Setup
<< Back
Next >>
Cancel

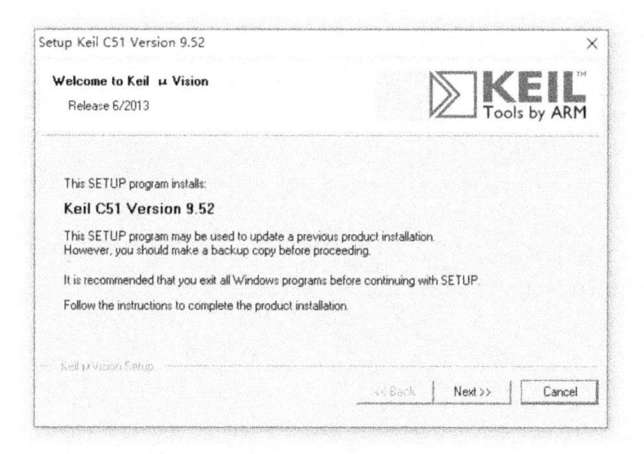

图 1.2　安装开始界面

Setup Keil C51 Version 9.52
License Agreement
Please read the following license agreement carefully.
KEIL
Tools by ARM
To continue with SETUP, you must accept the terms of the License Agreement. To accept the agreement, click the check box below.
END USER LICENCE AGREEMENT FOR ARM KEIL SOFTWARE DEVELOPMENT TOOLS
THIS END USER LICENCE AGREEMENT ("LICENCE") IS A LEGAL AGREEMENT BETWEEN YOU (EITHER A SINGLE INDIVIDUAL, OR SINGLE LEGAL ENTITY) AND ARM LIMITED ("ARM") FOR THE USE OF THE SOFTWARE ACCOMPANYING THIS LICENCE. ARM IS ONLY WILLING TO LICENSE THE SOFTWARE TO YOU ON CONDITION THAT YOU ACCEPT ALL OF THE TERMS IN THIS LICENCE. BY
I agree to all the terms of the preceding License Agreement
Keil µVision Setup
<< Back
Next >>
Cancel

图 1.3　安装协议选择

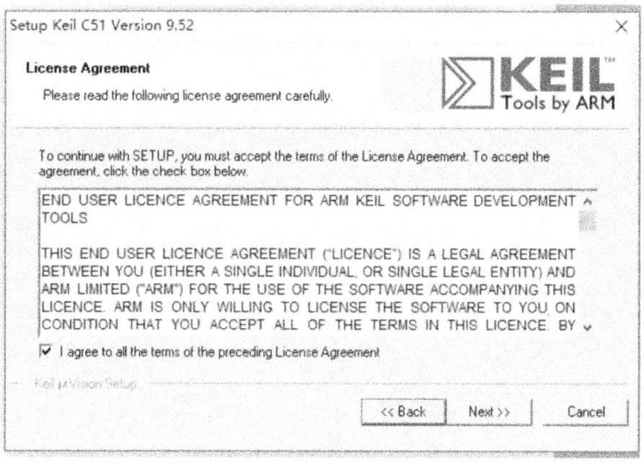

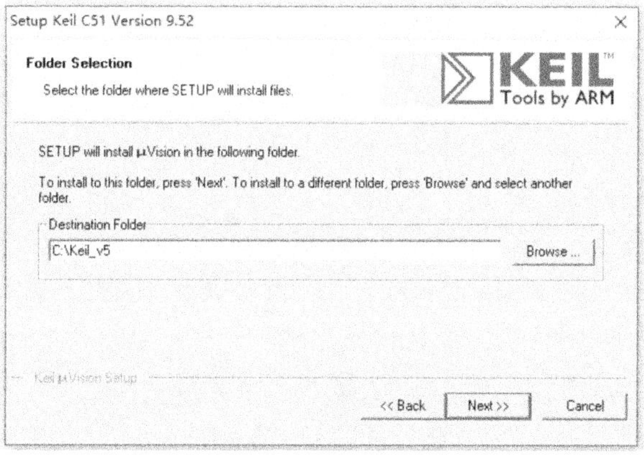

Setup Keil C51 Version 9.52
Folder Selection
Select the folder where SETUP will install files.
KEIL
Tools by ARM
SETUP will install µVision in the following folder.
To install to this folder, press 'Next'. To install to a different folder, press 'Browse' and select another folder.
Destination Folder
C:\Keil_v5
Browse ...
Keil µVision Setup
<< Back
Next >>
Cancel

图 1.4　安装路径选择

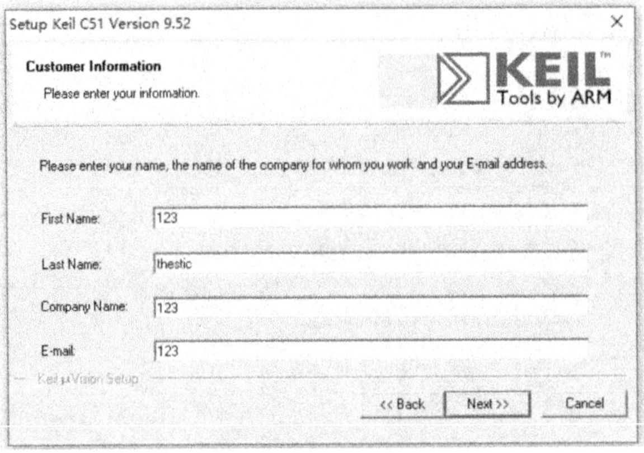

Setup Keil C51 Version 9.52

Customer Information

Please enter your information.

KEIL Tools by ARM

Please enter your name, the name of the company for whom you work and your E-mail address.

First Name: 123

Last Name: thestic

Company Name: 123

E-mail: 123

Keil µVision Setup

<< Back　Next >>　Cancel

图 1.5　注册信息填写

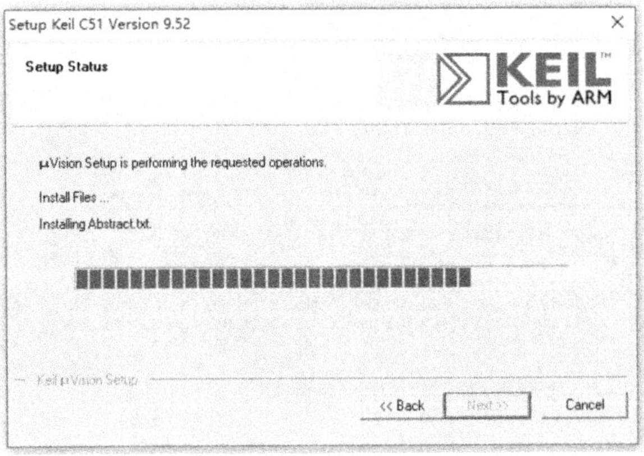

Setup Keil C51 Version 9.52

Setup Status

KEIL Tools by ARM

µVision Setup is performing the requested operations.

Install Files ...

Installing Abstract.txt.

Keil µVision Setup

<< Back　Next >>　Cancel

图 1.6　安装进行界面

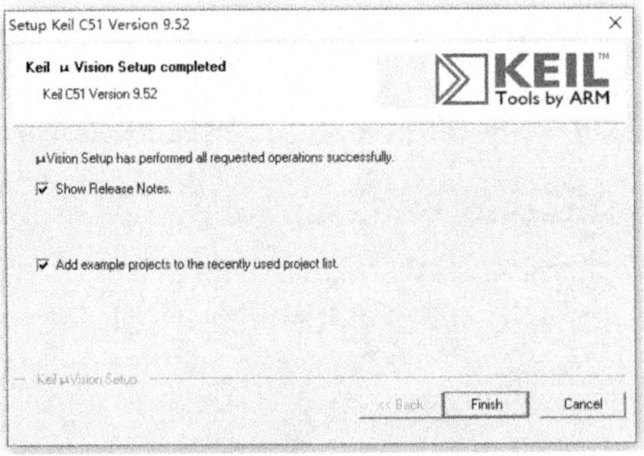

Setup Keil C51 Version 9.52

Keil µ Vision Setup completed

Keil C51 Version 9.52

KEIL Tools by ARM

µVision Setup has performed all requested operations successfully.

Show Release Notes.

Add example projects to the recently used project list.

Keil µVision Setup

<< Back　Finish　Cancel

图 1.7　安装完成界面

2. Keil 工程建立

通过 Keil 建立工程是 Keil 软件的最基本的操作，必须熟练掌握。使用 Keil 建立工程的主要步骤如下：

(1)打开软件。

(2)新建工程。

(3)添加 c 文件、并保存。

(4)工程进行相关设置。

使用 Keil 软件建立工程具体操作步骤如下：

(1)选择 Project 菜单，点击 New μvision project，如图 1.8 所示。

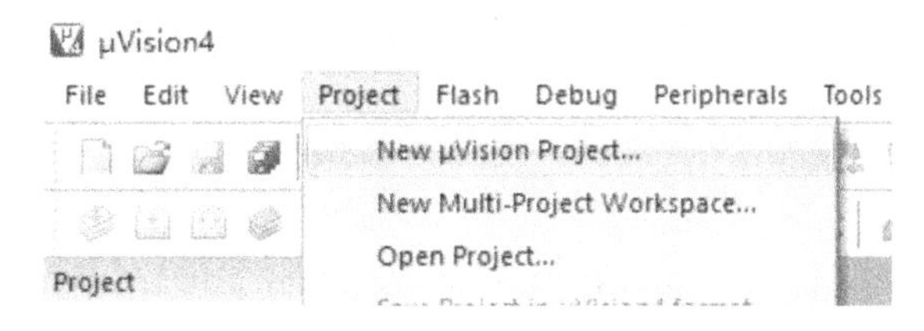

图 1.8　新建工程

(2)新建工程路径选择及给工程一个合适的名字，并选择一个保存路径，如图 1.9 所示。

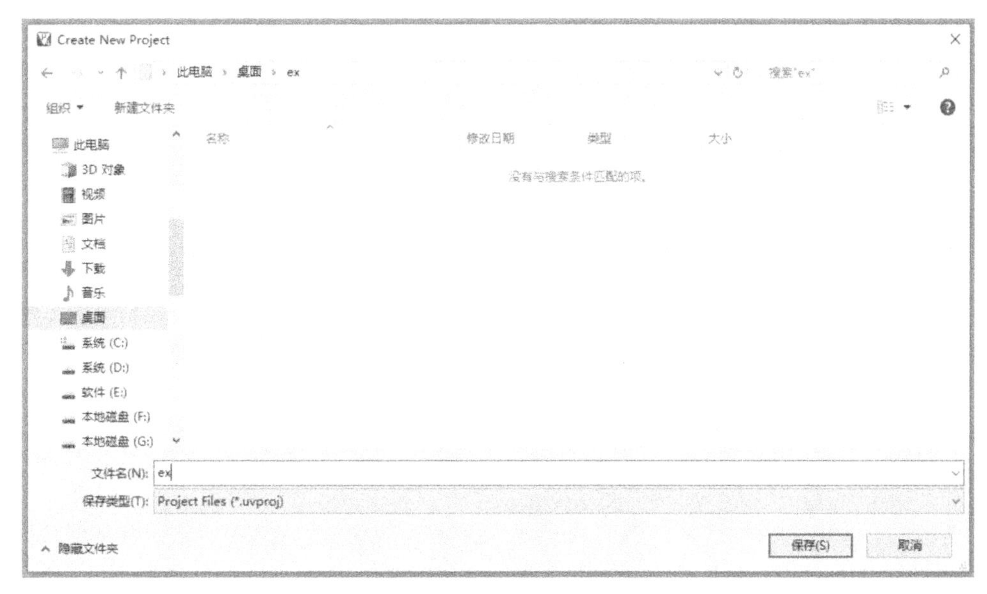

图 1.9　工程路径选择

(3)选择工程中用的芯片，本书以 Atmel－At89c51 为例，如图 1.10 所示。

(4)右键单击新建工程中 Source Group_1 文件夹选择 Add New item to Group 进行添加工程文件，如图 1.11 所示。

(5)选择新建的文件类型(.C 文件)，给新建文件命名，再点击 Add，如图 1.12 所示。

(6)工程新建完成，如图 1.13 所示。

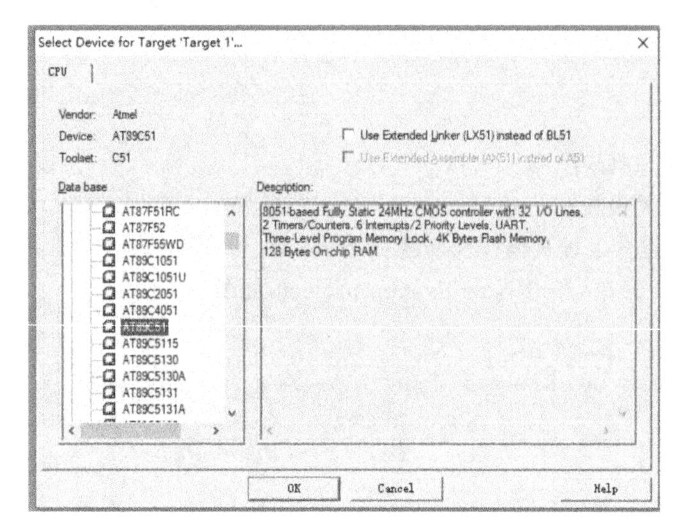

图 1.10　工程中芯片选择

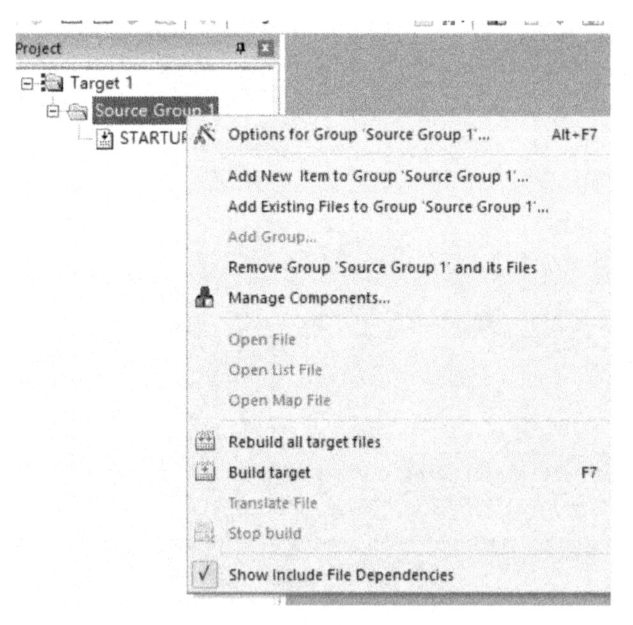

图 1.11　工程中添加工程文件

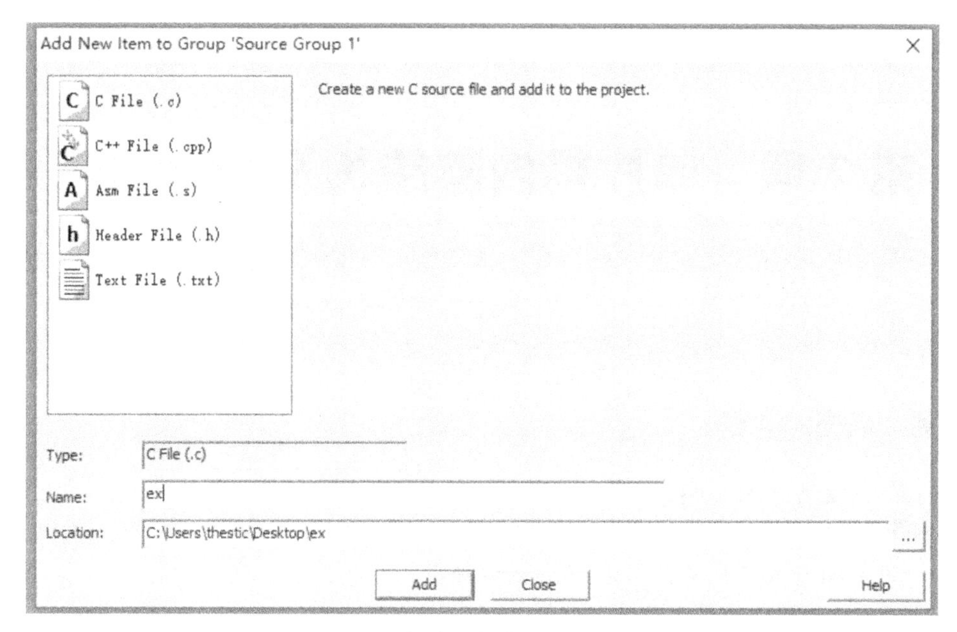

图 1.12 新建文件类型及文件命名

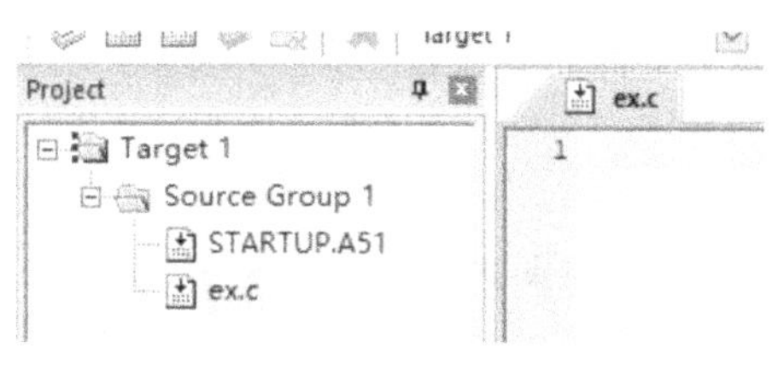

图 1.13 工程新建完成

1.5 知识梳理与总结

本章主要讲述了单片机概念、如何学习单片机、单片机基本组成、开发环境等问题。这也是单片机学习者必须首先理解和掌握知识点。

单片机可理解为一个由程序控制的数字芯片，由 CPU、ROM、RAM、端口、定时器和中断等基本资源构成，也可以把单片机想象成一台计算机，两者组成类似。了解单片机基本构成，学会开发环境的安装、配置方法，这些是本章的重点。

拓展练习题

做一份“如何配置 Keil 软件及 Keil 调试方法”的图文报告。

第2章　单片机内部结构及I/O端口

任务　点亮Led灯

任务要求：通过Proteus软件建立一个仿真电路点亮LED灯。
任务分析：要实现本章任务，必须完成以下三个子任务：
(1)利用Keil开发环境编写点亮LED的程序；
(2)在Proteus软件中绘制仿真电路；
(3)在Keil中编译程序生成hex文件，添加到Proteus仿真电路的单片机里。
任务目标：掌握在Keil单片机开发环境下一些基本操作及撰写一个简单程序；
掌握Proteus软件建立仿真电路的步骤；
掌握Keil和Proteus的联调仿真方法。

2.1　单片机的存储介绍

存储器是单片机的基本组成之一，存储器有RAM和ROM之分。RAM为随机存储器，也叫数据存储器。ROM是只读存储器，也叫程序存储器。8051单片机主要有4个物理存储空间，即片内数据存储器(IDATA)；片外数据存储器(XDATA)；片内程序存储器和片外程序存储器(程序存储器称为CODE区)。

在单片机的C语言程序设计中，用户无须考虑程序的存放地址，编译器会自动分配。用户只需了解程序存储器的结构就可以了。单片机的存储器结构包括4个物理存储空间，C51编译器对这4个物理存储空间都能支持。常见的C51编译器支持的存储器类型见表2.1。

表2.1　C51编译器支持的存储器类型

存储器类型	描　述
DATA	直接访问内部数据存储器，允许最快访问(128B)
BDATA	可位寻址内部数据存储器，允许位于字节混合访问(20H～2FH)
IDATA	间接访问内部数据存储器，允许访问整个内部地址空间(256B)
PDATA	“分页”外部数据存储器(256B)
XDATA	外部数据存储器(64k)
CODE	程序存储器(64k)

2.1.1　片内数据存储器

8051 的内部 RAM 共有 256 个单元，通常把这 256 个单元按其功能划分为两部分：低 128 单元(0x00～0x7f)和高 128 单元(0x80～0xff)。注意：0x80 表示 16 进制。片内 RAM 的低 128 单元地址功能分区见表 2.2。

表 2.2　片内 RAM 低 128 单元地址功能分区

序　号	区　域	地　址	功　能
1	工作寄存器区	0x00～0x07	第 0 组工作寄存器(R0～R7)
		0x08～0x0f	第 1 组工作寄存器(R0～R7)
		0x10～0x17	第 2 组工作寄存器(R0～R7)
		0x18～0x1f	第 3 组工作寄存器(R0～R7)
2	位寻址区	0x20～0x2f	位寻址区，位地址为：00H－7FH
3	用户 RAM 区	0x30～0x7f	用户数据缓冲区

由表 2.2 可看出，片内 RAM 低 128 单元是单片机的真正 RAM 存储器，按其用途划分为工作寄存器区、位寻址区和用户数据缓冲区 3 个区域。

1. 工作寄存器区

8051 共有 4 组寄存器，每组包括 8 个(R0～R7)共计 32 个，用来存放操作数和中间结果等，称为通用寄存器或工作寄存器。在任意时刻，CPU 只能使用其中一组寄存器，并且把正在使用的那组寄存器称为当前寄存器组。当前工作寄存器到底是哪一组，由程序状态字寄存器 PSW 中 RS1 和 RS0 位的状态组合来决定。在 C 语言编程中，一般不会直接使用工作寄存器，但是，在 C 语言与汇编语言的混合编程中，工作寄存器组是汇编子程序与 C 语言函数之间重要的参数传递工具。

2. 位寻址区

内部 RAM 的 0x20～0x2f 单元，既可作为一般 RAM 单元使用，进行字节操作，也可以对单元中每一位进行位操作，因此把该区称为位寻址区(BDATA 区)。位寻址区共有 16 个 RAM 单元，共计 128 位，相应的位地址为 00H～7FH。地址分布见表 2.3。

表 2.3　片内 RAM 位寻址区的位地址

单元地址	位地址							
2FH	7FH	7EH	7DH	7CH	7BH	7AH	79H	78H
2EH	77H	76H	75H	74H	73H	72H	71H	70H
2DH	6FH	6EH	6DH	6CH	6BH	6AH	69H	68H
2CH	67H	66H	65H	64H	63H	62H	61H	60H
2BH	5FH	5EH	5DH	5CH	5BH	5AH	59H	58H
2AH	57H	56H	55H	54H	53H	52H	51H	50H

续表

单元地址	位地址							
29H	4FH	4EH	4DH	4CH	4BH	4AH	49H	48H
28H	47H	46H	45H	44H	43H	42H	41H	40H
27H	3FH	3EH	3DH	3CH	3BH	3AH	39H	38H
26H	37H	36H	35H	34H	33H	32H	31H	30H
25H	2FH	2EH	2DH	2CH	2BH	2AH	29H	28H
24H	27H	26H	25H	24H	23H	22H	21H	20H
23H	1FH	1EH	1DH	1CH	1BH	1AH	19H	18H
22H	17H	16H	15H	14H	13H	12H	11H	10H
21H	0FH	0EH	0DH	0CH	0BH	0AH	09H	08H
20H	07H	06H	05H	04H	03H	02H	01H	00H

3. 用户数据缓冲区

在内部 RAM 低 128 单元中，单元地址 0x30～0x7f，是供用户使用的一般 RAM 区。对于用户数据缓冲区的使用没有任何规定或限制，但在一般应用中常把堆栈开辟在此区中。

4. 特殊功能寄存器区 SFR

内部 RAM 的高 128 单元地址 0x80～0xff，是供给专用寄存器 SFR（Special Function Register，也称为特殊功能寄存器）使用的。8051 单片机总共定义了 21 个专用寄存器见表 2.4，它们不连续地分布在片内 RAM 的高 128 单元中，尽管其中还有许多空闲地址，但用户不能使用。另外还有一个不可寻址的专用寄存器，即程序计数器 PC，它不占据 RAM 单元，在物理上是独立的。

表 2.4　51 单片机专用寄存器地址

SFR	位地址/位定义								单元地址
B	F7H	F6H	F5H	F4H	F3H	F2H	F1H	F0H	F0H
ACC	E7H	E6H	E5H	E4H	E3H	E2H	E1H	E0H	E0H
PSW	D7H	D6H	D5H	D4H	D3H	D2H	D1H	D0H	D0H
	CY	AC	F0	RS1	RS0	OV	F1	P	
IP	BFH	BEH	BDH	BCH	BBH	BAH	B9H	B8H	B8H
P3	B7H	B6H	B5H	B4H	B3H	B2H	B1H	B0H	B0H
	P3.7	P3.6	P3.5	P3.4	P3.3	P3.2	P3.1	P3.0	
IE	AFH	AEH	ADH	ACH	ABH	AAH	A9H	A8H	A8H
	EA	/	/	ES	PT1	PX1	PT0	PX0	

续表

SFR	位地址/位定义								单元地址
P2	A7H	A6H	A5H	A4H	A3H	A2H	A1H	A0H	A0H
	P2.7	P2.6	P2.5	P2.4	P2.3	P2.2	P2.1	P2.0	
SBUF									99H
SCON	9FH	9EH	9DH	9CH	9BH	9AH	99H	98H	98H
P1	97H	96H	95H	94H	93H	92H	91H	90H	90H
	P1.7	P1.6	P1.5	P1.4	P1.3	P1.2	P1.1	P1.0	
TH1									8DH
TH0									8CH
TL1									8BH
TL0									8AH
TMOD	GATE	C/T	M1	M0	GATE	C/T	M1	M0	89H
TCON	8FH	8EH	8DH	8CH	8BH	8AH	89H	88H	88H
	TF1	TR1	TF0	TR0	IE1	IT1	IE0	IT0	
PCON	SMD	/	/	/	/	/	/	/	87H
DPH									83H
DPL									82H
SP									81H
P0	87H	86H	85H	84H	83H	82H	81H	80H	80H
	P0.7	P0.6	P0.5	P0.4	P0.3	P0.2	P0.1	P0.0	

在表2.4中字节地址末位为0或8的寄存器都是可以进行位寻址操作的寄存器。全部专用寄存器中可以进行位寻址的位共83位，这些位都有专门的定义和用途。在C51编程的头文件“reg52.h”对于寄存器地址做了定义，如 sfr P0＝0x80；那么在程序中就可以使用P0这个寄存器了。

2.1.2　程序存储器

51单片机中的程序存储器用来存放程序或一些数据表格。程序存储器的结构如图2.1所示。以80C51为例，片内有4KB ROM。

51单片机片外最多能扩展64KB程序存储器，片内外ROM是统一编制的。如$\overline{EA}$管脚保持高电平，程序计数器PC先从片内开始，如果片外也有程序，那么会自动调到片外寻址。当$\overline{EA}$管脚为低电平时，则只能开始片外寻址，不会进入片内。程序存储器中有几个特殊地址见表2.5。

表 2.5　几个特殊 ROM 地址和功能

地　址	功　能
0x0000	程序首地址，系统复位后程序从首地址开始执行
0x0003	外部中断 0 的中断程序入口地址
0x000B	定时器 0 的中断程序入口地址
0x0013	外部中断 1 的中断程序入口地址
0x001B	定时器 1 的中断程序入口地址
0x0023	串行通信中断的中断程序入口地址

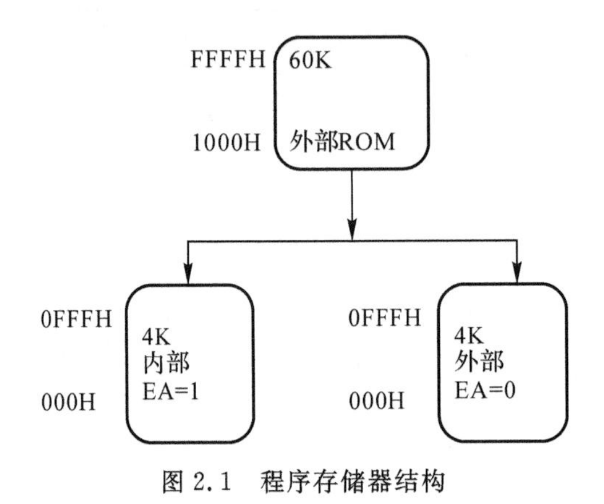

图 2.1　程序存储器结构

2.2　单片机的并行 I/O 端口

1. 并行 I/O 端口概述

AT89C51 是 51 单片机典型型号，共有 4 个 8 位并行 I/O 端口，分别用 P0、P1、P2、P3 表示。每个 I/O 端口既可以按位操作使用单个引脚，也可以按字节操作使用 8 个引脚。本书选取 AT89C51 为实例进行讲解，芯片管脚如图 2.2 所示。

由图 2.2 可以看到 AT89C51 单片机管脚分布，P0.0～P0.7 为单片机 8 位 P0 双向口，P1 口、P2 口、P3 口也各包含了 8 位双向口，VCC 为电源正，GND 为电源地；ALE 为地址锁存信号，$\overline{\text{PSEN}}$为外部程序存储器读选通管脚，$\overline{\text{EN}}$为访问程序存储器控制脚，RST 为复位脚，XTAL1 和 XTAL2 为外接晶体振荡器引脚。

端口的操作是单片机操作重要的一环，因此了解端口的结构非常有必要。单片机的各个 I/O 端口作为一般端口使用，在结构和特性上基本相同，又各具特点。现在主要来介绍四个 I/O的内部结构和控制原理。

2. P0 端口内部结构

P0 端口中有两个三态(高电平、低电平、高阻态)缓冲器，如图 2.3 所示。若要读取 D 锁存器输出端 Q 的数据，那就得使读锁存器的这个缓冲器 G1 的三态控制端(图中的“读锁存器”

端)有效。下方是读引脚的缓冲器 G2,要读取 P0. x 引脚上的数据,也要使标号为“读引脚”的这个三态缓冲器 G2 的控制端有效,引脚上的数据才会传输到单片机的内部数据总线上。当控制信号为低电平“0”时,P0 口作为通用 I/O 接口使用,转换开关把输出级与锁存器 Q 端接通,在 CPU 向端口输出数据时,因与门输出为 0,是 T1 截止,此时,输出级是漏极开路电路,类似于 OD 门,当驱动上接电流负载时,需要外接上拉电阻(电阻一端接管脚,一端接 VCC),此时端口正常输出高低电平。当控制信号为高电平时,MUX 开关打到上方,端口功能是地址总线扩展,此时传输的是总线地址数据,P0 口作为总线扩展的低 8 位,P2 口作为高 8 位。

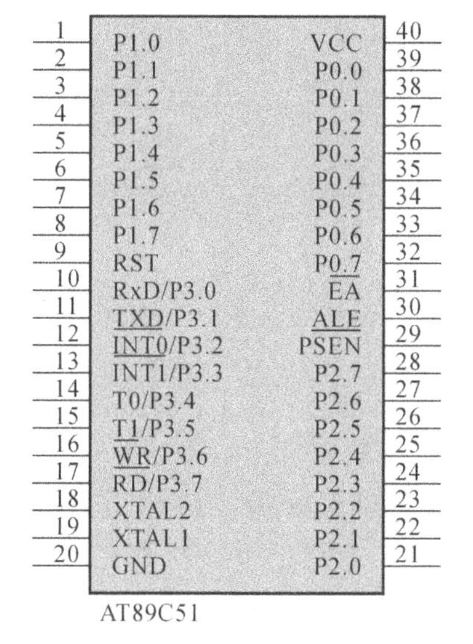

图 2.2　AT89C51 单片机管脚

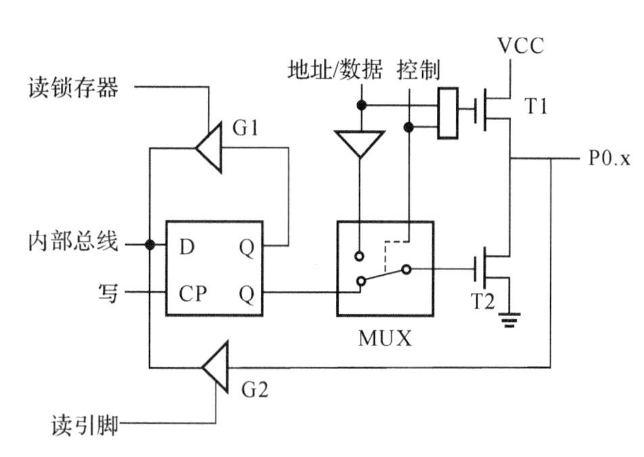

图 2.3　P0 口锁存器和缓冲器结构

P1、P2、P3 口作 I/O 口使用时原理与 P0 口类似,它们的内部结构分别为如图 2.4～2.6 所示。

P0～P3 并行 I/O 端口的线逻辑电路结构非常相似,都具有 I/O 口基本功能。P0 端口漏极开路,除 P0 外 I/O 口都是普通输入输出的 I/O。P3 端口除普通 I/O 使用外还具有第二功能。

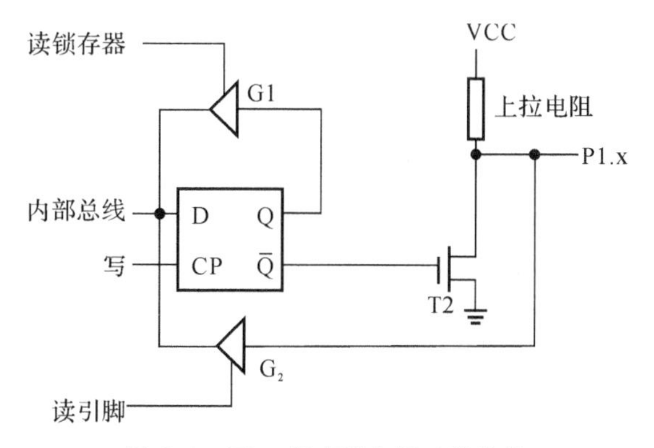

图 2.4　P1 口锁存器和缓冲器结构

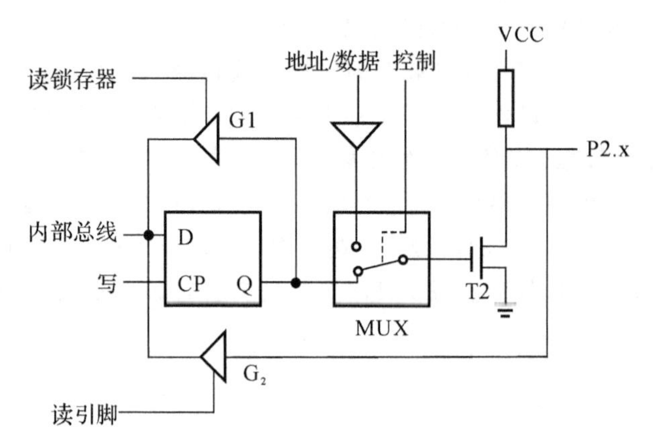

图 2.5　P2 口锁存器和缓冲器结构

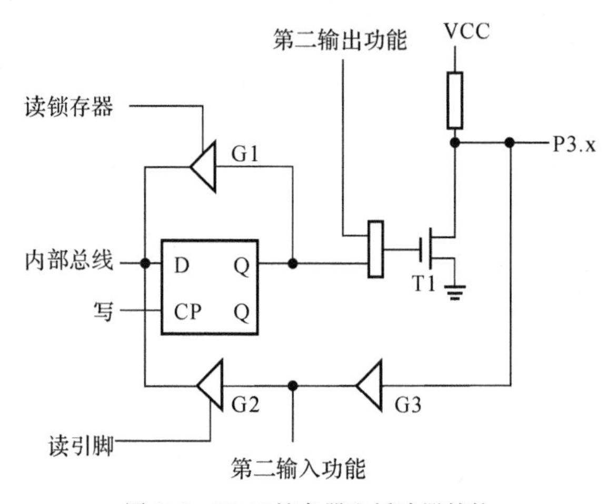

图 2.6　P3 口锁存器和缓冲器结构

3. 普通 I/O 端口使用

4 个并行 I/O 端口 P0～P3 作为输入端口使用时，应区分读引脚和读端口。读引脚即读取芯片引脚的状态，把端口引脚的数据从缓冲器通过内部总线读取进来。读引脚时，必须先向电路中的锁存器写入“1”。读端口是读锁存器的状态，读端口是为了适应对 I/O 端口“读—修改—写”操作语句的需要。

例 1　P0=P0&0xf0；　//将 P0 口的低 4 位引脚清零输出

该语句执行时，分为“读—修改—写”，即读 P0 口锁存器—修改数值—送回端口 P0。没有直接操作端口而是先操作锁存器，这样做是为了避免可能出现的错误。

例 2　Temp=P2;//读取 P2 端口值赋予临时变量 Temp

sbit Key=P1^0;//定义 Key 代替 P1 口第 0 位

If(Key==0);//判断 key(P1^0)口是否有低电平输入

P0 口作为输出端口使用时，输出电路是漏极开路，必须外接上拉电阻(一般取 10 kΩ)才能有高电平输出。P1、P2、P3 口作为输出端口使用时，无须外接上拉电阻。

例 3　P2=0xfe;//给 P2 端口赋予 0xfe

例4　sbit Led＝P2^0；//定义Led代表P2^0口

Led＝0；//给Led赋予低电平

无论作为输入端口还是输出端口，I/O端口采用字节操作时，第7位为高位，第0位为低位。

4.I/O端口的第二功能

在进行单片机系统功能扩展时，P0口作为单片机系统的低8位地址/数据线使用，称为地址数据分时复用引脚，P2口作为高8位地址。P0、P2口共同组成了16位地址总线。

P3口的8个引脚都具有第二功能，具体见表2.6。作为第二功能使用的端口线，不能同时做通用I/O端口使用。

表2.6　P3口各引脚的第二功能

P3.0	RXD串行数据接收	P3.4	T0定时/计数器0的外部输入脚
P3.1	TXD串行数据发送	P3.5	T1定时/计数器1的外部输入脚
P3.2	$\overline{INT0}$外部中断0申请脚	P3.6	$\overline{WR}$外部RAM或外部I/O写选通
P3.3	$\overline{INT1}$外部中断1申请脚	P3.7	$\overline{RD}$外部RAM或外部I/O读选通

2.3　单片机最小系统

单片机最小系统是指用最少的元件组成单片机可以正常工作的系统。单片机最小系统包括电源、时钟和复位三部分基本电路，如图2.7所示。

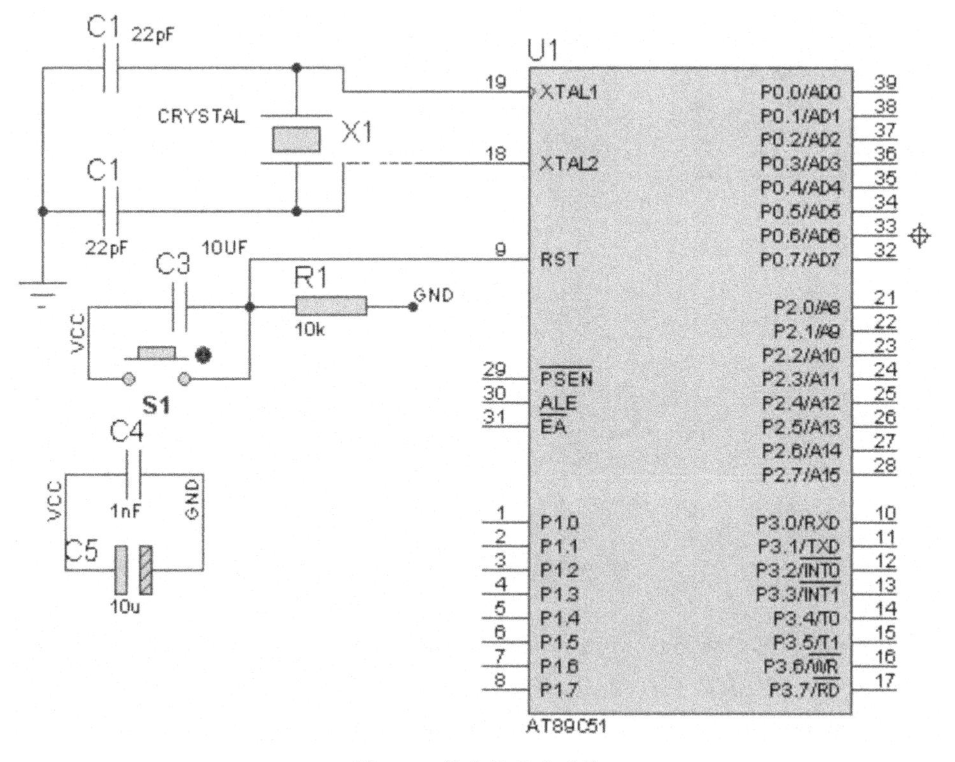

图2.7　单片机最小系统

给图 2.7 所示单片机系统提供 5V 的电源。C4 和 C5 是电源的滤波电容。电容 C3 和电阻 R1 组成了单片机的上电复位电路，当系统上电，电容 C3 瞬间短路给 RST 引脚提供一定时间高电平，单片机实现复位。复位后单片机内部程序返回第一条语句开始执行，所有寄存器都回到初始状态。通过手动按下按键 S1 可以实现系统复位，称为按键复位。复位电路是单片机最小系统必须有的基本电路。

晶体振荡器 X1 和电容 C1、C2 组成了滤波电路，滤波的频率由晶体振荡器 X1 频率决定。滤波电路和单片机内部时钟电路共同构成一个稳定频率内部信号源，给单片机提供必需的时钟信号。图中的 U1 是 AT89C51 单片机，也可以使用其他型号单片机。

2.4 点亮 LED 灯仿真实现

1. 点亮 LED 灯电路设计

点亮一颗 LED 灯的仿真电路如图 2.8 所示。图 2.8 在图 2.7 基础上增加了电阻 R3 和发光二极管 D1。根据电路知识，单片机端口发出低电平，D1 亮；若发出高电平，D1 不亮。图中 VCC 代表 5V。在 Proteus 仿真电路中，单片机的 VCC 管脚一般被隐藏。

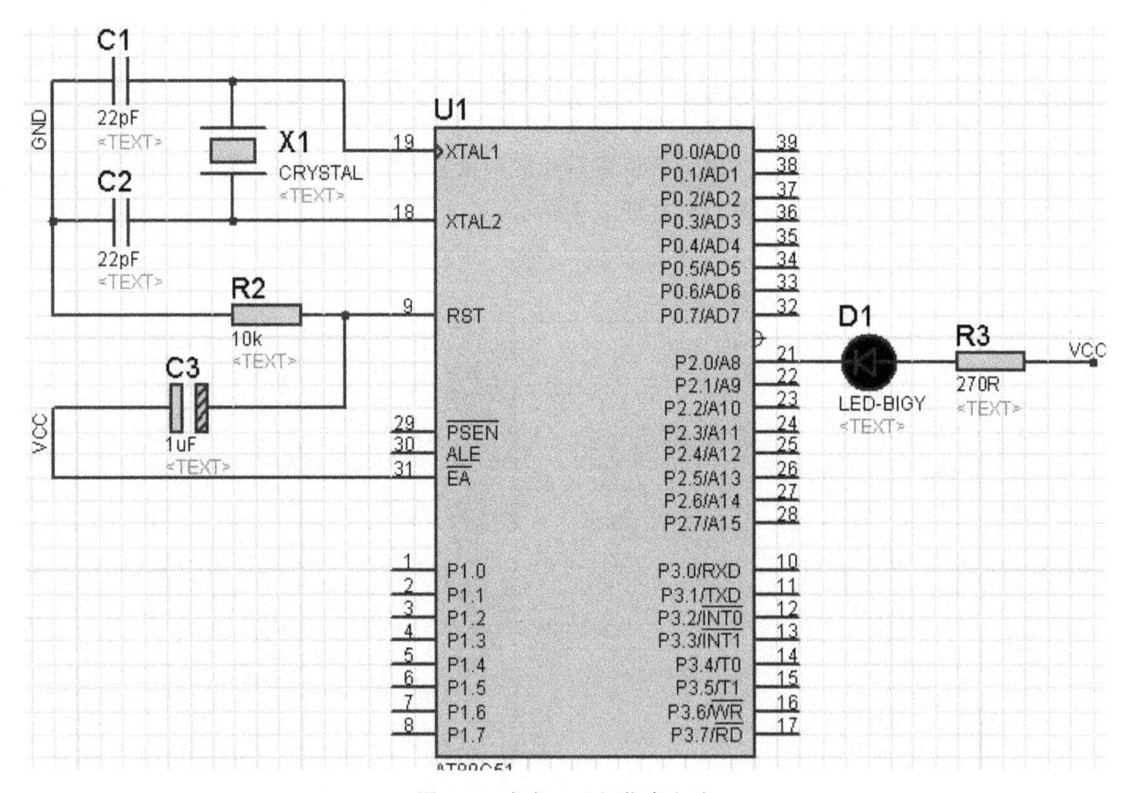

图 2.8　点亮 Led 灯仿真电路

图 2.8 所示的仿真电路是由 Proteus 软件绘制的。Proteus 仿真软件功能比较强大，不仅能仿真 51 单片机，也能仿真 PIC、AVR 等单片机。对于缺乏硬件条件的初学者来说，学会使用 Proteus，将会对单片机学习提供很大的便利。

2. 点亮LED灯的程序编写

点亮LED的单片机控制电路如图2.9所示。

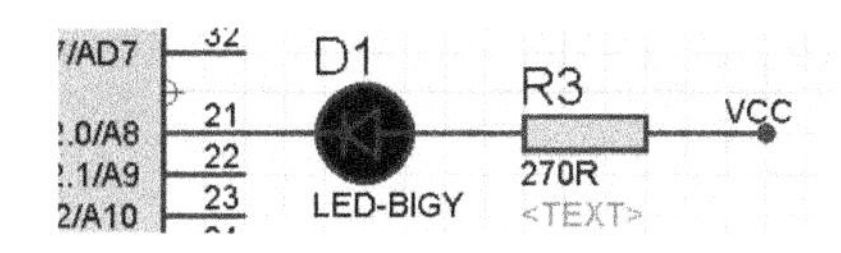

图2.9 LED控制电路

在图2.9中,P20是单片机端口,可以编程控制输出。当P20输出高电平时,LED灯灭;当P20输出低电平时,LED灯亮。

点亮LED灯程序代码编写有以下几个步骤:

(1)C51开发环境Keil中建立工程。

(2)在工程中添加如下ex.c文件。

```
#include "reg51.h"//头文件引用
sbit Led=P2^0;//端口位定义
main( )
{
Led=0;//Led端口输出低电平,灯亮
  while(1)
  {
;
  }
}
```

(3)在工程的option→output里Creat hex前打钩选中,再编译就会在存储的路径产生ex.hex,如图2.10所示。

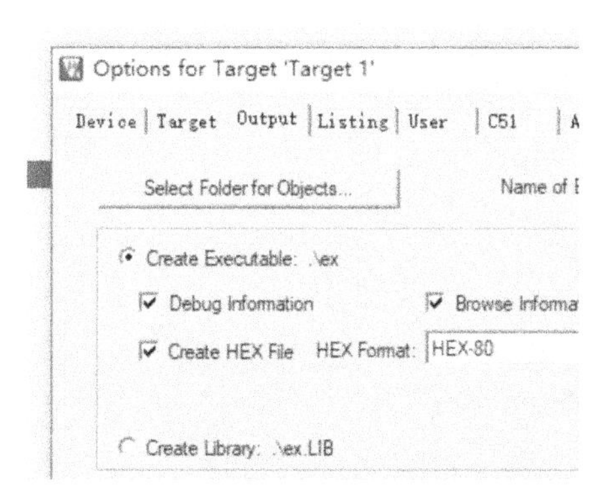

图2.10 配置中output产生hex选项

(4)把ex.c添加到工程,编译后产生ex.hex,如图2.11所示。图中左上角是项目窗口,右上角是程序编辑窗口,下边build output是程序编译状态输出窗口。通过build output可以看到程序大小、变量大小及程序的错误提示等各种信息。

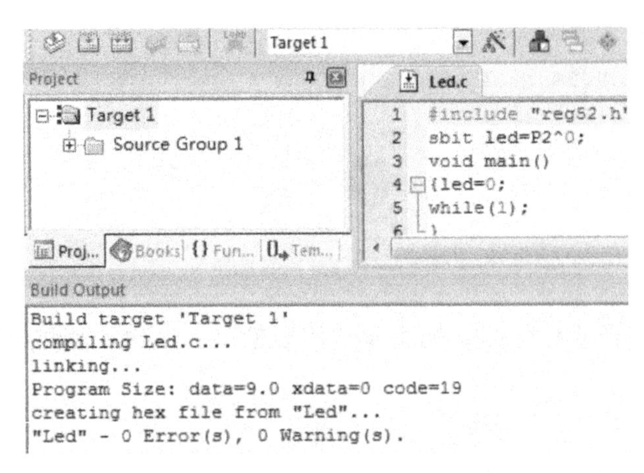

图 2.11　ex.c 添加到工程

3. Proteus 仿真电路与 Keil 系统联调

Proteus 工具与 Keil 软件的系统联调主要有以下几个步骤，以本次点亮 LED 灯项目进行步骤讲解。

(1)在 Proteus 仿真电路中，双击 51 单片机弹出单片机属性，如图 2.12 所示。修改 Clock Frequency 为 12 MHz。Program File 为加载程序路径，选择 Led 工程文件的保存路径，加载 Led 程序生成的 hex 文件。

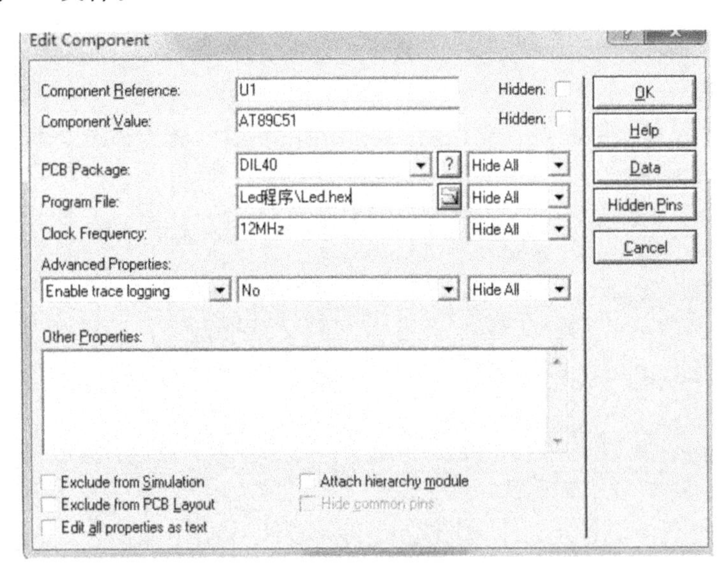

图 2.12　Proteus 中单片机属性

(2)点击项目中的运行按键(Proteus 界面左下角第一个按钮)运行程序，如图 2.13 所示为程序控制按钮界面。

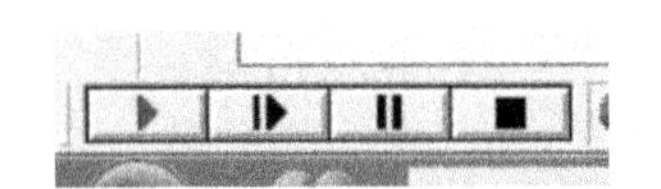

图 2.13　Proteus 中程序控制按钮

(3)仿真结果如图 2.14 所示,LED 灯点亮,程序运行正常。

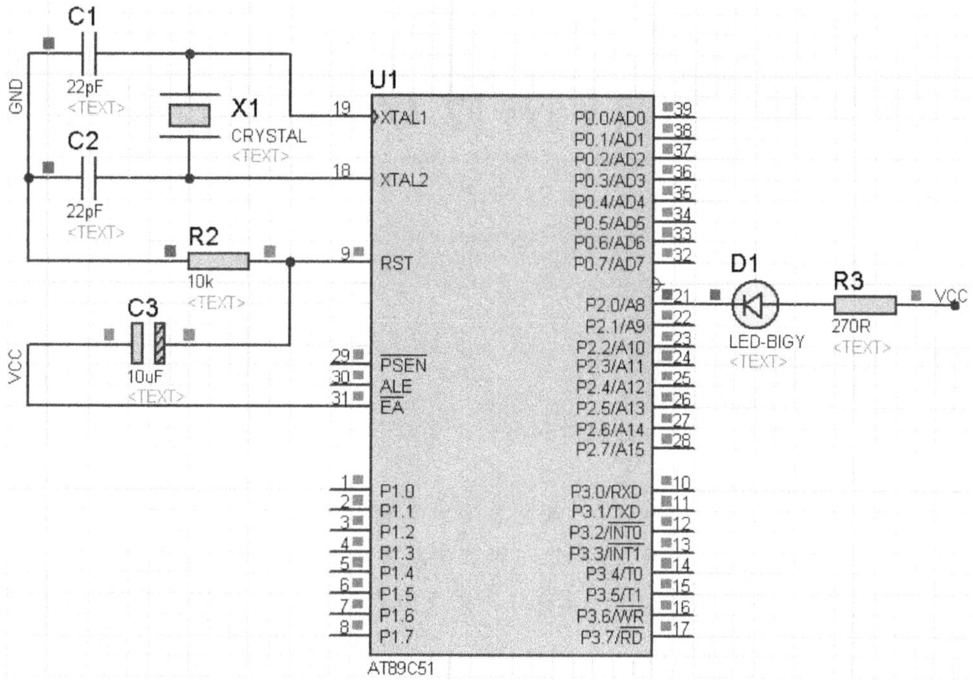

图 2.14　仿真结果

2.5　知识点梳理与总结

本章讲述单片机的内部存储结构、I/O 端口结构。这是单片机结构中最重要和最基本的两部分内容,都属于单片机的内部资源,不太容易理解,需要后期不断复习。

为了完成点亮 LED 灯的任务,引入了单片机最小系统的概念。在最小系统基础上进行了本章任务的电路设计。并通过仿真软件 Proteus 完成电路绘制。通过 Keil 编程环境完成了程序编写,编译并生成了可执行文件,把可执行文件(*.hex)加载到仿真电路单片机中,实现了点亮 LED 灯的任务。完成本章任务,需要掌握以下几个方面的知识:

(1)理解存储器功能、单片机端口结构。

(2)理解单片机最小系统组成及概念。

(3)掌握 C51 对于端口最基本操作。

(4)掌握 Proteus 仿真软件的基本使用方法。

(5)掌握 Keil 开发环境的基本使用方法。

拓展练习题

绘制单片机最小系统。使用 Proteus 软件完成练习。

第3章　单片机并行I/O端口的应用

任务　实现心形LED流水灯

任务要求：设计16个LED灯按照心形排列。实现顺时针逐个点亮、逆时针逐个点亮、中间向四周逐个点亮等功能。

任务分析：要实现心形流水灯设计，首先要清楚1颗LED灯的点亮原理，然后再理解16颗LED灯逐个点亮的方法。最后，通过C51编程实现多个LED灯的不同点亮效果。

任务目标：通过单片机控制16个LED灯实现不同点亮效果，了解C51基本编程的思路及方法。

3.1　C51语言概述

C语言是一门程序设计语言，单片机开发采用的C51是建立在C语言基础上的，如果学过C语言，C51学习起来就容易多了。C51主要用于单片机的编程。它们的主要区别是，C51除了面向过程同时也针对单片机的内部资源使用，相比较C语言，很多相同名称的函数其实作用并不是完全一样。比如printf函数，传统的C语言是格式化输出到显示器显示，而单片机则是通过串口将数据格式化传送出去。总结起来，C51和C语言有很大相同，也有一些差异。下面主要从以下几个方面介绍C51相关知识点。

3.1.1　常量与变量

1. 常量

常量又称为标量，在程序执行过程中不能改变，常量数据类型有整形(int)，浮点型(float)，字符型和字符串型。应用中一般使用“#define”定义在程序中经常用到的常量。

2. 变量

变量是一种在程序执行过程中，数值不断变化的量。根据变量的作用域的不同，变量还可以分为局部变量和全局变量两种。

局部变量：为内部变量，只在定义它的函数模块内有效，因此必须定义在使用函数模块的开头。

全局变量：为外部变量，程序开始处或各个功能函数外面定义的变量，对于整个程序都有效。一般定义在程序的开始。

C51 对变量的定义格式:[存储种类]数据类型[存储器类型]变量名。

C51 中具有四种存储种类:auto(自动)、extern(外部)、static(静态)和 register(寄存器)。其中默认为 auto。存储类型决定了系统将在哪一个数据存储区为变量分配存储空间。

C51 的存储器类型主要有 6 种,分别如表 3.1 所示。

表 3.1　变量的存储器类型

存储器类型	特　点
DATA 区	DATA 区指定数据存储在内部低 128 字节的数据存储器内,即[0x00～0x7f]地址范围内,在定义变量时不指定存储区域,则默认为 DATA 类型,这部分存储区可片内直接寻址,速度最快
BDATA 区	BDATA 区处在 DATA 区内,用于位变量定义。不允许在 BDATA 区定义 float 和 double 类型的变量
IDATA 区	IDATA 区地址范围[7F～FF],不能直接访问只能间接访问
PDATA 区	单片机的片外 RAM 区,分页寻址片外 RAM (256 BYTE/页)
XDATA 区	XDATA 区地址范围[0x0000～0xffff]可用 DPTR 访问。访问速度最慢
CODE 区	单片机的程序代码区,代码区的数据是不可以改变的。可存放数据表,跳转向量和状态表

3.1.2　存储模式

在变量定义时如果省略了存储器类型标识符,C51 编译器会选择默认的存储器类型。存储器类型有 SMALL、COMPACT、和 LARGE 存储模式(MEMORY MODEL)三种。存储模式是编译器的编译选项,用于决定变量的存储类型、参数传递区和无声明存储类型说明变量的存储类型。不同模式有不同的编译结果,三个模式的特点如下。

1. 小模式(SMALL MODEL)

所有未声明存储器类型变量,都默认驻留在内部数据区,即这种方式和用 DATA 进行显示说明一样。变量访问速度快,当所有数据对象(包括堆栈)都必须放在内部数据存储区中,空间有限。

2. 紧凑模式(COMPACT MODEL)

所有未声明存储器的变量类型,默认驻留在外部数据存储区的一个页上,即与 PDATA 进行存储器类型的说明一样的。该模式利用 R0 和 R1 寄存器进行间接寻址(@R0 和@R1)。该模式存取速度比小模式慢但比大模式快。

3. 大模式(LARGE MODEL)

所有未声明存储器的变量类型,默认驻留在外部数据存储区,即与利用 XDATA 进行显示说明一样。

例:在不同存储器类型下等价下面的变量说明:

unsigned char data var1; //SMALL 模式,被定位在 DATA 区,片内 RAM

unsigned char pdata var1;//COMPACT 模式片外按页面间接寻址 RAM

unsigned char xdata var1;//LARGE 模式,片外间接寻址 RAM

为了提高运行速度,建议在编写源程序时,把存储模式设定为 SMALL 模式,必要时在程序中 XDATA、PDATA 和 IDATA 等类型变量进行专门声明。

3.1.3 常用的数据类型

数据类型种类、定义及使用非常的重要。假设 X=10,Y=4,Z=X+Y;求 Z 的值。用 C 语言完成 Z 表达式计算时,先给定 X,Y 的数据类型,即给定变量存储空间,在程序运行之前会自动或按指定分配存储空间大小。如果设定变量的数据类型不合适那么就会影响单片机运行效率。因此我们在设定一个变量合适的变量类型,以便给变量分配一个合适存储空间。单片机的 C 语言中常用的数据类型如下表 3.2 所示。

表 3.2 C51 中常用的数据类型

数据类型	关键字(常用写法)	所占位数	表示的范围
无符号字符型	unsigned char	8	0～255
有符号字符型	char	8	−128～127
无符号整型	unsigned int	16	0～65535
有符号整型	int(short int)	16	−32768～32767
无符号长整型	unsigned long	32	$0\sim2^{32}-1$
有符号长整型	long(long int)	32	$-2^{31}\sim2^{31}-1$
单精度实型	float	32	$-3.4\times10^{38}\sim3.4\times10^{38}$
双精度实型	double	64	$-1.7\times10^{308}\sim1.7\times10^{308}$
位类型	bit	1	0 ～1
8 位寄存器类型	sfr	8	0 ～255(8 位地址)
16 位寄存器类型	sfr16	16	0 ～ 65535(16 位地址)
特殊功能位声明	sbit	1	0～1(特殊功能位声明)

注:前面若无 unsigned 关键字则一律认为是 signed 型。

在编写程序时,无论是以十进制、十六进制还是二进制表示的数,在单片机中,所有的数据都是以二进制形式存储在存储器中的,既然是二进制,那么就只有两个数,0 和 1,这两个数每一个所占的空间就是一位(bit),位也是单片机存储器中的最小单位。比位大的单位是字节(Byte),一个字节含 8 位(即 1Byte 有 8bit)。

通过表 3.2 我们可以看出,除了位类型外,字符型占存储器空间最小,为 8 位,双精度实型占存储器空间最大,为 64 位。其中 float 型和 double 型是用来表示浮点数的,也就是我们所讲的带有小数点的数,如 12.234,0.213 等。需要特别说明的是,在一般的系统中,float 型数据只能提供 7 位有效数字,double 型数据能够提供 15～16 位有效数字,但是这个精度还和编译器有关系,并不是所有的编译器都遵守这条原则。当把一个 double 型变量赋给 float 型变量时,系统会截取相应的有效位数。例如:

```
float a;
```

a=123.1234567;

由于 float 型变量只能接收 7 位有效数字,因此最后的 3 位小数将会被四舍五入截掉,即实际 a 的值将是 123.1234。若将 a 改成 double 型变量,则能全部接收上述 10 位数字并存储在变量 a 中。

sfr 为特殊功能寄存器的声明,声明一个 8 位的寄存器。

例如:sfr SCON=0x98; //寄存器 SCON 的地址是 0x98

sfr16 为 16 位特殊功能寄存器的数据声明。

例如:sfr16 T2=0xCC;//寄存器 T2 的地址是 0xCC

sbit 和 bit 的区别:sbit 定义特殊功能寄存器中的可寻址位;而 bit 则定义了一个普通的位变量,一个函数可包括 bit 类型的参数也可作为返回值。sbit 可以访问 MCS－51 单片机内 20H～2FH 范围内的位对象。

sbit 为特殊功能位声明,也就是声明某一个特殊功能寄存器中某一位。

例如:sbit TI=SCON^1;//该语句的功能是将 SCON 寄存器的次低位声明为 TI,操作 TI 就是操作 SCON 的次低位。

3.1.4　C51 语言的数组、指针与结构

(1)数组:是一个由同类型的变量组成的集合,它保存在连续的存储区域中,第一个元素保存在最低地址中,最后一个保存在最高地址中。

定义方式:数据类型 [存储器类型] 数组名[成员个数];

例如:unsigned char segment[10];

(2)指针:指针是指某个变量所占用存储空间的首地址。用来存放指针变量的类型。

定义方式:类型说明符 * 指针变量名;

例如:char * s;

　　char * str[4];

例如:char data * str;

　　char xdata * numtab;

(3)结构体:结构变量是将相互关联、多个不同类型的变量结合在一起形成一个组合变量。定义方式:

struct 结构名{

结构成员说明;

}

3.1.5　C51 的运算符和表达式

C51 具有算术运算、关系运算、逻辑运算、位运算计算方式,它们的运算符和含义如表 3.3 所示。

表 3.3　C51 运算符和表达式

运算符种类	定义	运算符合
赋值运算符	变量=表达式;	=

续表

<table>
<tr><th>运算符种类</th><th>定义</th><th>运算符合</th></tr>
<tr><td rowspan="5">算术运算符</td><td>加或取正值运算符</td><td>+</td></tr>
<tr><td>减或取负值运算符；</td><td>-</td></tr>
<tr><td>乘法运算符</td><td>*</td></tr>
<tr><td>除法运算符</td><td>/</td></tr>
<tr><td>模(取余)运算符</td><td>%</td></tr>
<tr><td rowspan="2">自增自减运算</td><td>自增</td><td>++</td></tr>
<tr><td>自减</td><td>--</td></tr>
<tr><td rowspan="5">关系运算符</td><td>大于</td><td>></td></tr>
<tr><td>小于</td><td><</td></tr>
<tr><td>大于等于</td><td>>=</td></tr>
<tr><td>小于等于</td><td><=</td></tr>
<tr><td>不等于</td><td>! =</td></tr>
<tr><td rowspan="3">逻辑运算符</td><td>逻辑与</td><td>&&</td></tr>
<tr><td>逻辑或</td><td>||</td></tr>
<tr><td>逻辑非</td><td>!</td></tr>
<tr><td rowspan="6">位运算符位</td><td>按位与</td><td>&</td></tr>
<tr><td>按位或</td><td>|</td></tr>
<tr><td>按位异或</td><td>^</td></tr>
<tr><td>按位取反</td><td>~</td></tr>
<tr><td>左移</td><td><<</td></tr>
<tr><td>右移</td><td>>></td></tr>
<tr><td rowspan="8">复合运算符</td><td>加法运算符</td><td>+=</td></tr>
<tr><td>右移位负值</td><td>>>=</td></tr>
<tr><td>减法赋值</td><td>-=</td></tr>
<tr><td>逻辑与赋值</td><td>&=</td></tr>
<tr><td>乘法赋值</td><td>* =</td></tr>
<tr><td>逻辑或赋值</td><td>|=</td></tr>
<tr><td>除法赋值</td><td>/=</td></tr>
<tr><td>异或赋值</td><td>^=</td></tr>
</table>

续表

运算符种类	定义	运算符合
复合运算符	取模赋值	%=
	逻辑非赋值	~=
	左移位赋值	<<=

3.1.6　C51 中的头文件

在 C 语言中，头文件种类非常多。通常系统头文件有 reg51. h、reg52. h、math. h、ctype. h、stdio. h、stdlib. h、absacc. h、intrins. h 等。

引用的方式如下：#include “reg51. h”

Reg51. h 和 reg52. h 是定义 51 单片机或者 52 单片机特殊功能寄存器或位寄存器的。这两个头文件中大部分内容是一样的，52 单片机比 51 单片机多一个定时器 T2，因此，reg52. h 中也就比 reg51. h 中多几行定义 T2 寄存器的内容。

Math. h 是定义常用数学运算的，比如求绝对值、求方根、求正弦和余弦等，该头文件中包含有各种数学运算函数，当我们需要使用时可以直接调用它的内部函数。

在对特殊功能寄存器有了基本的了解后，就可以根据自己需要编写具有自己风格的头文件了。

3.1.7　C51 中的基础语句

C51 中常用的基础语句如表 3.4 所示。

表 3.4　C51 中基础语句

语句	类型	详　解
if	选择语句	int a=2,b=1,c; if(a>b) 语句 1;//真
while	循环语句	while(a>b)//真，先判断再执行 {语句 1;}
for	循环语句	for(a=0;a<8;a++) {语句 1;}//循环执行 8 次

switch/case	多分支选择语句	switch (表达式)
		{
		case 值 1: 语句 1;break;
		……
		case 值 n: 语句 n;break;
		default: 语句 n+1;
		}

续表

语句	类型	详　解
do-while	循环语句	do {语句 1;} while(a>b) //真,先执行语句 1 再判断条件

3.1.8　函数的种类

C51 中的函数有函数、中断函数,有带形参函数、不带形参函数,有带返回值函数、不带返回值函数。对应的定义方法如表 3.5 所示。

表 3.5　C51 中的函数

类　型	函数定义	函数引用
普通函数 [不带形参、不带返回值]	void name_function() {语句 1;}	name_function();
带形参函数、不带返回值	void name_func(int i) {语句 1;}	name_func(100); //传递参数 100
带返回值、带形参	unsigned char name_f(int j) {unsigned char k; 语句 1; return k;}	unsigned temp; temp=name_f(100);
中断函数	void inter_n() interrupt n(中断号) {语句 1;}	中断函数无需引用,需要做好中断初始化

注:中断号说明:0—外部中断 0;1—定时器 0;2—外部中断 1;3—定时器 1;4—串口中断。

3.2　C51 编程的基本格式

C51 编程对于初学者来说有些难度,主要因为是没有掌握一些技巧,没有扎实的 C 语言基本功。C51 编程基本功就在函数的编写。掌握函数的编写、掌握问题的分析方法,结合编程一些固定的模式就能很快进入 C51 编程中。下面介绍一下基本的编程格式。

```
#include"reg51.h" //头文件的引用、可以是系统头文件,也可以是用户自定义头文件
#define u8 unsigned char //宏定义,不是编程必须有的,可以使得程序简洁,下行同
#define u16 unsigned int
u8 i,k=0; //变量定义
void name_f();//函数声明,函数可以有多个
void init_name();//函数声明,一些参数初始化
main()
{
init_name();//一些初始化
```

```
while(1)
{
循环体;//抽出解决问题循环体
}
}
void name_f( )
{
  函数体定义;
}
```

3.3　心形 LED 流水灯仿真实现

1. 仿真电路设计

本次任务的仿真电路如图 3.1 所示。电路中共有 16 颗 LED 灯，阴极分别接在单片机的端口 P2 口和 P3 口上。P2 口和 P3 口都是双向(输入和输出)IO 口。每个端口有 8 个位口，总共 16 个位口接 16 个 LED 灯的阴极。

需要特别说明一点，单片机最小系统包括时钟电路、复位电路、电源。Proteus 软件中这三部分可以不绘制，是默认有这三部分。一般默认的电源是 5 V。如果要改变单片机运行速度可以在单片机属性里修改单片机运行频率。

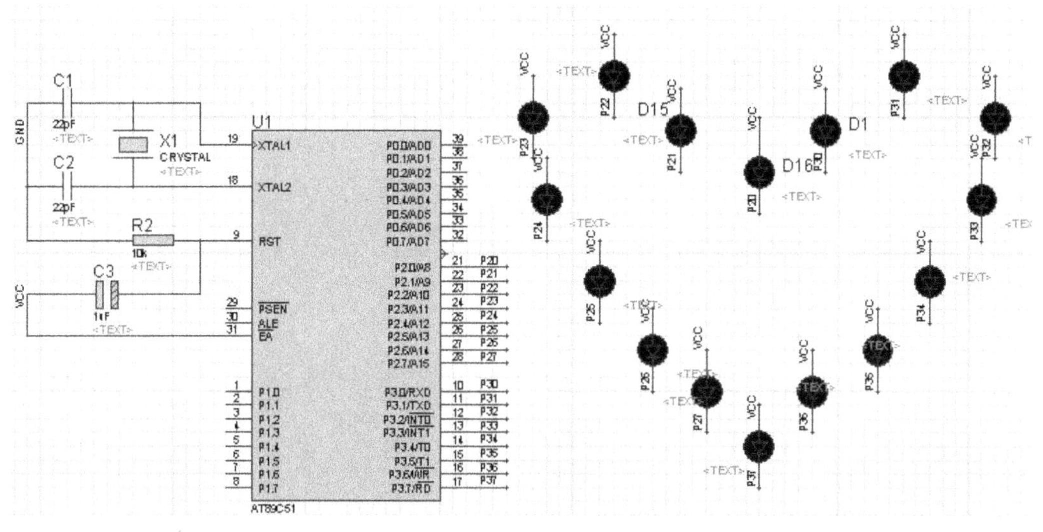

图 3.1　心形流水灯仿真电路

2. 心形 LED 流水灯程序撰写

心形流水灯的控制程序如下，本程序可以满足任务的要求。在下面代码中进行简单修改，可以实现更多的点亮功能。

```
#include "reg51.h"//头文件引用
#define U8 unsigned char //数据类型宏定义
#define U16 unsigned int//数据类型宏定义
```

```
U8 code Led_ON[16]={0xFE,0xFD,0xFB,0xF7,0xEF,0xDF,0xBF,0x7F,0X7F,0xBF,0xDF,0xEF,
                    0xF7,0xFB,0xFD,0XFE};//D1~D16 点亮
void DelayMS(U16 x);//延时函数
void Led_ON(U8 Num);//第 Num 个灯点亮
void Led_All_OFF();//关闭所有灯
void Flawer_Flow(U16 Nms);//心形逐个点亮
void OneByOne(U16 Nms);//逐个点亮
void Flash_Led(U16 Nms,U8 Ns);//亮灭闪烁
main( )
{
  while(1)
  {
        OneByOne(200);//逐个点亮,间隔 200ms
    Flawer_Flow(200);//心形逐个点亮,间隔 200ms
        Flash_Led(200,5);//亮灭闪烁,间隔 200ms,循环 5 次
  }
}
void DelayMS(U16 x) //毫秒级延时函数
{
      U8 t;
      while(x--)
      for(t=120;t>0;t--);//循环 120 次,大约 1ms
}
void Led_ON(U8 Num)//Num 个灯点亮
{
      if(Num<9)
      {
        P3=Led_ON[Num-1];
      }
  else//8-16 灯 点亮
    {
        P2=Led_ON[Num-1];
      }
}
void Led_All_OFF()//关闭所有 LED 灯
{
      P2=0xff;
      P3=0xff;
}
void Flawer_Flow(U16 Nms)//心形逐个点亮
{   U8 i=0;
      Led_ON(16);//点亮第 16 颗灯
      DelayMS(Nms);//延时 Nms 秒
```

```
Led_All_OFF( );//关灯
   for(i=0;i<7;i++)
        {
          Led_ON(i+1);//从第 1 颗灯开始
          Led_ON(15-i);//从第 15 颗灯开始
          DelayMS(Nms);//延时 Nms 毫秒
          Led_All_OFF();//关闭灯
        }
       Led_ON(8);//点亮第 8 颗灯
DelayMS(Nms);//延时 Nms 毫秒
       Led_All_OFF( );//关灯
        for(i=0;i<7;i++)
        {
         Led_ON(i+9);//从第 9 颗灯开始
         Led_ON(7-i);//从第 7 颗灯开始
         DelayMS(Nms);//延时 Nms 秒
         Led_All_OFF( );//关灯
         }
}
void OneByOne(U16 Nms)//逐个点亮
{   U8 i=0;
   for(i=1;i<17;i++)
        {
         Led_ON(i);//从第 1 颗灯开始
         DelayMS(Nms);//延时 Nms 毫秒
         Led_All_OFF( );//关灯
        }
}
void Flash_Led(U16 Nms,U8 Ns)//亮灭闪烁
{
    U8 i=0;
    for(i=0;i<Ns;i++)//循环 Ns 次
         {
         P3=0x00;//亮灯
         P2=0x00;//亮灯
         DelayMS(Nms);//延时 Nms 毫秒
         P3=0xff;//灭灯
         P2=0xff;//灭灯
         DelayMS(Nms);//延时 Nms 毫秒
         }
}
```

3. 心形 LED 流水灯仿真测试

仿真测试图如图 3.2 所示，实现了 LED 灯逐个点亮。

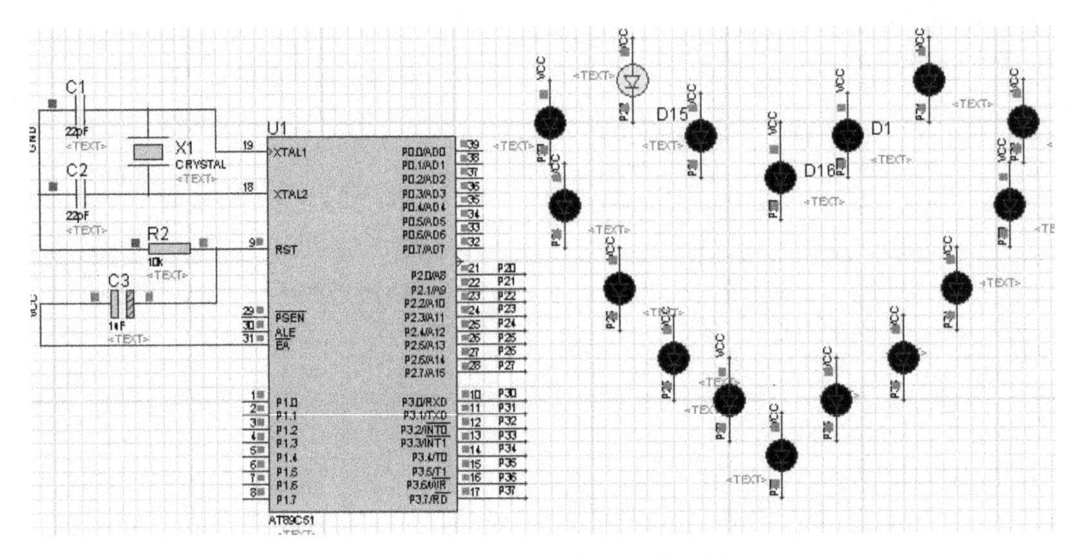

图 3.2　心形 LED 流水灯仿真测试图

仿真测试步骤如下：

(1)在 Proteus 中双击单片机，加载.hex 文件，如图 3.3 所示。

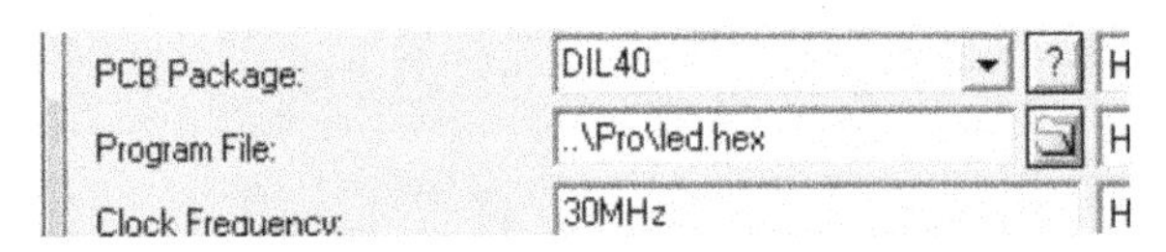

图 3.3　单片机属性栏加载程序

(2)点击运行仿真方案，如图 3.4 所示。

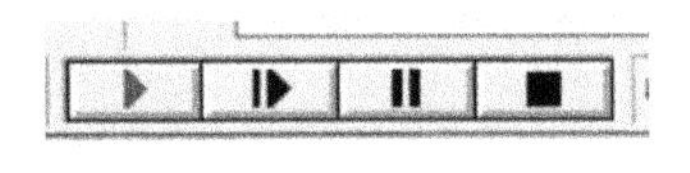

图 3.4　运行、暂停仿真

(3)观察仿真现象看是否实现了任务所需要的功能。

(4)修改延时参数和循环次数，如图 3.5 所示。Flash_Led(200,5)表示延时参数为 200，设置循环次数为 5。

```
main()
{
 while(1)
  {
    OneByOne(200);
    Flawer_Flow(200);
    Flash_Led(200,5);
  }
}
```

图 3.5　循环次数、延时参数修改

(5)再回到第一步加载运行。

3.4 知识梳理与总结

本章主要介绍C51与C语言的关系，及C51相关知识点，如常量与变量、存储模式、常用的数据类型、数组、指针与结构、运算符和表达式、头文件、基础语句、函数、编程的基本格式等。这些都是C51中基本知识点。尽可能理解它们的特点并掌握其用法。通过循序渐进的学习和项目练习，语法和编程水平一定会得到提高。

拓展练习题

设计8×8点阵屏仿真电路及驱动程序，实现数字0～9循环显示。

第4章　数码管显示和键盘接口技术

任务　密码锁设计

任务要求：要求系统具有四个功能按键，分别为输入切换键、增键、减键、开锁键。采用数码管显示，开机显示“— — — —”，通过切换键和增减键完成密码输入，最后按开锁键开锁。系统密码内置为“8051”，当输入正确时显示 Good，否则显示 Bad。按复位键重新开始。

任务分析：要完成密码锁的设计，需解决三个问题：

(1)理解数码管、按键的原理。

(2)掌握 C51 编程控制数码管、识别按键等具体操作。

(3)编写按键和数码管人机界面，这部分需要仔细分析，循序渐进完成。

任务目标：完成了此任务会对数码管、独立按键及人机界面编程有初步了解。

4.1　数码管显示原理及分类

数码管显示是通过点亮内部发光二极管来实现的。如图 4.1(b)和(c)分别为共阴和共阳两类数码管。同时数码管一般分 7 段和 8 段两类，如图 4.1(a)所示数码管是 8 段(带点)一位共阴数码管。公共端接地(3 脚和 8 脚接 GND)为共阴数码管，同理公共端接＋5V 为共阳数码管。

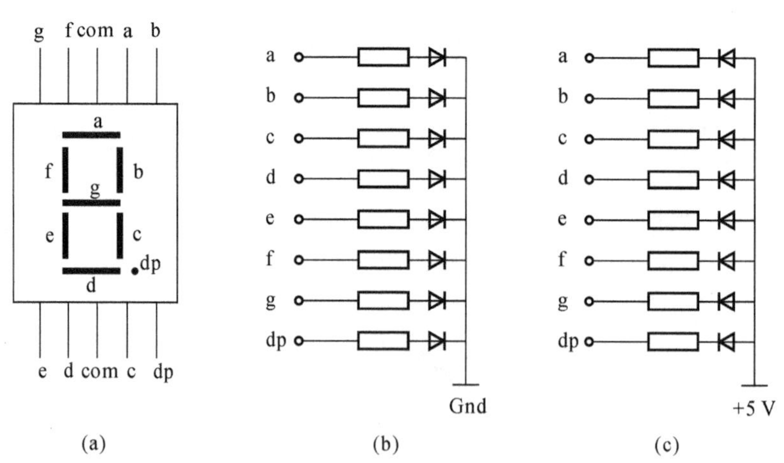

图 4.1　数码管内部电路图

图 4.1 是 1 位数码管，如果按位数划分数码管种类是比较多的，有 2、3、4、5、6 等多位数码管。这类数码管的一端并接在一起，公共端(位)是独立的。公共端有共阳、共阴两种接法。

数码管内部是发光二极管。选不同类型的数码管其驱动电路是有差异的。对应的码表也是不一样的。码表有共阳码和共阴码两种。点亮数码管其实是点亮 LED 灯，需要一定的电流(通常需要 3～10 mA)。一般不能直接把单片机 I/O 口接数码管，而是通过一定的驱动电路控制数码管。数码管的驱动芯片的种类是比较多的，可根据不同数码管特点选择一款合适的驱动芯片。

4.2　数码管驱动电路设计

数码管驱动电路设计有两个基本原则：①估算能提供合适的电流；②控制方便。一般驱动电路采用器件有如下三类：晶体管或小功率 MOS 管等单管；选用一般常用的 IC 芯片；选用专门驱动数码管专用 IC 芯片。本书采用的是一般常用 IC 芯片和晶体管组成电路驱动数码管。这类器件获取容易，程序编写较容易。

1. 4 位共阳数码管驱动电路

4 位共阳数码管驱动电路，如图 4.2 所示。

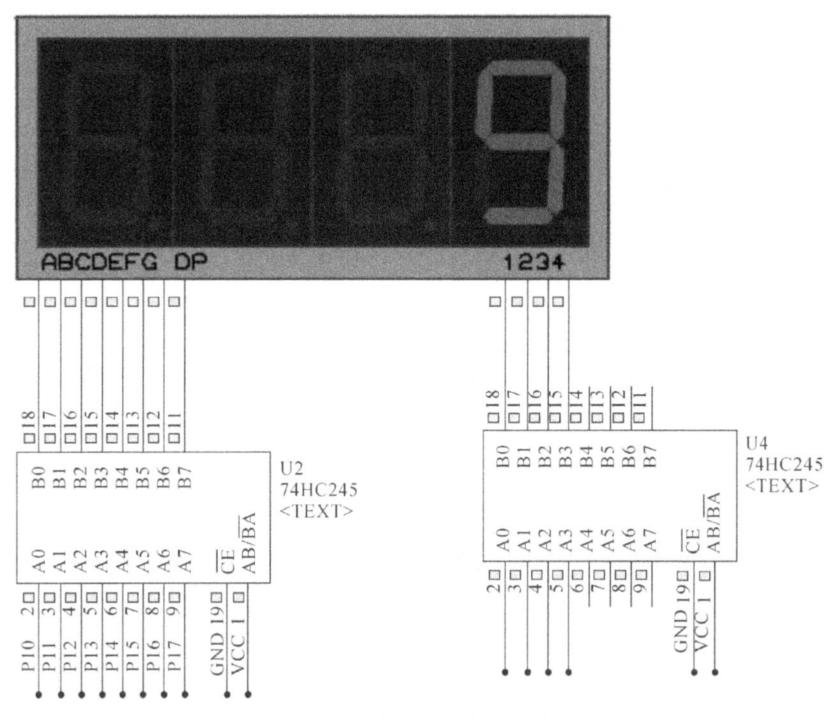

图 4.2　4 位共阳数码管及驱动电路

2. 4 位共阴数码管驱动电路

4 位共阴数码管驱动电路，如图 4.3 所示。

注：图 4.2、图 4.3 中 P10～P17，P20～P23 属于网络标号。在一张图中一样的标号表示

线连接关系。

图 4.2 和图 4.3 电路分别驱动了 4 位共阳和共阴数码管。在驱动电路中,位选驱动和段码驱动都采用了 74HC245。74HC245 是一颗三态缓冲门电路,具有一定的带负载能力,驱动本例 4 位数码管足够。其中 19 脚为输入/输出使能脚(接地使能有效)。1 脚是方向脚,1 脚接高电平信号 A 端输入 B 端输出。数码管的公共极也通过 74HC245 驱动。

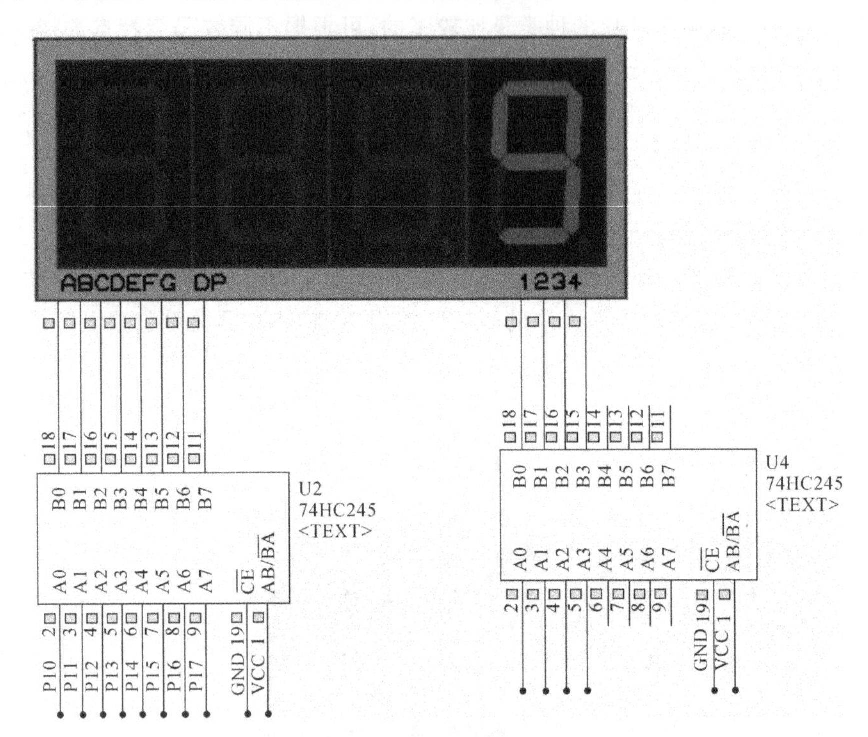

图 4.3　4 位共阴数码管及驱动电路

4.3　数码管驱动函数

本次以 4 位共阴数码管驱动程序为例,驱动电路以图 4.3 为例,编写数码管驱动显示函数,主要函数代码如下。

```
/***********************************
作者:thestic
时间:2019-2-20
版本:v1.0
函数功能:4 位共阴数码管显示函数,根据数据位数点亮相应数码管
参数:num 需要显示的数字
***********************************/
#include "reg51.h"//头文件引用
#defineU8 unsigned char //宏定义
#defineU16 unsigned int //宏定义
U8 segment_7[]={0x3f,0x06,0x5b,0x4f,0x66,0x6d,0x7d,0x07,0x7f,0x6f}; //共阴码表
U8 w_select[4]={0xf7,0xfb,0xfd,0xfe};//位选数组
```

```
void DelayMS(U16 nms)//毫秒级延时函数
{
while(nms--)
for(i=0;i<120;i++); //循环 120 次,大约 1ms (51 单片机在 12Mhz 时钟频率下)
}
void Dis_Segment(U8 w, U8 num, U8 dot)//w—数码管显示位选,num—显示的数字 dot
    //—对应位点是否显示 ,dot=1 不显示点,否则显示点。
{
  if(dot==1)//不显示点
  {
      P2=Segment_w[w];//位选
  P0=Segment_d[num];}//赋值段码
    else
      {P2=Segment_w[w];//位选
  P0=Segment_d[num]&Segment_d[12];//赋值段码同时点亮小数点
  }
}
```

提示:上面函数对 num 进行分段判断再显示,大家想想这样做有什么作用?

4.4　数码管显示仿真调试

数码管仿真调试的过程是先根据要求绘制仿真电路,再在 Keil 中编程,产生 hex 文件。最后通过 Proteus 进行仿真电路的调试。

1. 仿真电路绘制

在 Proteus 中采用的器件有 AT89C51、7SEG－MPX4－CC、74HC245、RES 等,绘制如图 4.4 所示电路。

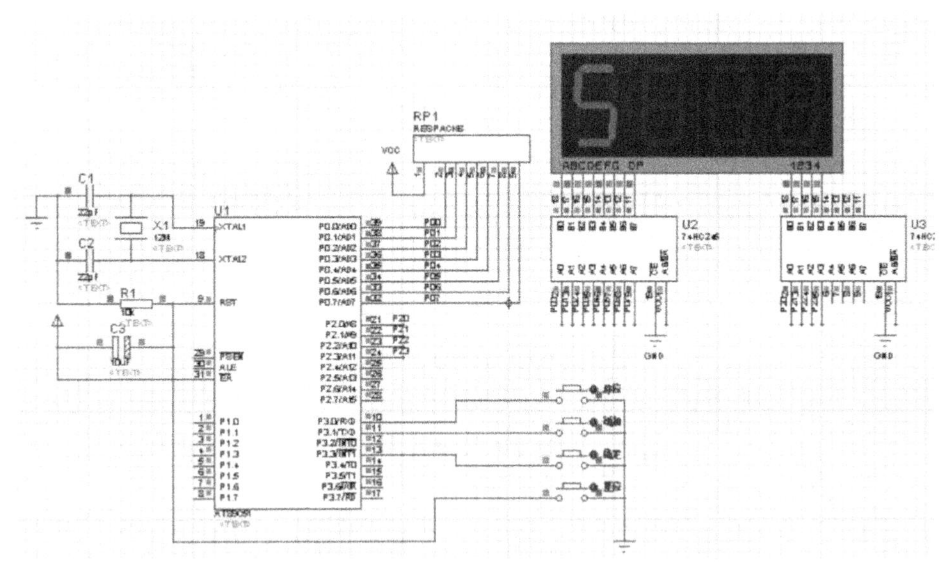

图 4.4　数码管仿真电路图

2. 程序代码

main.c 主程序代码如下：

```
#include "reg51.h"
#defineU8 unsigned char
#defineU16 unsigned int
U8 segment_7[]={0x3f,0x06,0x5b,0x4f,0x66,0x6d,0x7d,0x07,0x7f,0x6f}; //共阴码表
U8 w_select[4]={0xf7,0xfb,0xfd,0xfe};//位选数组
void DelayMS(U16 nms)//延时函数,如 4.3 章节定义
void Dis_segment(U8 w ,U8 num, U8 dot); //选择位和数字函数。w 位选;num 数字选择
main( )
{
while(1)
  {
  Dis_segment(0,5,1);   //0 位,显示数字 5 及不显示小数点
  }
}
```

3. 数码管仿真结果

数码管仿真结果显示效果如图 4.5 所示。通过仿真验证了显示函数。再继续进行其它函数编写。只有保证每一步函数是正确的,才能保证最终任务顺利的实现。

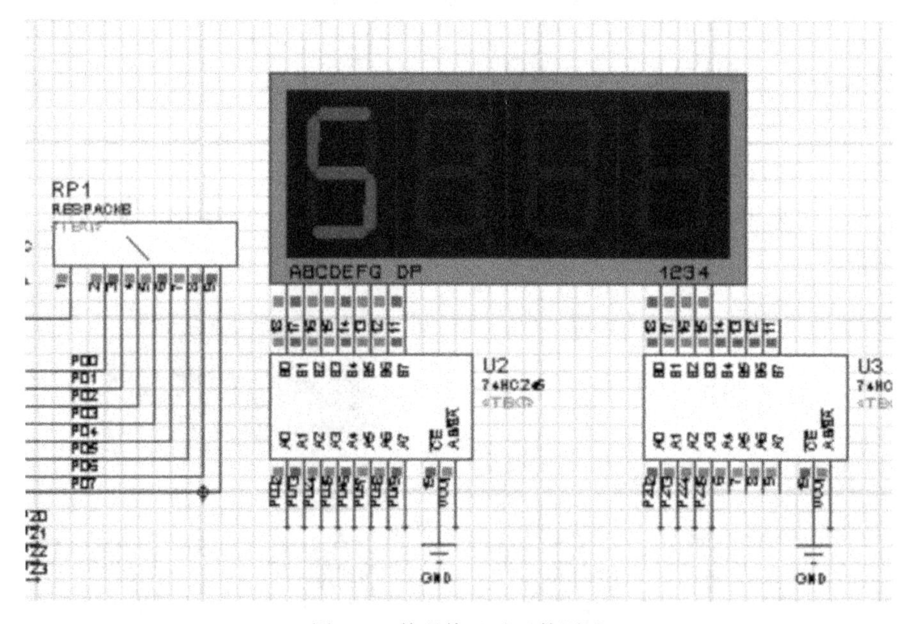

图 4.5 数码管显示函数测试

4.5 按键原理及分类

按键是电子产品中经常使用的器件,常用于人机设置参数。按键种类比较多,按照大小分有 6mm×8mm、12mm×12mm 等;按照外形有立式、卧式之分;按照管脚数量有 4 脚、2 脚之

分;按照封装划分有贴片、直插之分;按照电平保持划分有自锁、不自锁之分。下面重点讲解一种6mm×8mm、立式、4脚直插不自锁轻触按键,如图4.6所示。其它按键特性与之类似。

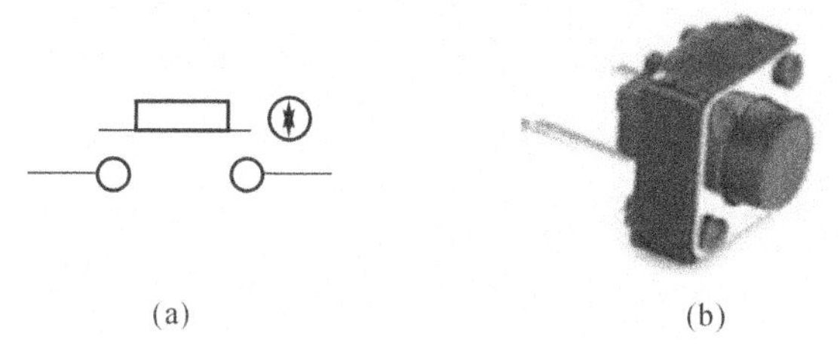

(a)　　(b)

图4.6　常见按键原理图和实物图

(a)按键原理图;　(b)按键实物图

按键在电路中常有两种形式,如图4.7所示。一类是独立按键电路,如图4.7(a)所示,一类是矩阵按键电路,如图4.7(b)所示。这两种是目前最常用的按键电路。

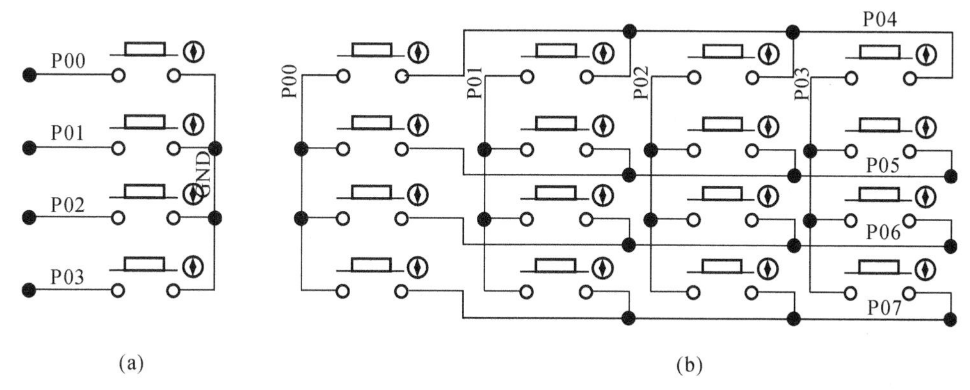

(a)　　(b)

图4.7　独立按键和矩阵按键电路

(a)独立按键电路;　(b)4×4矩阵按键电路

1.独立按键电路

当按键按下,左右两边导通,反之弹起两边截止。独立按键一边管脚接单片机端口,一边接地。通过单片机内部程序不停扫描,可判断按键是否被按下及被按下的次数。需要注意的是,轻触按键属于机械按键,人手在按时难免出现抖动,从而影响电气特性。单片机可能会对按键按下次数出现误判。为了避免这种情况,需要进行按键消抖处理。一般在按键后接施密特触发器进行消抖,或者通过程序延时进行消抖,准确判断按键按下的情况,目前软件消抖比较常用且比硬件消抖成本低。

2.矩阵按键电路

整个电路16个按键,使用了8个I/O口。很明显矩阵按键节省了单片机的I/O口。在矩阵按键电路中,任何一个按键被按下,通过确定按键的行号和列号便可确定按键的键号,并且键号唯一。这是矩阵按键设计的基本思路。

确定矩阵按键键号成为问题的关键。一般确定矩阵按键键号方法总结起来就是:“行列扫描反转法”。判断的步骤如下:

(1)假设第一行为低电平(其它高电平),分别读取4列,确定哪一列为低(确定列号)。

(2)假设第二行为低电平(其它高电平),分别读取4列,确定哪一列为低(确定列号)。

(3)假设第三行为低电平(其它高电平),分别读取4列,确定哪一列为低(确定列号)。

(4)假设最后一行为低电平(其它高电平),分别读取4列,确定哪一列为低。

(5)通过逐行假设,逐列扫描,确定是否有按键按下,获取行号和列号。

(6)函数返回键值。

上面的步骤是假设行,逐个读列,反之也是如此。如果是5×5或其它数量矩阵按键,方法也类似。

4.6 独立按键和矩阵按键扫描函数仿真实现

1.独立按键扫描程序

```
//按键扫描程序,及一些相关的定义。
U8   KeyNum=0;//按键键号定义,默认是0表示无按键按下
sbit  k1=P0^0; //按键端口宏定义
sbit  k2=P0^1;
sbit  k3=P0^2;
sbit  k4=P0^3;
void Key_Scan()//4个独立按键
{
  if((K1&K2&K3&K4)==1) //没有按键被按下
  {Key_Num=0;}
  if(K1==0)
  {  DelayMS(10);
      if(K1==0)
        {while(! K1);Key_Num1=1;}//K1按键二次按下判断,while(! K1)—K1按键按下松
              //手检测,即没有松手程序不继续进行,停止等待。
  }
  if(K2==0)
    { DelayMS(10);
      if(K2==0)
          {while(! K2);Key_Num1=2;}//同K1键解释,K2键值2
  }
  if(K3==0)
    { DelayMS(10);
      if(K3==0)
        {while(! K3);Key_Num1=3;}//同K1键解释,K3键值3
  }
  if(K4==0)
    { DelayMS(10);
      if(K4==0)
        {while(! K3);Key_Num1=4;}//同K1键解释,K4键值4
```

```
    }
}
```

2. 矩阵按键扫描电路

```
//矩阵按键相关定义
#define Port0   P0
U8 matrix_L[]={0x0fe,0xfd,0xfb,0xf7};//矩阵按键选定列 L 数组
U8 matrix_H[]={0xef,0xdf,0xbf,0x7f};//矩阵按键选定行 H 数组
U8 matrix_scan()   //矩阵按键扫描函数
{
U8 keynum=0;
U8 i=0,j=0;
Port0=0xff;
for(i=0;i<4;i++)//4 次循环
{  Port0=matrix_H[i];//给端口 Port0 赋值—设定第 i 行为低电平
   for(j=0;j<4;j++)
   {
     if(matrix_L[j]==(Port0|0xf0)) //读取端口值,判断有相等列表值,退出循环
         {keynum=i+j*4+1;  break;} //键值编号
   }
}
     return keynum;  //返回键值
}
```

3. 仿真测试代码

```
#include "reg51.h"
#defineU8 unsigned char
#defineU16 unsigned int
#define Port0  P0
sbit  k1=P0^0; //按键位定义
sbit  k2=P0^1;
sbit  k3=P0^2;
sbit  k4=P0^3;
U8 matrix_L[]={0x0fe,0xfd,0xfb,0xf7};//矩阵按键逐列选取的数组定义
U8 matrix_H[]={0xef,0xdf,0xbf,0x7f};//矩阵按键逐行选取的数组定义
U8 KeyNum=0;//按键键值
U8 segment_7[]={0x3f,0x06,0x5b,0x4f,0x66,0x6d,0x7d,0x07,0x7f,0x6f}; //共阴码表
U8 w_select[4]={0xf7,0xfb,0xfd,0xfe}; //位选数组
void delay(U16 nms) ;//延时函数
void segment_dis(U16 num) ;//数码管显示数字函数
void keyscan( );//独立按键扫描函数
U8 matrix_scan( );//矩阵按键扫描函数
main()
{
```

```
P2=0x00;
while(1)
{
//keyscan( );//独立按键键值扫描
//segment_dis(KeyNum);//独立按键测试
segment_dis(matrix_scan( ));//矩阵按键测试
}
}
```

注意：

(1)segment_dis(keyscan())和 segment_dis(matrix_scan())函数测试时，逐个测试。

(2)未详细书写的函数均在前面几个小节出现，测试时只需复制过来即可运行。

4. 仿真电路图及仿真结果

如图 4.8 所示，通过仿真验证了独立按键函数、矩阵函数的正确性。独立按键仿真结果：没有按键按下时显示 0，按下 k1、k2、k3、k4 分别显示 1、2、3、4。矩阵按键仿真结果：没有按键按下显示 0，当按键按下，分别显示 1～16 对应的键值。

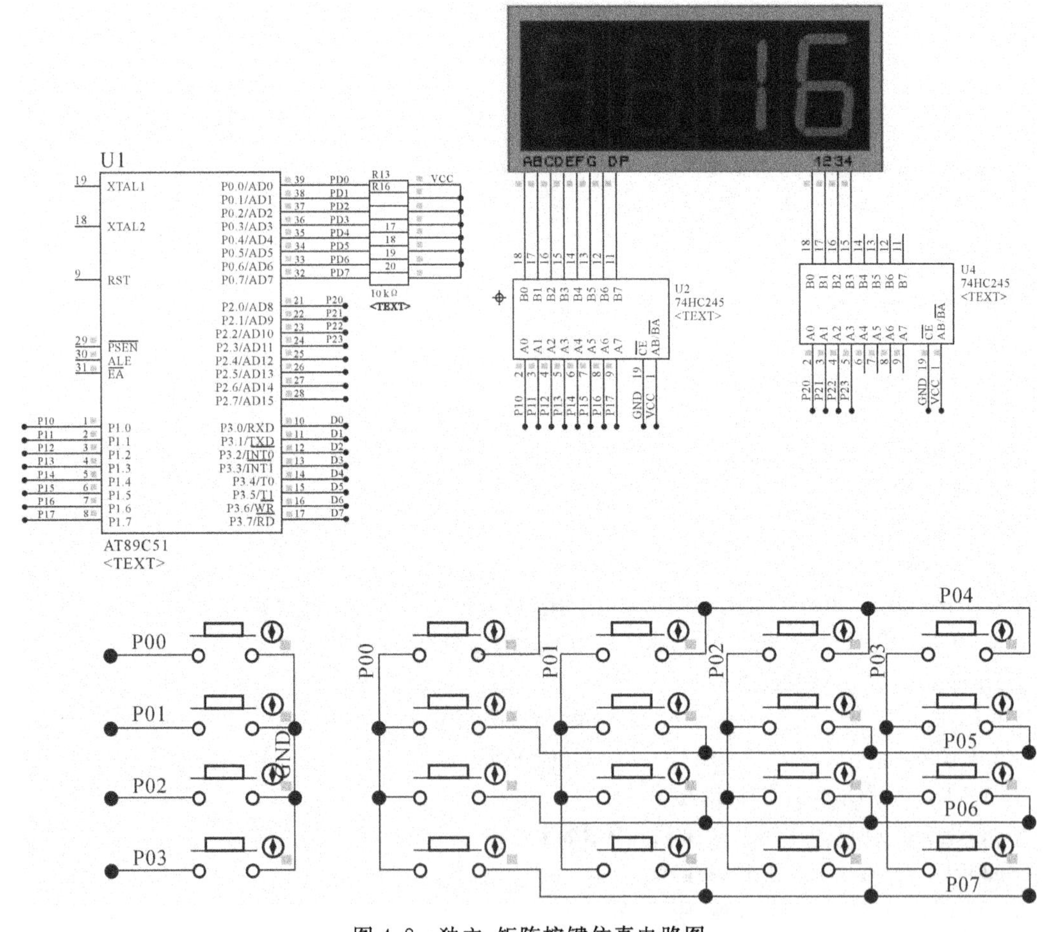

图 4.8　独立、矩阵按键仿真电路图

4.7　密码锁设计仿真实现

1.仿真电路设计

密码锁仿真电路如图4.9所示，由按键电路、最小系统电路、4位数码管显示电路和驱动电路组成。按键电路有5个，它们分别是：切换、增加、减少、确定、复位等按键。4位共阴数码管作为显示装置。

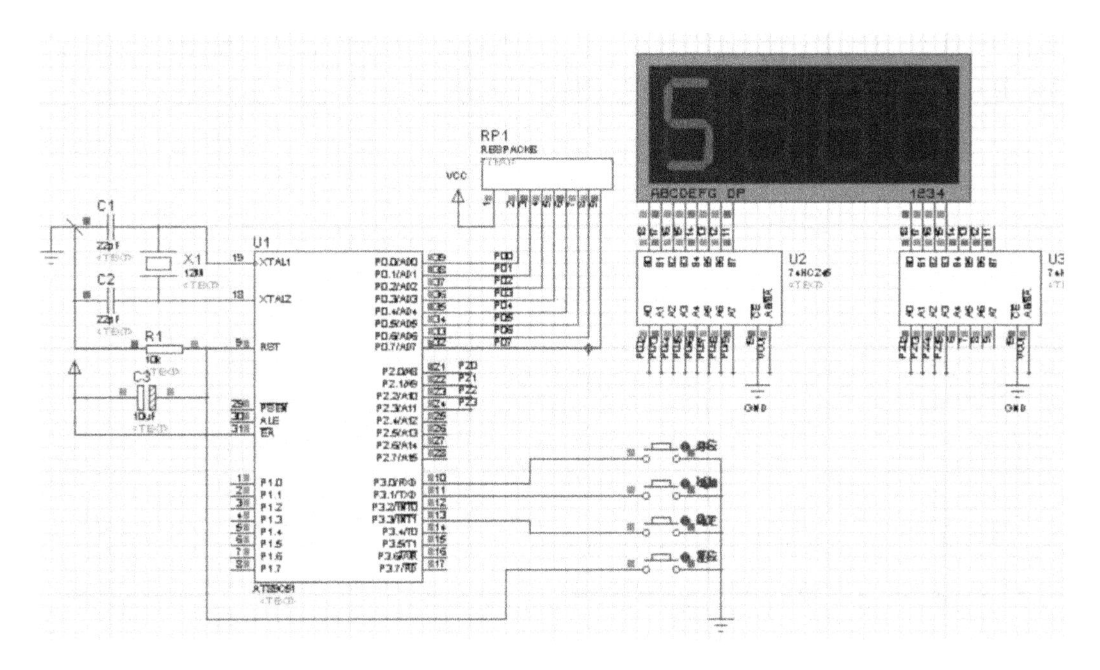

图4.9　密码锁电路图

2.密码锁编程思路

对于一般问题的分析有两种方法，一种是顺序分析，一项接着一项去做，容易形成嵌套。另外一种分析方法是：尽可能并行分析。把一个大的问题分解成若干小问题。通过公共接口把这些小的解决方案串联起来。这样的分析方法有利于问题简单化。就不会显得那么的复杂。

更切实际的做法是：顺序分析＋尽可能多的并行处理。编程过程中，尽可能多的并行处理意味着简洁和程序的稳定。这点十分重要。

针对本密码锁任务而言，如果采用串行分析方法，此问题很难分析。若采用并行分析方法，即可将问题简化成如下步骤，则变得清晰易懂：

(1)按键扫描—改变键值—存储相应位置(全局变量)。

(2)有移位按键—实现移位操作—改变移位标识—存储相应位置(全局变量)。

(3)有数据增加按键(结合移位标识)—实现数据改变—存储相应位置(全局变量)。

(4)显示相应位置的数据。

(5)有确定按键—实现判断后显示。

通过以上分析,把密码锁分解成了5个并行的小问题,让程序的逻辑清晰,程序也容易编写。可见,良好分析方法是编程的关键。

3. 密码锁程序框图

程序框图又称程序流程图,是用统一规定的标准符号描述程序运行具体步骤的图形表示。程序框图是通过对输入输出数据和处理过程的详细分析,将处理器的主要运行步骤和内容标识出来。程序框图是进行程序设计的最基本依据,因此它的质量直接关系到程序设计的质量。通过分析,可画出密码锁程序框图,如图4.10所示。

流程图4.10把整个系统程序分解成了5个问题(即5个函数),5个函数即5个任务。把每个任务搞清楚、搞明白,也就有了解决整个问题的思路。

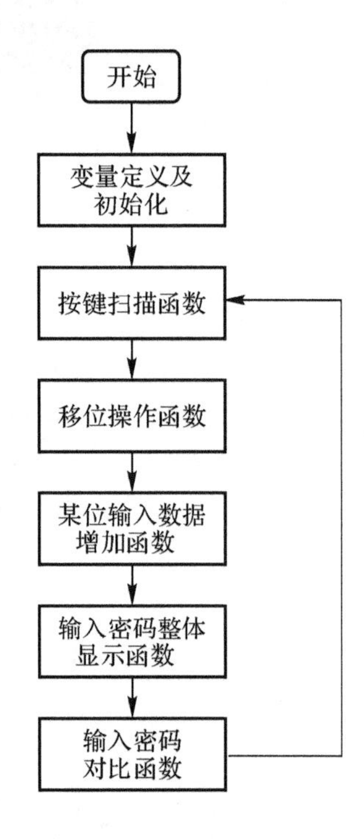

图4.10 密码锁程序流程图

4. 密码锁程序编写

```
#include "reg51.h"//头文件引用
#define U8 unsigned char//数据类型宏定义
#define U16 unsigned int//数据类型宏定义
sbit K1=P3^0;//按键位定义
sbit K2=P3^1;
sbit K3=P3^2;
sbit K4=P3^3;
U8 code Segment_d[15]={0xc0,0xf9,0xa4,0xb0,0x99,0x92,0x82,0xf8,0x80,0x90,
```

```
                    0xff,0x00,0x7f,0xa3,0x88};//数码管显示的码表 0～9、G、A、O、D
U8 code Segment_w[4]={0xfe,0xfd,0xfb,0xf7};//数码管显示位选数组
U8 Shift_Flag[4]={0,0,0,0};//移位标识数值变量,某位是 1—表示正在操作某位
U8 Seg_Init_Num[4]={0,0,0,0};//数码管显示缓存变量
U8 code Seg_Init_Num1[4]={8,0,5,1};//密码锁初始密码
U8 Shift_Temp_Num=0;//移位缓存索引变量
U8 Key_Num1=0,Success_Flag=0,Dis_ON=0;//Key_Num1—按键键值 Success_Flag—密
        //码输入正确标识  Dis_ON—显示开关  1—开显示  0—不显示
void DelayMS(U16 x);//延时函数
void Key_Scan( );//按键扫描函数
void Dis_Segment(U8 w,U8 num,U8 dot); //w—显示位数 num—w 位显示的数值 dot—w
//位小数点是否显示  1—显示  0—不显示
void Key_T();// 按键测试函数
void Shift_Flag_Num(U8 w);
void Shift( );//"小数点"移位赋值函数
void Shift_C( );//"小数点"移位显示函数
void Segemt_4_Dis ( );//数码管显示函数
void Segemt_4_Dis_Black( );//数码管黑屏函数
void Deal( );//输入密码判断函数
main( )
{
       Segemt_4_Dis_Black( );//黑屏
  while(1)
    {
       //Dis_Segment(0,5,1);//测试数码管显示函数(如果需要测试把函数前//去掉即可)
       //Key_T( );//按键测试
       Key_Scan( );//按键扫描函数
       Shift( );//移位函数 改变移位标志
       Shift_C( );//通过移位标志 改变该位的数值的大小
       Segemt_4_Dis( );//缓存数据显示函数
       Deal( );//输入密码与存储密码比较判断
    }
}
void DelayMS(U16 x) //延时函数
{
      U8 t;
      while(x--)
      for(t=120;t>0;t--);
}
void Key_Scan()//按键扫描
{
  if((K1&K2&K3&K4)==1) //没有按键被按下
      {Key_Num1=0;}//Key_Num1 全局变量—按键键值
```

```
  if(K1==0)
    {  DelayMS(10);
      if(K1==0)  {while(! K1);Dis_ON=1;Key_Num1=1;}//移位按键—同时启动显示
    }
      if(K2==0)
    {  DelayMS(10);
        if(K2==0)  {while(! K2);Key_Num1=2;}
              //while(! K2);—如果按键按下,直到手松起程序才继续
    }
  if(K3==0)
    {  DelayMS(10);
      if(K3==0)  {while(! K3);Key_Num1=3;}
    }
  if(K4==0)
    {  DelayMS(10);
      if(K4==0)  {while(! K3);Key_Num1=4;}
    }


}
void Dis_Segment(U8 w,U8 num,U8 dot)//数码管显示函数 w—显示位数; num—w 位显示
          //数值 dot—是否显示小数点
  {
  if(dot==1)
    {
    P2=Segment_w[w];//位选 w 位数码管
    P0=~Segment_d[num];//段码取反,是因为码表与仿真电路数码管极性相反,如果一
        //致可以去掉 ~ 符号。
    }
    else
    {
      P2=Segment_w[w];
      P0=~(Segment_d[num]&Segment_d[12]); //Segment_d[12]—表示小数点的段码
    }
  }
void Key_T( )//按键测试函数
{
        Key_Scan();//按键扫描
        Dis_Segment(3,Key_Num1,1);//显示键值 Key_Numel
}
void Shift_Flag_Num(U8 w) //移位标志改变;w—表示数组 Shift[4]的 w 位为 1,其它位
        //为 0;w 位为 1—表示密码输入正在操作 w 位。
{
      if(w==0){Shift_Flag[0]=1;Shift_Flag[1]=0;Shift_Flag[2]=0;Shift_Flag[3]=0;}
```

```
        if(w==1){Shift_Flag[0]=0;Shift_Flag[1]=1;Shift_Flag[2]=0;Shift_Flag[3]=0;}
        if(w==2){Shift_Flag[0]=0;Shift_Flag[1]=0;Shift_Flag[2]=1;Shift_Flag[3]=0;}
        if(w==3){Shift_Flag[0]=0;Shift_Flag[1]=0;Shift_Flag[2]=0;Shift_Flag[3]=1;}
}
void Shift( )//修改移位标志
{
        if(Key_Num1==1)//移位按键被按下
          {
            Shift_Flag_Num(Shift_Temp_Num);//改变移位标识
            //Dis_Segment(Shift_Temp_Num,12);//移位标志—显示测试
            Shift_Temp_Num++;//移位标识索引变量
            if(Shift_Temp_Num>3) Shift_Temp_Num=0;//移位位数0~3位切换
          }
}
void Shift_C ( )//移位后,该位的数值的修改(密码修改)
{  U8 i;
   if(Key_Num1==2)//确定增加按键被按下
        {
        for(i=0;i<4;i++)//循环扫描正在操作的位标志
        {
          if(Shift_Flag[i]==1)//确定被操作的位标志
            {Seg_Init_Num[i]++;//修改操作位的数值
                if(Seg_Init_Num[i]>9)//限定被修改位的上限
                  Seg_Init_Num[i]=0;} //大于上限后归零
        }
        }
}
void Segemt_4_Dis ( )//数码管显示函数
{
          U8 i;
          if(Dis_ON)//确定显示打开,默认关闭,按移位键后打开显示
              {for(i=0;i<4;i++)//循环显示4位
              {
                if(Shift_Flag[i]==1)//找出正在操作的位
                  Dis_Segment(i,Seg_Init_Num[i],0);//显示该位缓存的数值及小
                                                  //数点
                else
                  Dis_Segment(i,Seg_Init_Num[i],1);//显示数值不显示小数点
                DelayMS(10);//每一位显示停留时间
                             //可以尝试改变,观察效果,能否得出一些结论?
                }
                }
}
```

```
void Segemt_4_Dis_Black( )//数码管黑屏函数
{
        U8 i;
                for(i=0;i<4;i++)
                {
                Dis_Segment(i,10,1);//i—循环位数  10—段码数字第11个元素,黑屏
                        //1—不显示小数点
                }
}
void Deal( )//确定键按下后 密码判断函数
{
   if(Key_Num1==4)//确定按键被按下
     {
        while(1)//一旦进入后,将无法返回,可按复位键,重新启动程序
        {
        if(Seg_Init_Num[0]==Seg_Init_Num1[0] && Seg_Init_Num[1]==Seg_Init_Num1[1]
&& Seg_Init_Num[2]==Seg_Init_Num1[2] && Seg_Init_Num[3]==Seg_Init_Num1[3])//输入密
                                        //码判断
                {     Success_Flag=1;//验证正确标识
                      Dis_Segment(3,0,1);DelayMS(5);//显示 G
                      Dis_Segment(2,13,1);DelayMS(5);//显示 o
                      Dis_Segment(1,13,1);DelayMS(5);//显示 o
                      Dis_Segment(0,6,1);DelayMS(5);//显示 D
                }
        else     //密码错误 显示"BAD"
        {Success_Flag=0;//验证错误标志
        Dis_Segment(3,0,1);DelayMS(5);//显示 B
        Dis_Segment(2,14,1);DelayMS(5);//显示 A
        Dis_Segment(1,8,1);DelayMS(5);//显示 D
        }
      }
    }
}
```

5. 系统仿真

通过分析任务、设计电路、设计功能函数及最后的程序联调,最终完成了密码锁仿真任务。图4.11~图4.14分别为密码锁开机显示、密码设置、成功解锁界面和失败解锁界面。

通过本阶段的学习,我们已经初步掌握数码管驱动电路设计、Proteus仿真软件的使用、Keil编程环境使用及C51程序框架搭建、关键功能函数编写以及程序功能的验证。尤其程序调试仿真,是个比较细致的工作,需要一点点解决调试中遇到问题,只有多做些类似的任务,调试能力才能得以提高。很多调试细节都是在调试过程中发现的,只有不断认真地总结经验,才能提高解决问题的能力。

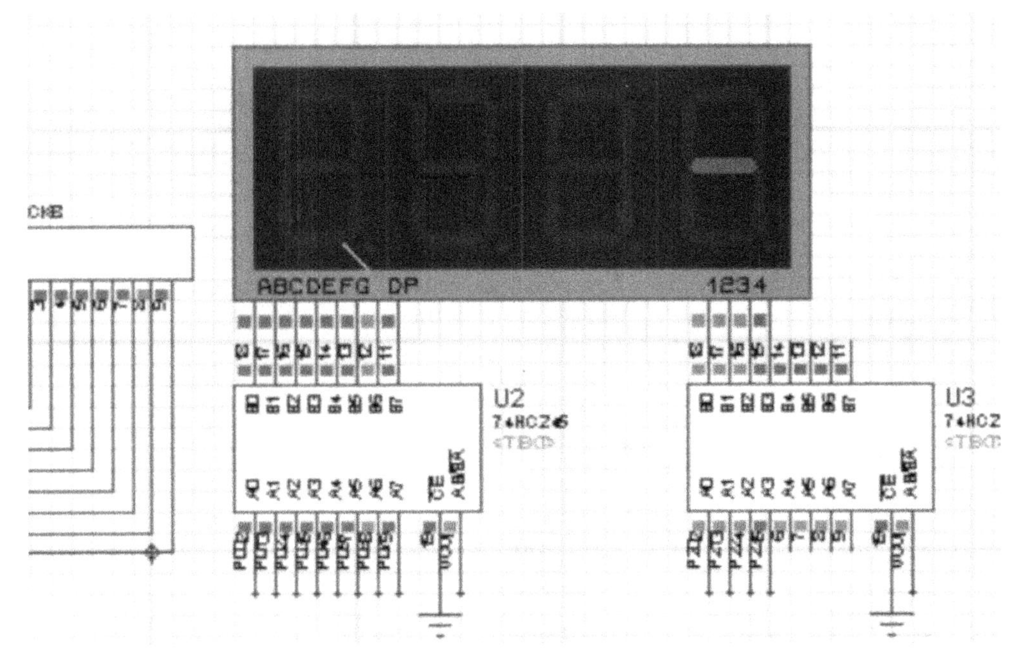

图 4.11　密码锁开机显示画面

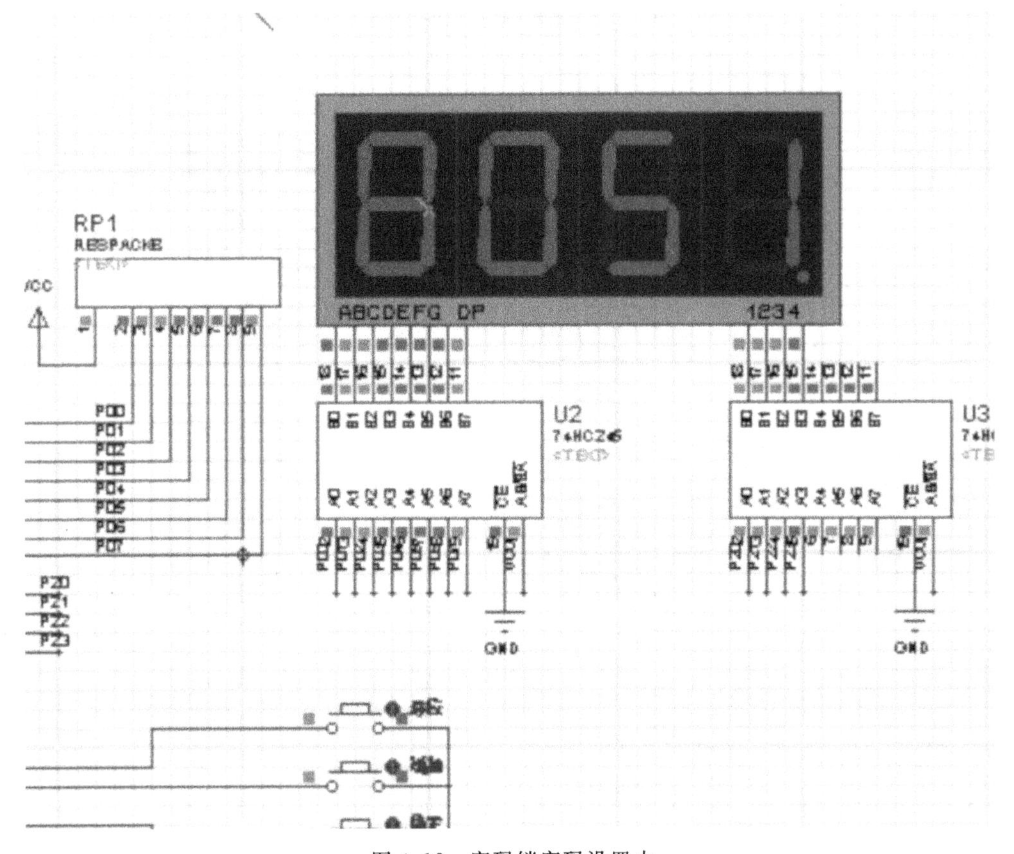

图 4.12　密码锁密码设置中

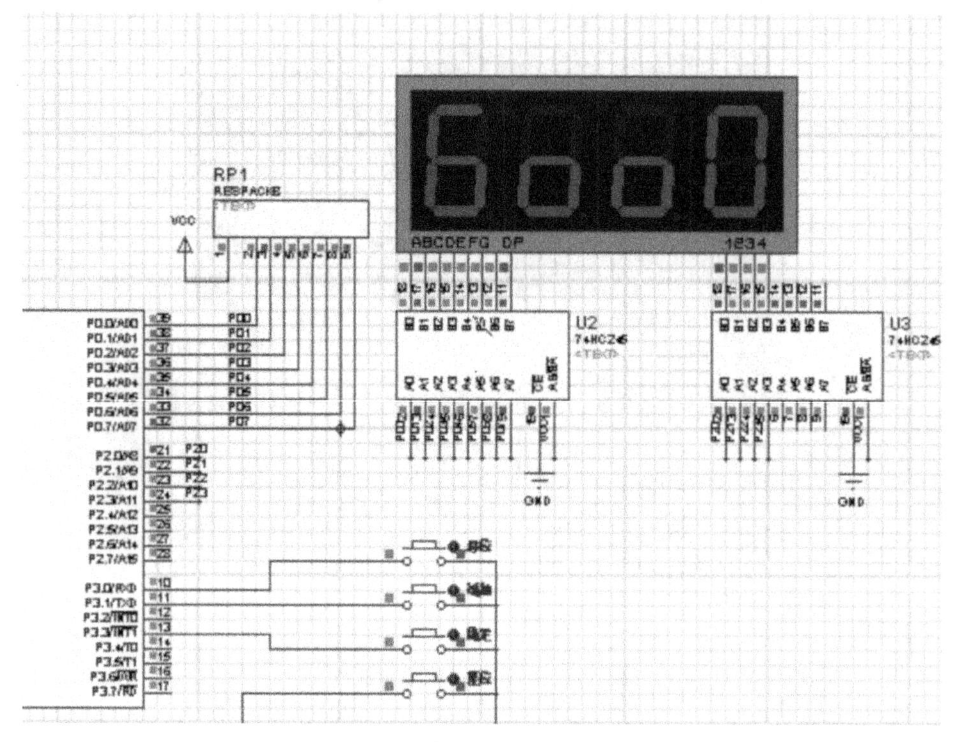

图 4.13　密码锁开锁成功界面

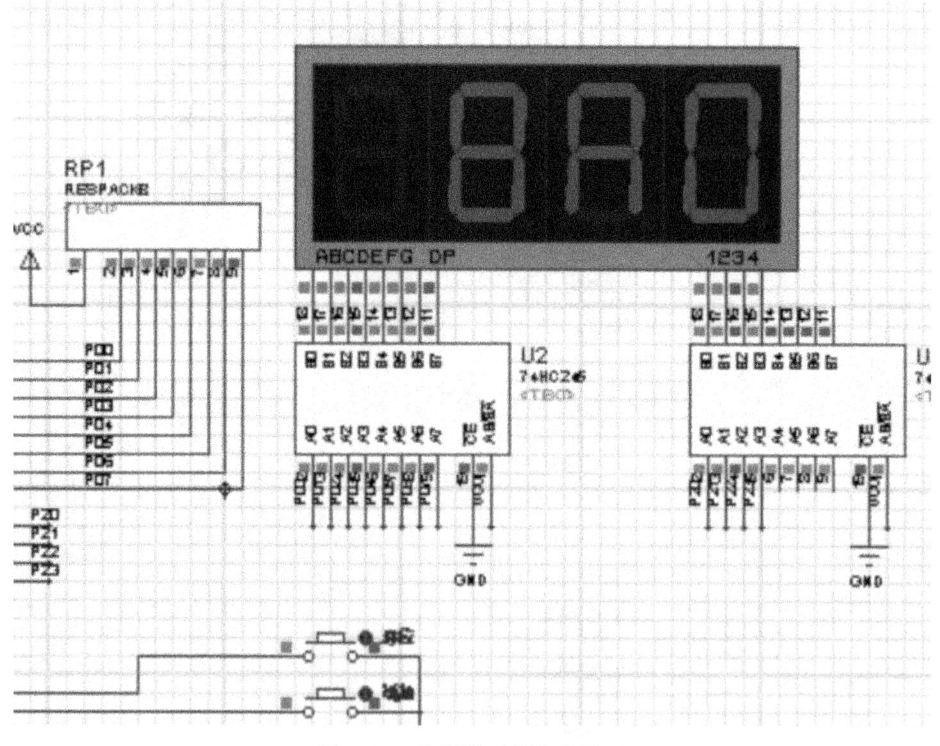

图 4.14　密码锁开锁失败界面

4.8　知识梳理与总结

本项目通过 5 个子任务，最终实现了密码锁设计与仿真。5 个子任务分别是按键扫描、数码管显示、移位索引修改、移位后数值的修改、输入密码后处理。这 5 个子任务具有相对独立性，但又有一定关联，任务之间通过公共变量传递参数。每一个任务只对接口（公共变量）负责，减少问题间关联，达到了复杂问题简单化目的。

很多时候初学编程者不会编程，主要原因是不会分析问题。本章例程提出一种分析问题的方法，总结起来就是“并行接口分析法”。这种分析方法，可以让复杂问题简单化。归纳起来就是把一个较复杂任务分解成几个并行小问题，小问题之间通过接口变量传递参数。这是解决此类问题的难点及关键所在。希望读者能仔细体会本章提出的分析问题方法。本章例程是在 Proteus 7.8 版本下仿真实现的，大家跟着本章顺序搭建电路验证程序、读明白程序，再按照自己的思路修改程序，最终才能完全掌握本章所有知识点。

拓展练习题

1. 设计三位共阳数码管驱动电路，编写验证程序实现 0～999 循环显示。尽量使用本章介绍的并行接口法分解问题，实现功能。

2. 在第 1 题的基础上设计 3×3 矩阵按键，编写程序并验证（可以参考其它资料思路）。

第 5 章　定时器/计数器及应用

任务　多功能秒表设计

任务要求：秒表采用 4 位数码管显示，精度>0.1s；有 4 个功能按键，分别是启停键、存储键、翻阅键、清除键。启停键——按下启动再按下停止，存储键——用于存储多组需要记录的时间，翻阅键——可以查阅上一时刻记录的多组计时值，清除键——清除记录为 0。整个任务通过 Proteus 仿真实现。

任务分析：要完成秒表的设计，需在理解上章按键程序设计和数码管显示程序设计的基础上进行拓展，结合本章定时器/计数器知识完成设计。尤其注意采用上一章使用的并行接口法分析分解问题。

任务目标：初步了解定时器在系统中的使用方法；把数码显示和按键综合应用到系统设计中；学会分解问题的分析方法。

5.1　定时器/计数器结构

1. 定时/计数器的工作原理

在单片机中，脉冲计数与时间之间的关系十分密切，每输入一个脉冲，计数器的值就会自动累加 1，只要相邻两个计数脉冲之间的时间间隔相等，则计数值就代表了时间的流逝。因此，单片机中的定时器和计数器其实是同一个物理部件，只不过计数器记录的是单片机外部发生的事情（接受的是外部脉冲），而定时器则是由单片机自身提供的一个非常稳定的脉冲信号，稳定的时钟信号由单片机时钟电路提供。

51 单片机的晶振经过 12 分频之后提供给单片机稳定的脉冲。晶振的频率是非常准确的，所以单片机的计数脉冲之间的时间间隔也是非常准确的。图 5.1 所示加 1 计数器输入的计数脉冲有两个来源：一个是由系统的时钟振荡器输出脉冲经 12 分频后获得，一个是由 T0 或 T1 引脚输入的外部脉冲源获得。

作为定时器使用时，51 单片机片内振荡器输出经过 12 分频后的脉冲进入计数器，使定时器 T0/T1 的初值寄存器值自动累加 1 直到溢出，溢出标志为 TF 置位 1。

作为计数器使用时，通过引脚 T0(P3.4)或 T1(P3.5)对外部脉冲信号进行计数，当输入的外部脉冲信号发生从 1 到 0 的负跳变时，计数器的值就自动加 1，由于检测一个从 1 到 0 的下降沿需要 2 个机器周期，因此要求被采样的电平至少要维持一个机器周期。当晶振频率为

12MHz 时，最高计数频率不超过 0.5 MHz，即计数脉冲的周期要大于 2 μs。

不论工作在定时或计数工作方式，定时器/计数器 T0 和 T1 均不占用 CPU 的时间，除非定时器/计数器 T0 和 T1 溢出，引起 CPU 中断，转而去执行中断处理程序。

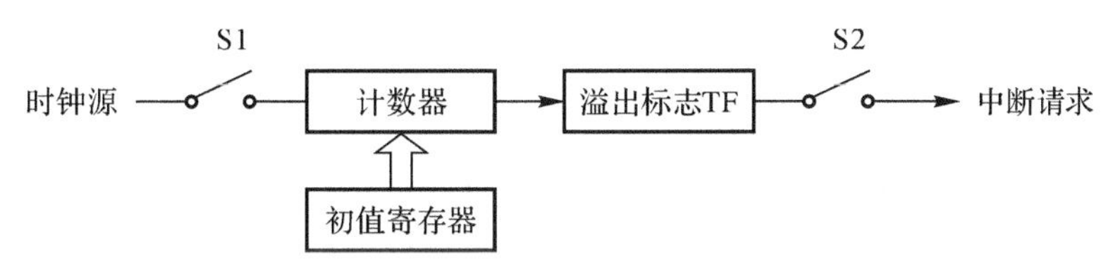

图 5.1　定时/计数器工作原理图

S1—启动或停止计数器工作；　S2—允许或禁止溢出中断

2. 定时/计数器的组成

51 单片机内部有两个 16 位的可编程定时/计数器，由 T0、T1、工作方式寄存器 TMOD 和控制寄存器 TCON 四大部分组成，内部结构如图 5.2 所示。

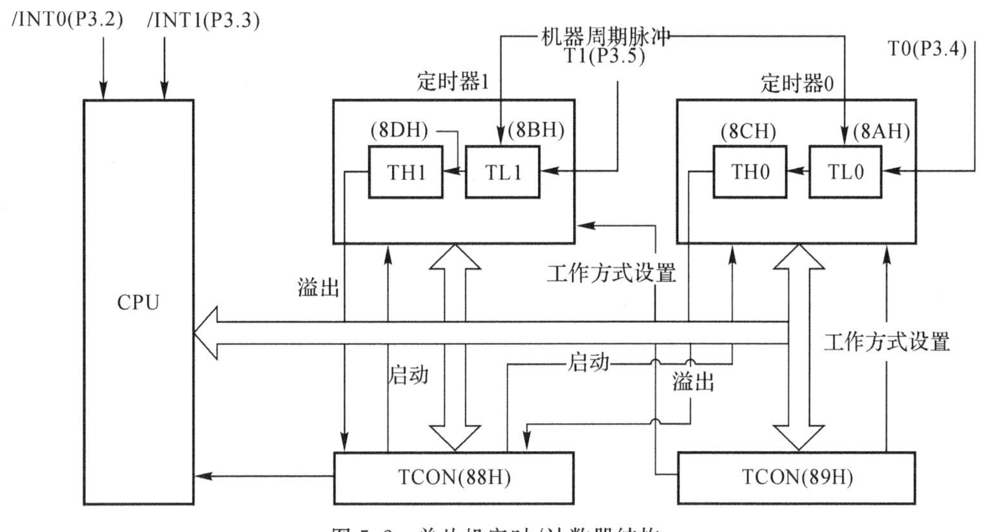

图 5.2　单片机定时/计数器结构

5.2　定时器/计数器相关寄存器

5.2.1　定时/计数器工作方式寄存器 TMOD

TMOD 的低四位为 T0 的工作方式字段，高四位为 T1 的工作方式字段。位定义见表 5.1。

表 5.1　TMOD 寄存器位定义

0X89	D7	D6	D5	D4	D3	D2	D1	D0
TMOD	GATE	$C/\overline{T}$	M1	M0	GATE	$C/\overline{T}$	M1	M0

(1)M1 和 M0:工作方式选择位,其对应关系见表 5.2。

表 5.2　定时器工作方式

M1	M0	工作方式	功能描述
0	0	方式 0	13 位计数器
0	1	方式 1	16 位计数器
1	0	方式 2	初值自动重装载 8 位计数器
1	1	方式 3	T0:分成两个 8 位计数器 T1:停止计数

(2)$C/\overline{T}$:功能选择位。$C/\overline{T}=0$ 时,设置为定时模式;$C/\overline{T}=1$ 时,为计数模式。

(3)GATE:门控位。当 GATE=0 时,软件启动方式,将 TCON 寄存器中的 TR0 或 TR1 置 1 即可启动相应定时器;当 GATE=1 时,硬软件共同启动方式,软件控制位 TR0 或 TR1 需置 1,同时还需$\overline{INT0}$(P3.2)或$\overline{INT1}$(P3.3)为高电平才可启动相应的定时器,即允许外中断$\overline{INT0}$、$\overline{INT1}$启动定时器。

5.2.2　定时/计数器工作方式寄存器 TCON

定时/计数器控制寄存器 TCON 的作用是控制定时器的启动、停止、标识定时器的溢出和中断情况。TCON 的格式见表 5.3。

表 5.3　TCON 寄存器相关位

0X88	D7	D6	D5	D4	D3	D2	D1	D0
TCON	TF1	TR1	TF0	TR0	IE1	IT1	IE0	IT0

其中位定义如下:

TF1:1——定时器 1 溢出,0——没有溢出。

TR1:1——定时器 1 启动,0——停止。

TF0:1——定时器 0 溢出,0——没有溢出。

TR0:1——定时器 0 启动,0——停止。

IE1: 1——外部中断 1 有中断请求,0——没有。

IT1: 1——外部中断 1 中断触发方式为下降沿触发,0——电平触发。

IE0: 1——外部中断 0 有中断请求,0——没有

IT0: 1——外部中断 0 中断触发方式为下降沿触发,0——电平触发。

5.2.3　定时/计数器的四种工作方式

1.方式 0

方式 0 为 13 位计数,由 TL0 的低 5 位(高 3 位未用)和 TH0 的 8 位组成。TL0 的低 5 位溢出时向 TH0 进位,TH0 溢出时,置位 TCON 中的 TF0 标志,向 CPU 发出中断请求(见图 5.3)。

计数初值计算的公式为

$$X=2^{13}-N$$

式中，$N=t/T_{cy}$，N 为计数值，t 为定时长度，T_{cy} 为时钟周期。

计数模式时，计数脉冲是 T0 引脚上的外部脉冲。

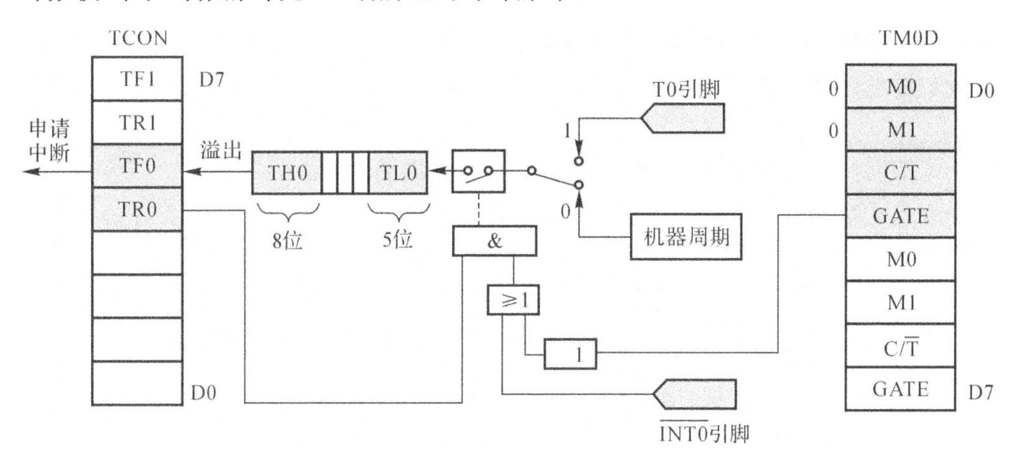

图 5.3　定时器方式 0 工作结构

门控位 GATE 具有特殊的作用。当 GATE＝0 时，经反相后使或门输出为 1，此时仅由 TR0 控制与门的开启，与门输出 1 时，控制开关接通，计数开始；GATE＝1 时，由外中断引脚信号控制或门的输出，此时控制与门的开启由外中断引脚信号和 TR0 共同控制。当 TR0＝1 时，外中断引脚信号引脚的高电平启动计数，外中断引脚信号引脚的低电平停止计数。这种方式常用来测量外中断引脚上正脉冲的宽度。

2. 方式 1

方式 1 的计数位数是 16 位，由 TL0 作为低 8 位、TH0 作为高 8 位，组成了 16 位加 1 计数器(见图 5.4)。

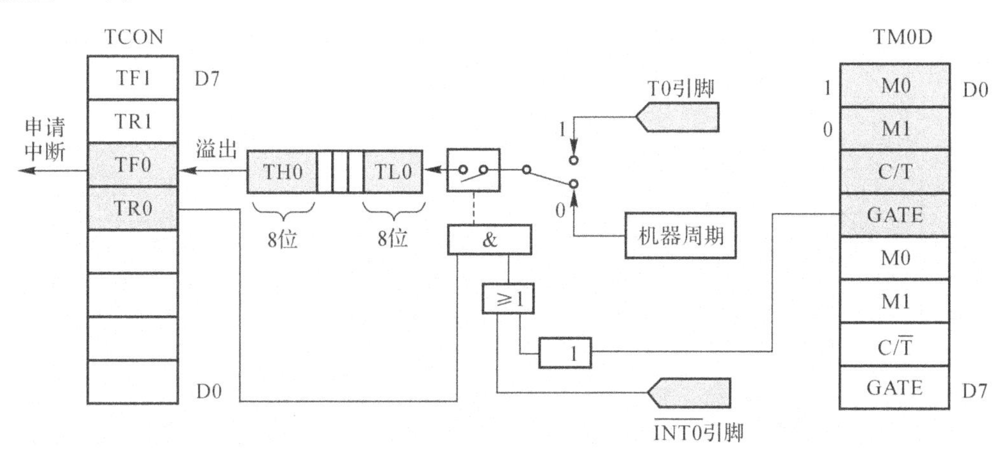

图 5.4　定时器工作方式 1 工作结构

计数个数与计数初值的关系为

$$X=2^{16}-N$$

式中，$N=t/T_{cy}$，N 为计数值，t 为定时长度，T_{cy}为时钟周期。

3. 方式 2

方式 2 为自动重装初值的 8 位计数方式。单片机工作在方式 2 时，将 16 位计数器分成两个 8 位的计数器，TH1/TH0 用来存放初值(见图 5.5)。当计数器溢出时，一方面将 TF1/TF0 置 1，申请中断；而另一方面自动将 TH1/TH0 的值装入 TL1/TL0。

计数个数与计数初值的关系为

$$X-2^8-N$$

式中，$N=t/T_{cy}$，N 为计数值，t 为定时长度，T_{cy}为时钟周期。

工作方式 2 特别适合用于较精确的脉冲信号发生器。

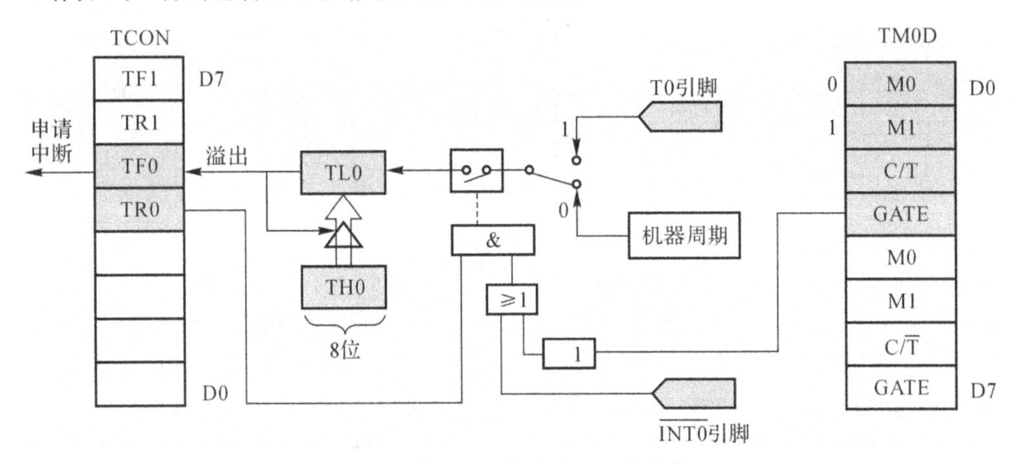

图 5.5　定时器工作方式 2 工作结构

4. 方式 3

将 T0 分成两个独立的 8 位定时/计数器 TL0 和 TH0(见图 5.6)。TL0 为正常的 8 位定时/计数器，计数器溢出后置位 TF0，申请中断，之后重装初值。TH0 也是 8 位定时/计数器，但由于 TL0 占用了 TF0 和 TR0，因此 TH0 占用定时器 TF1 和 TR1(所以 T1 不能用)。

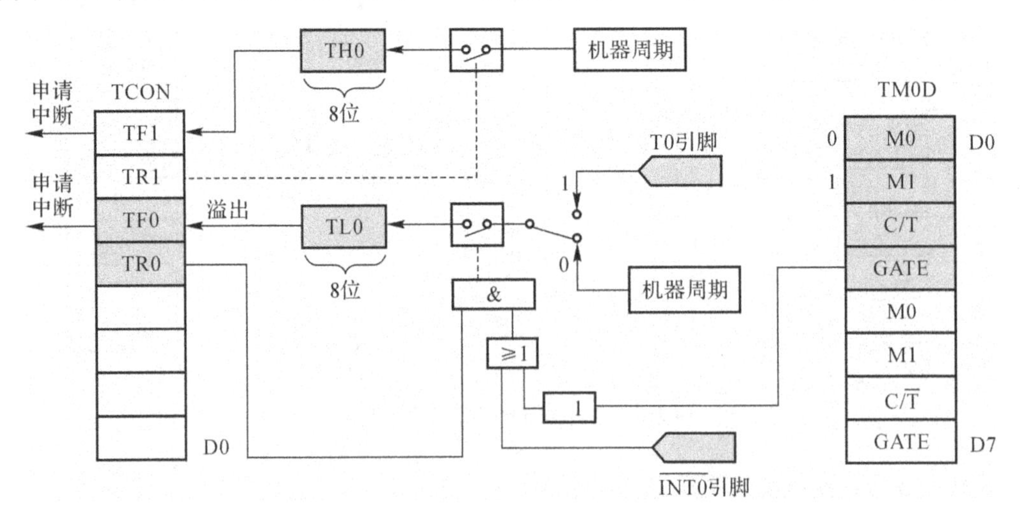

图 5.6　定时器工作方式 3 工作结构

5.3　定时器/计数器配置流程

1. 定时/计数器初始化流程

(1)对 TMOD 赋值,确定 T0 和 T1 的工作方式。

例如:TMOD=0X01; //TMOD=0X01 是软件控制启动。

表5.4为 TMOD=0X01 的详细配置,此时定时器0工作在方式1下。

表5.4　TMOD 寄存器

GATE	$C/\overline{T}$	M1	M0	GATE	$C/\overline{T}$	M1	M0
0	0	0	0	0	0	0	1

(2)计算初值,并将其写入 TH_n 和 TL_n(n 取0或1)。

方式0时:$TH_n=(2^{13}-T)/32$;$TL_n=(2^{13}-T)\%32$;

方式1时:$TH_n=(2^{16}-T)/256$;$TL_n=(2^{16}-T)\%256$;

方式2时:$TH_n=256-T$;$TL_n=256-T$(T 表示定时时长)。

(3)使用中断方式时对 IE 寄存器赋值开放中断(查询方式就无需开放中断)。

(4)在 GATE=0 条件下,使 TR0 或 TR1 置位,启动定时/计数器。

2. 不同方式下定时器初值的计算

(1)定时时长 T 与定时器填装初值 X 关系为

$$X=(2^N-T)\times 12/\text{fosc}$$（单片机时钟频率）

(2)N 为定时器的工作方式下,当为方式0时,$N=13$;方式1时,$N=16$;方式2时,$N=8$。

(3)根据定时时间和工作方式,计算出定时初值 X。把初值 X 转换成二进制数,高8位送给 TH_0 或 TH_1,低8位送给 TL_0 或 TL_1,启动定时器。

例如:工作在方式1,定时时间为1 000μs 晶振频率为12MHz 则定时时间

$$X=(2^{16}-1000)\times 12/12 \Rightarrow X=64536=\text{FC18H} \Rightarrow$$

$$TH_1/TH_0=0xFC,\quad TL_1/TL_0=0x18$$

(4)不同方式下初值填装可以按如下公式进行。

方式0时: $TH_n=(2^{13}-T)/256$;$TL_n=(2^{13}-T)\%256$(n 取0或1);

方式1时:$TH_n=(2^{16}-T)/256$;$TL_n=(2^{16}-T)\%256$;

方式2时:$TH_n=256-T$;$TL_n=256-T$。

5.4　秒表电路仿真实现

1. 仿真电路设计

秒表仿真电路如图5.7所示,由电阻、电容、单片机、芯片74HC245、按键及4位共阳数码管等元件组成;按键按功能区分有,启停按键、存储按键、翻阅按键、清零按键等。4位共阳数码管作为秒表显示。

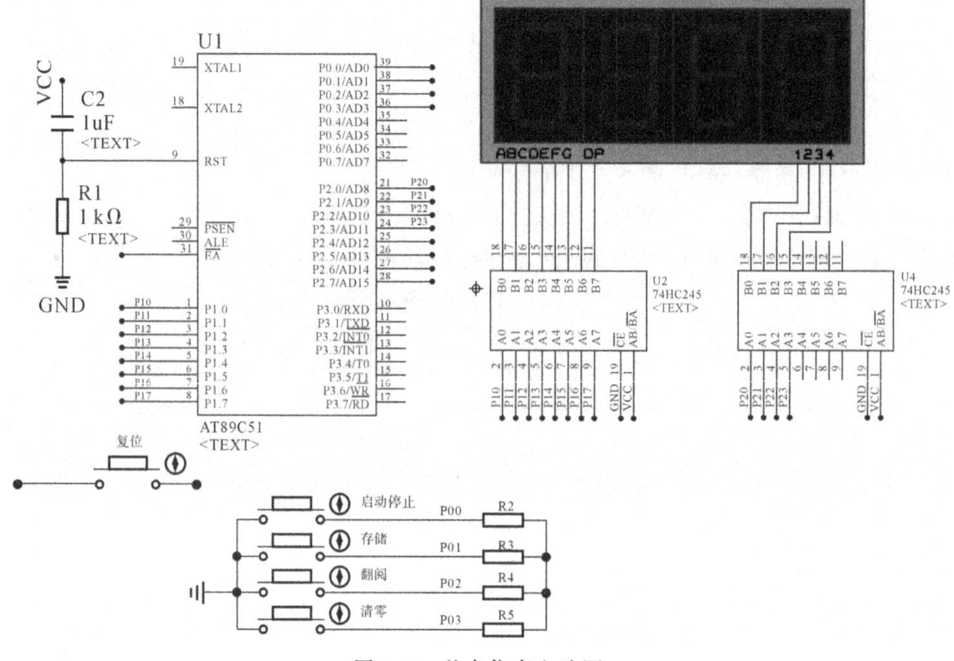

图 5.7　秒表仿真电路图

2. 秒表任务分析

根据前面学习的并行接口分析法分析秒表编程思路。根据要求可以把秒表的实现这个大问题分解成以下几个小问题：

(1)定时器配置(过程函数)。

(2)按键扫描(通过公共接口键值变量区分哪个按键被按下,没有按下键值为 0),

(3)数码管显示(查询显示变量)。

(4)定时器启停(改变定时启动或停止)。

(5)定时器计数值的存储(扫描存储键值——把当前定时器计数值存储)。

(6)定时器计数值的回调(存储的计时数值变量替换显示变量)。

(7)定时器计数值的清零(把缓存及相关索引清零)。

(8)定时器中断函数(定时器定义 20ms 基本定时单元——实现时长 0.1s 定时单元)。

把整个项目分解了 8 个相对独立的、功能相对简单,实现较方便的小问题,每一个问题解决对应一个专用的函数。这种分析方法易思考、便于推演,减少问题间的复杂关系,是本教程解决所有任务的钥匙。通过分解任务,整个系统程序流程如图 5.8 所示。

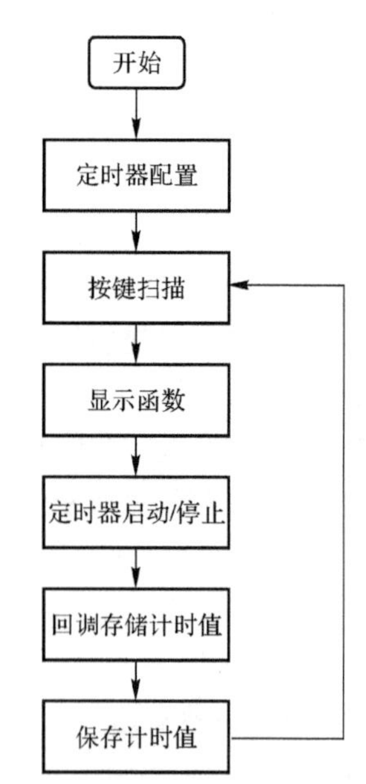

图 5.8　秒表仿真电路流程图

3.程序编写

```
#include "reg51.h"//头文件引用
#define U8 unsigned char //数据类型宏定义
#define U16 unsigned int
sbit K1=P3^0;//端口位定义
sbit K2=P3^1;
sbit K3=P3^2;
sbit K4=P3^3;
U8 code Segment_d[15]={0xc0,0xf9,0xa4,0xb0,0x99,0x92,0x82,0xf8,0x80,0x90,0xff,
                        0x00,0x7f,0xa3,0x88};//共阳码表
U8 code Segment_w[4]={0xfe,0xfd,0xfb,0xf7};//数码管位选
U16 Save_Buff[10]={0,0,0,0,0,0,0,0,0,0};//秒表数据存储数组
U8 Seg_Init_Num[5]={0,0,0,0,0};//Seg_Init_Num[0]—计时或回调数值标识
                               //Seg_Init_Num[1]—回调
                               //Seg_Init_Num[2]—存储计时数据总数
                               //Seg_Init_Num[3]—显示数据整数部分
                               //Seg_Init_Num[4]—显示数据小数部分
U8 KeyNum=0; //按键键值
U8 Flag_50ms=0;//50ms 到达标识
U8 Save_Index=0;//数据保存索引号
U8 Check_Index=0;//数据回调索引号
void Timer_Init( );//定时器初始化
void DelayMS(U16 x);//延时函数
void Key_Scan( );//按键扫描函数
void Dis_Segment(U8 w,U8 num,U8 dot);// w—显示位,num—w 位显示数据,dot—w 位点显示与否
控制位 dot=1—不显示点  dot=0—显示点
void Segemt_4_Dis ( );//数码管显示函数
void Timer_On_Off( );//定时器开关函数
void Timer_Save( );//定时器数据存储函数
void Timer_Check();//存储数据回调函数
void Timer_Zero();//存储数据清零函数
main()
{
   Timer_Init( );//定时器配置
while(1)
  {
    Key_Scan( );//按键扫描
    Segemt_4_Dis( );//显示
    Timer_On_Off( );//定时器启动或停止
    Timer_Save( );//计时数据保存
    Timer_Check( );//存储数据回调显示
    Timer_Zero( );//存储数据清零
```

```
    }
}
void Timer_Init( )//定时器初始化
{
      TMOD=0x01;//定时器0—工作模式、定时方式设定
      TH0=(65536-50000)/256;//TH0 填装初值
      TL0=(65536-50000)%256;//TL0 填装初值
      ET0=1;//定时器 0 中断开启
      EA=1;//总中断开启
      TR0=0;//定时器 0 开始计数
}
void DelayMS(U16 x) //延时函数   两层循环
{
      U8 t;
      while(x--)
      for(t=120;t>0;t--);
}
void Key_Scan( ) //按键扫描
{
   if((K1&K2&K4)==1) //无按键按下—KeyNum=0
      {KeyNum=0;}
   if(K1==0)//第一判断
   {   DelayMS(10);//延时
        if(K1==0) //第二次判断
         {while(! K1);KeyNum=1;}//while(! K1);—没有松手不退出(松手检测)
   }
   if(K2==0)
   {   DelayMS(10);
        if(K2==0)
         {while(! K2);KeyNum=2;}
   }
   if(K3==0)
     {   DelayMS(10);
        if(K3==0)
         {while(! K3);KeyNum=3;}
   }
   if(K4==0)
   {   DelayMS(10);
        if(K4==0)
         {while(! K3);KeyNum=4;}
   }
}
void Dis_Segment(U8 w,U8 num,U8 dot)//数码管显示 w 取 0-3 位,显示 num(0-9)
```

```
                                       //dot=1 表示不显示点,dot=0 表示显示点
{
  if(dot==1)//不显示点
  {
    P2=Segment_w[w];//显示数值一位选
    P0=~Segment_d[num];//段码赋值于 P0 口,共阳码表取反后为共阴码表
  }
  else
    {
        P2=Segment_w[w];//位选
        P0=~(Segment_d[num]&Segment_d[12]);//段码 &&"点"码一 显示数据和点
    }
}
void Segemt_4_Dis( )//数码管显示
{  if(Seg_Init_Num[3]>9)//显示数据整数部分大于 9 判断
      {  Dis_Segment(1,Seg_Init_Num[3]/10,1); //整数部分—十位
         DelayMS(2);//2ms 延时
         Dis_Segment(2,Seg_Init_Num[3]%10,0);//整数部分—个位
         DelayMS(2);//延时
         Dis_Segment(3,Seg_Init_Num[4]%10,1);//小数部分
         DelayMS(2);
      }
    if(Seg_Init_Num[3]<10)//显示数据整数部分
      {
         Dis_Segment(2,Seg_Init_Num[3]%10,0);//个位
         DelayMS(2);//延时
         Dis_Segment(3,Seg_Init_Num[4]%10,1);//个位显示
         DelayMS(2);//延时
      }
}
void Timer0( ) interrupt 1//定时器 0 中断函数—注意中断函数格式,1 是中断号
{
    TH0=(65536-50000)/256;//填装高位—计数初始值
    TL0=(65536-50000)%256;//填装低位—计数初始值
    Flag_50ms++;//每次进入中断—标志递增 1
    if(Flag_50ms>1)//中断标志=2  表示 2×50ms=100ms 到达时
    {
        Flag_50ms=0;//10ms 到达时,50ms 标志清零
        Seg_Init_Num[4]++;//100ms 开始计数递增
        if(Seg_Init_Num[4]>9)//计时到达 10×100ms 时即 1s
         {
            Seg_Init_Num[4]=0;//小数变量 清零
            Seg_Init_Num[3]++;//整数部分递增 1
```

```
            if(Seg_Init_Num[3]>99) Seg_Init_Num[3]=0;//整数递增上限—不超过 100s
        }
    }
}
void Timer_On_Off( )//定时器启动停止函数
{
   if(KeyNum==1)   TR0=~TR0;//当按下启动停止键时,TR0 值发生一次翻转即由启动
                                        //转停止或由停止转启动
}
void Timer_Save( )//定时器计数值存储函数
{
   if(KeyNum==2)//计数存储按键被按下时
     {
       Save_Buff[Save_Index]=Seg_Init_Num[3] * 10+Seg_Init_Num[4];//把定时器里计数
              //整数部分和小数部分相加后存储到数组 Save_Buff 中
       Seg_Init_Num[2]=Save_Index;//存储索引到数组 Seg_Init_Num[2],作为回调存储
                                        //值的索引上限使用
       Save_Index++;//存储后索引递增 1,即指向下一个位置
       if(Save_Index>9)  Save_Index=0;//存储空间 10 个字(20 个字节),存储索引
                //大于 9 从 0 位开始存储
   }
}
void Timer_Check( )//计数器存储值回调函数
{
   if(KeyNum==3)//回调值 按键被按下
     {
      Seg_Init_Num[3]=Save_Buff[Check_Index]/10;//把回调值取整数赋予
                                 //Seg_Init_Num[3]
       Seg_Init_Num[4]=Save_Buff[Check_Index]%10;//把回调值取小数部分赋予
                                 //Seg_Init_Num[4]
      Check_Index++;//回调值的索引
      if(Check_Index>=Save_Index)  Check_Index=0;//回调值索引上限即存储最后一
                                 //个索引,大于存储索引后回调索引清零
   }
}
void Timer_Zero( )//清零函数
{ U8 i;
   if(KeyNum==4)//清零按键被按下后
     {
       for(i=0;i<Save_Index;i++)//循环清零存储计数值的数组 Save_Buff
           Save_Buff[i]=0;
       for(i=0;i<5;i++)//循环清除显示值存储的数组 Seg_Init_Num
           Seg_Init_Num[i]=0;
```

```
        Save_Index=0;//存储索引清零
        Check_Index=0;//回调索引清零
    }
}
```

4. 系统仿真

图 5.9 所示为秒表仿真结果，验证了硬件电路和软件设计思路正确。仿真结果验证设计的算法是可行的。启停、存储、翻阅、清零按键功能均能正常使用，系统操作流畅。要特别注意本系统中存储功能是在定时器启动方式下才能存储。翻阅和清"零"功能是在定时器停止方式下进行的。

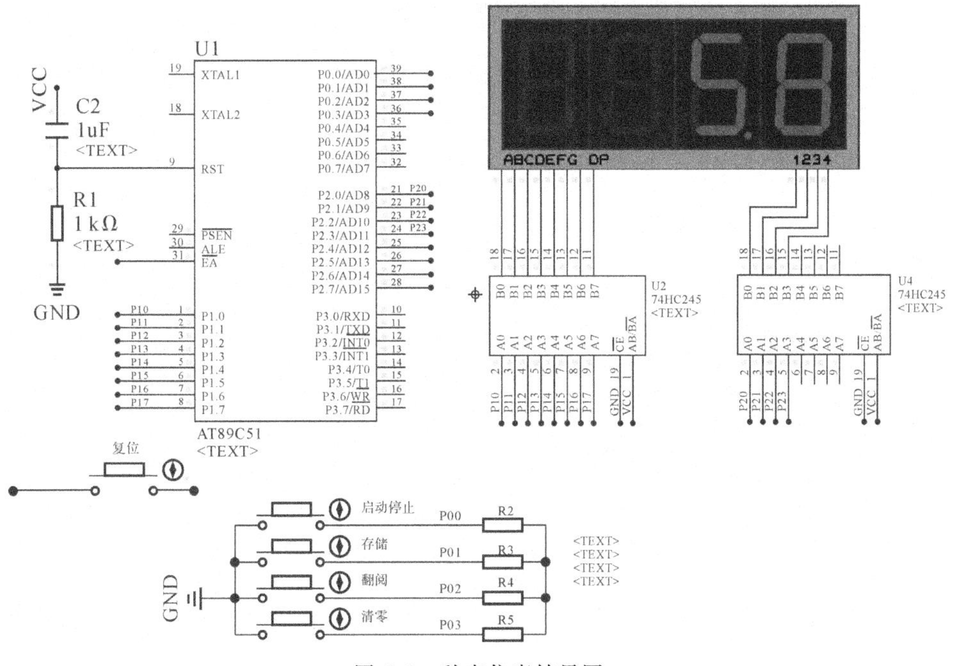

图 5.9　秒表仿真结果图

5.5　知识梳理与总结

秒表主要用的是单片机内部定时器和数码管、按键的编程实现。通过秒表项目了解定时器的使用流程，对人机接口编程有了更深层次的理解。同时秒表显示部分电路和第 4 章密码锁显示电路是一样的，部分驱动显示函数也是一样的，本章学习可以把主要精力放到定时器的使用上。

本章项目秒表的软件思路是，利用单片机定时器 0 的工作方式 1 进行 50ms 的定时，这样可以达到秒表精度为 0.1s 的要求。测量仿真结果实现了秒表项目的所有要求。本项目主要掌握对定时/计数器的定时配置流程及定时器中断函数实现的理解。除了基本知识点需要掌握外，对于本书提出的用并行接口法分析分解问题的思路，更需要大家去思考和理解，学会把这种方法用到其它任务的解决方案中，这是一把快速入门单片机编程的钥匙。

对于定时器和外部中断注意以下几个问题：

(1)熟练定时器初始化流程。

(2)掌握好 TMOD、TCON 等几个和定时器相关的寄存器位定义。

(3)掌握外部中断、定时器中断函数编写方法。

拓展练习题

设计一方波信号源，通过 proteus 软件仿真实现。

任务要求：

(1)要有 4 个按键启/停按键，增加/减少频率按键；

(2)频率范围 1～9 999Hz；

(3)4 位数码管显示数据；

(4)使用定时器中断，绘制流程图。

第6章 中断系统及应用

任务 频率测量装置设计与实现

任务要求：

(1)输入方波信号；

(2)信号幅度5V；

(3)频率范围10Hz～10kHz；

(4)测量误差小于1%；

(5)采用4位数码管。

任务分析：频率测量装置的设计需要完成两部分任务。①显示部分。这部分参考第4章密码锁的显示电路部分。②测量部分。用到定时/计数器的计数功能和中断功能程序的编写。

任务目标：掌握定时器和外部中断的使用方法。

6.1 中断系统介绍

现代计算机都具有实时处理功能，当外界有突发事件时，CPU能够及时做出处理。在单片机系统中，该功能主要依靠中断系统完成。

1. 中断相关概念

当CPU正在处理某一命令时，这时外部发生了某一事件(如电平的变化，或者定时器/计数器溢出时)请求CPU去处理该事件，于是CPU停止处理当前的事件，并保存当前停止时的地址，转去处理所发生的事件，处理完毕后，CPU返回原先保存的停止时的地址，继续处理原先的事件，这样的过程被称为中断。

中断系统中产生中断的请求源被称为中断源，中断源向CPU提出的处理请求被称为中断请求或中断申请。CPU暂时中止当前的事件，转去处理中断请求所对应的事件称为CPU的中断响应过程，对事件的整个处理过程称为中断服务(中断处理)。处理完毕后，返回到原先被中止的地方称为中断返回。中断响应过程如图6.1所示。

2. 中断的作用

(1)同步工作。中断是CPU与接口之间的信息传送方式之一。它使CPU与外设同步工作，较好地解决了CPU与慢速外设之间的配合问题。可以多个外设同时工作，谁发出了中断申请，CPU处理谁的任务。提高了CPU的工作效率。

(2)异常处理。针对难以预料的异常情况,设置不同的中断处理过程(处理程序)。

(3)实时处理。在设置好中断源后,条件满足即提出中断申请。请求 CPU 及时响应。如果满足条件,CPU 会及时处理。

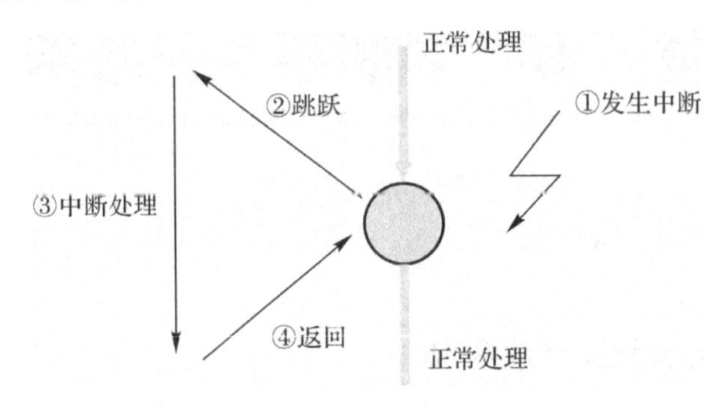

图 6.1 中断响应过程

3. 51 单片机中断系统结构

51 单片机中断系统结构如图 6.2 所示,由 5 个中断源、4 个与中断有关的特殊功能寄存器、优先级查询逻辑电路等组成。

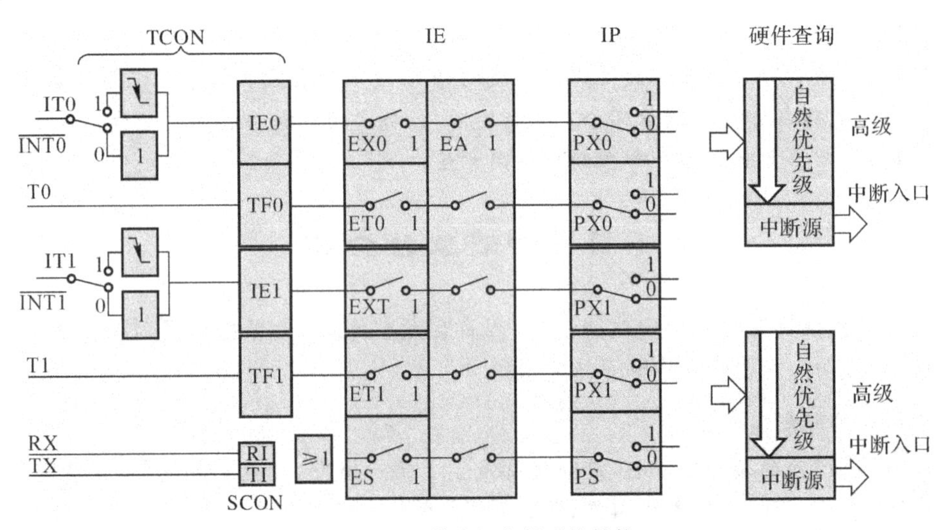

图 6.2 51 单片机中断系统结构

(1)中断请求源。中断请求源主要由外部中断请求源和内部中断请求源组成,其特点如下。

外部中断请求源:即外中断 0 和 1,经由外部管脚引入在单片机上有两个管脚,名称为 INT0、INT1,也就是 P3.2、P3.3 这两个管脚。在内部的 TCON 中有四位是与外部中断有关的。

IT0:INT0 触发方式控制位,可由软件进行置位和复位,IT0=0,INT0 为低电平触发方式;IT0=1,INT0 为负跳变触发方式,两种方式的差异将在后面再介绍。

IE0:INT0 中断请求标志位。当有外部的中断请求时,这位就会置 1(这由硬件来完成),在 CPU 响应中断后,由硬件将 IE0 清零。

IT1、IE1 的用途和 IT0、IE0 相同。

TF0 为定时器 T0 的溢出中断标记位，当 T0 计数产生溢出时，由硬件置位 TF0。在 CPU 响应中断后，再由硬件将 TF0 清零，TF1 与 TF0 类似。

TI、RI：串行口发送、接收中断，之后在串行口中再讲解。

（2）中断优先级。五个中断源的自然优先级与中断服务入口地址见表 6.1。

表 6.1　51 单片机中断源及优先级

中断源	序号	入口地址
INT0（外中断 0）	0	0003H
T0（定时/计数器 0）	1	000BH
INT1（外中断 1）	2	0013H
T1（定时/计数器 1）	3	001BH
TI/RI（串行口中断）	4	0023H

自然优先级中 INT0 优先级最高—串行口最低，表 6.1 中断源优先级高到低排列。也可以在 IP 寄存器中设置中断源的高级或低级，高级可以打断低级，低级不能打断高级。

（3）中断响应过程。当 C51 工作时，在每个机器周期中都会去查询一下各个中断标记，中断标记如果是 1，就说明有中断请求了，中断执行分为查询、硬件执行两种。当出现下列三种情况之一时，CPU 将封锁对中断的响应：

1）CPU 正在处理一个同级或更高级别的中断请求。现行的机器周期不是当前正执行指令的最后一个周期。单片机有单周期、双周期、三周期指令，当前执行指令是单字节没有关系，如果是双字节或四字节的，就要等整条指令都执行完了，才能响应中断（因为中断查询是在每个机器周期都可能查到的）。

2）当前正执行的指令是返回批令（RETI）或访问 IP、IE 寄存器的指令，则 CPU 至少再执行一条指令才应中断。这些都是与中断有关的，如果正访问 IP、IE 则可能会开、关中断或改变中断的优先级，而中断返回指令则说明本次中断还没有处理完，要等本指令处理结束，再执行一条指令才能响应中断。

3）中断响应过程 CPU 响应中断时，首先把当前指令的下一条指令（就是中断返回后将要执行的指令）的地址送入堆栈，然后根据中断标记，将对应的中断入口地址送入 PC，PC 是程序指针，CPU 就会跳到地址处（PC 中的值）取指令，所以程序就会转到中断入口处继续执行。这些工作都是由硬件来完成的，每个中断向量地址只间隔了 8 个单元，如 0003～000B，在如此少的空间中如何完成中断程序呢？在中断处安排一个 LJMP 指令，通过跳转指令跳转到和子程序开始处。

中断程序完成后，一定要执行一条 RETI 指令，执行这条指令后，CPU 将会把堆栈中保存着的地址取出，送回 PC，那么程序就会从主程序的中断处继续往下执行了。在这里请注意，CPU 所做的保护工作是很有限的，只保护了一个地址，而其它的所有东西都不保护，所以如果你在主程序中用到了如 A、PSW 等，在中断程序中又要用它们，因此应该要保证回到主程序后这里面的数据还是没执行中断以前的数据，就得自己保护起来。

6.2　中断系统的相关控制寄存器

中断系统有两个控制寄存器 IE 和 IP，它们分别用来设定各个中断源的打开/关闭和中断优先级。此外，在 TCON 中另有 4 位用于选择引起外部中断的条件并作为标志位，SCON 寄存器低两位分别是串行通信收发中断标志位。

1. 中断允许寄存器 IE

IE 在特殊功能寄存器中，字节地址为 A8H，位地址（由低位到高位）分别是 A8H～AFH。IE 用来打开或关断各中断源的中断请求，表 6.2 为中断允许寄存器。

表 6.2　中断允许寄存器 IE

IE	D7	D6	D4	D3	D2	D1	D0
位标识	EA	X	ES	ET1	EX1	ET0	EX0

EA：全局中断允许位。EA＝0，关闭全部中断；EA＝1，打开全局中断控制。

X：无效位。

ES：串行通信中断允许位。ES＝1，打开串行通信中断；ES＝0，关闭串行通信中断。

ET1：定时器/计数器 1 中断允许位。ET1＝1，打开 T1 中断；ET1＝0，关闭 T1 中断。

EX1：外部中断 1 中断允许位。EX1＝1，打开 INT1 中断；EX1＝0，关闭 INT1 中断。

ET0：定时器/计数器 0 中断允许位。ET0＝1，打开 T0 中断；ET0＝0，关闭 T0 中断。EX0：外部中断 0 中断允许位。EX0＝1，打开 INT0 中断；EX0＝0，关闭 INT0 中断。

2. 中断优先寄存器 IP

IP 在特殊功能寄存器中，字节地址为 B8H，位地址（由低位到高位）分别是 B8H～BFH，IP 用来设定各个中断源属于两级中断中的哪一级，表 6.3 为中断优先级寄存器。

表 6.3　中断允许寄存器 IP

IP	D7	D6	D5	D4	D3	D2	D1	D0
位地址	X	X	X	PS	PT1	PX1	PT0	PX0

X：无效位。

PS：串行通信中断优先级控制位。PS＝1，设置高级优先；PS＝0，设置低级优先。

PT1：定时器/计数器 1 中断优先级控制位。PT1＝1，设置高级优先；PT1＝0，设置低级优先。PX1：外部中断 1 中断优先级控制位。PX1＝1，设置高级优先；PX1＝0，设置低级优先。

PT0：定时器/计数器 0 中断优先级控制位。PT0＝1，设置高级优先；PT0＝0，设置低级优先。PX0：外部中断 0 中断优先级控制位。PX0＝1，设置高级优先；PX0＝0，设置低级优先。

在 C51 单片机系统中，高级中断能够打断低级中断以形成中断嵌套；低级中断不能打断高级中断。若几个同级中断同时向 CPU 请求中断响应，则 CPU 按如下顺序确定响应的先后顺序：INT0→T0→INT1→T1→RI/T1。

3. 串行控制寄存器 SCON

串行控制寄存器 SCON 在特殊功能寄存器中，字节地址为 98H，可位寻址。用于设置串行口的工作方式、收发控制和设置状态标志等，表 6.4 为串行控制寄存器。

表 6.4　中断允许寄存器 SCON

SCON	D7	D6	D5	D4	D3	D2	D1	D0
位标识	X	X	X	X	X	X	TI	RI

TI ：串行口发送中断请求标志位。CPU 将数据写入 SBUF 时，就启动发送，每发送完一帧串行数据后，硬件自动把 TI 置位，CPU 响应中断后，并不清除 TI，须在中断服务程序中清除 TI。

RI ：串行口接收中断请求标志位，在串口允许接收时，每接收完一个串行帧，硬件自动对 RI 置位。CPU 响应中断后不会清除 RI 位，需用软件对其清零。

6.3　中断配置流程及函数配置

1. 定时器中断配置流程

在编写单片机的定时器程序时，需要对定时器及中断寄存器做初始化设置。通常初始化过程如下：

(1)对 TMOD 赋值，以确定 T0 和 T1 的工作方式。

(2)计算初值，并将初值写入 TH0，TL0 或者 TH1，TL1。

(3)打开总中断和中断源中断。

(4)启动 TR0 或 TR1。

初始化步骤写成代码即 Timer_Init( )函数。

```
void Timer_Init( )//定时器 T0 初始化函数
{
    TMOD=0x01;//设置定时器 0 为工作方式 1
    TH0=(65536-50000)/256;//装初值
    TL0=(65536-50000)%256;
    EA=1;//开总中断
    ET0=1;//开定时器 0 中断
    TR0=1;//启动定时器 0
}
```

定时器实现了 50ms 基本定时，通过判断进入中断的次数实现任意时长的定时。T0_Time() 函数实现了 1s 的定时。

```
void T0_Time( ) interrupt 1 //定时器中断函数
{
    TH0=(65536-50000)/256;//重装初值
    TL0=(65536-50000)%256;
    num++;//num 每加一次判断一次是否到 20 次
```

```
    if(num>19)//如果到了 20 次,说明 1 秒时间到
        {
          num=0;//num 清 0 重新计数
  Flag_Sec=1;//秒标志
        }
}
```

2. 外部中断配置流程及函数

外部中断配置流程如下:

(1)设置寄存器 IT0/IT1,置 0 为低电平触发,置 1 为下降沿触发。

(2)EA=1;打开总中断。

(3)EX0=1;打开外部中断 0。

外部中断 0 初始化步骤写成代码如 Exter_Init( )函数。

```
void Exter_Init( )//外部中断函数初始化
{
        IT0=1;//设置下降沿触发
        EA=1;//打开总中断
        EX0=1;//打开外部中断 0
}
```

主函数只调用中断配置函数,中断函数无需调用。

```
void main( )
{
        Exter_Init( ); //外部中断初始化
        Led=1;
        while(1);//等待
}
```

进一次中断灯亮,再进一次中断灯灭,Int0( )函数实现此功能。

```
void Int0( ) interrupt 0   //外中断 T0 的中断服务程序
{
        Led=~Led; //这里使用中断控制 led 的点亮与熄灭高低表示高低电平变化
}
```

3. 中断函数格式

中断函数和一般函数有相同地方,也有不同地方。不同地方有以下几点:

(1)中断函数都不带返回值。

(2)中断函数定义时有关键词 interrupt。

(3)中断函数不需要主函数调用,而是自动执行。

(4)中断函数定义时可指定使用的寄存器组,但不是必需的。

中断函数定义格式:

```
void 函数名称( ) interrupt 中断编号 [using 寄存器组编号]
{
    语句;
}
```

其中，中断号对应关系表 6.5（using n 代表第 n 组寄存器组 n 取 0～7）。

表 6.5　中断源和中断号关系

中断源	外部中断 0	定时器 0	外部中断 1	定时器 1	串行通信中断
中断号	0	1	2	3	4

6.4　信号发生器电路仿真实现

1. 仿真电路设计

频率计仿真电路如图 6.3 所示，电路器件有 AT89C51，74HC245、7SEG－MPX4－CC、CAP、BUTTON、SIGNAL GENERATOR（Proteus 器件名）等。图中主要电路有复位电路、4 位数码管及驱动电路（同第四章显示电路及原理），信号发生器接单片机 P32 口（外部中断口）。

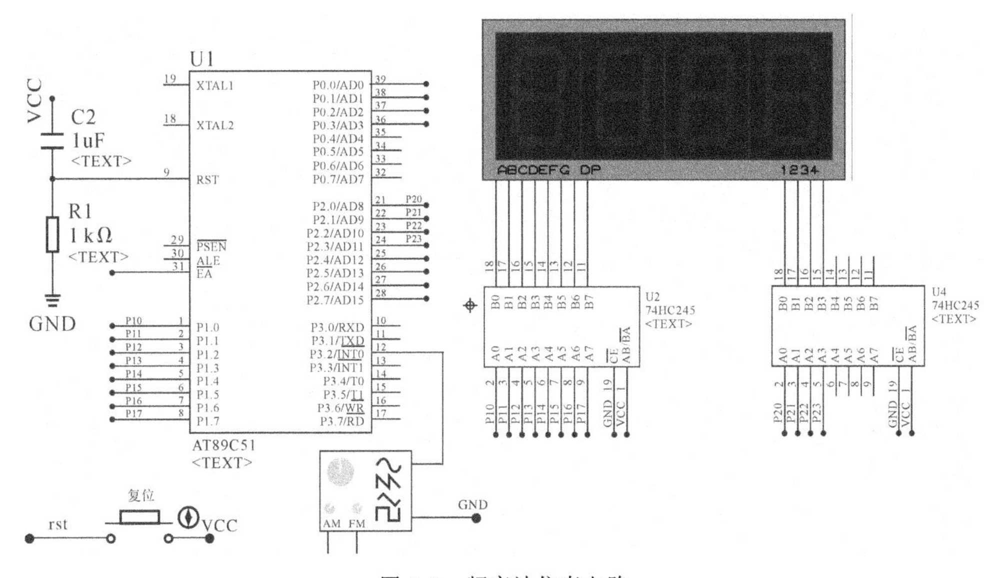

图 6.3　频率计仿真电路

2. 频率计设计框图

周期信号的测量有两种方法，一种是测数法，一种是测周法。测数法是在一定的时长范围内数脉冲的个数。如果设定的时长是脉冲数的整数倍，那么测量的数据是准确的，否则测量是有误差的。增加时长可以减少误差。测周法就是用更小的时间单元对测量的时长进行分段、计数。计算出高电平时长，从而算出周期。时间单元越小测量精度越好。对于频率比较小的周期信号测量要注意软件计数溢出问题。

本任务采用的是测周法。信号产生软件框图如图 6.4 所示，框图核心主要包括：利用外部中断触发定时器启动和停止，实现脉冲信号的周期测量；同时利用数码管对测量数据进行显示。

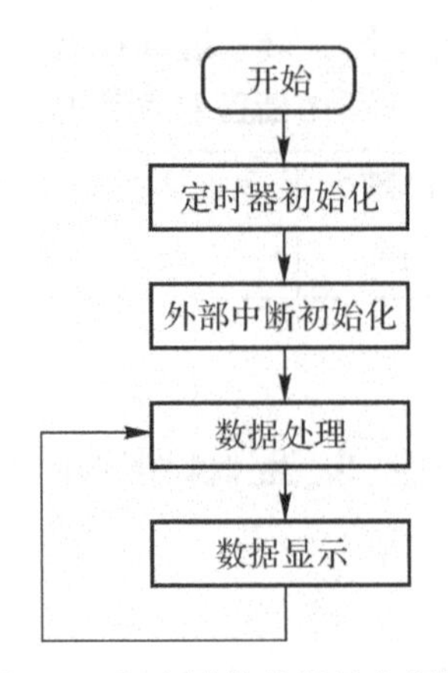

图 6.4 频率计软件设计主框图

3.程序函数撰写

```
#include "reg51.h"//头文件引用
#define U8 unsigned char//数据类型宏定义
#define U16 unsigned int//数据类型宏定义
U8 code Segment_d[15]={0xc0,0xf9,0xa4,0xb0,0x99,0x92,0x82,0xf8,0x80,0x90,
                       0xff,0x00,0x7f,0xa3,0x88};//共阳码表
U8 code Segment_w[4]={0xfe,0xfd,0xfb,0xf7};//位选
U8 Flag_50ms=0;//50ms 标识
U16 Flag_1s=0;//1s 到达标识
U8 Pulse_Num_G=0;//脉冲计数个位变量
U8 Pulse_Num_B=0;//脉冲计数百位变量
U16 Frequency=0;//被测信号频率
void Timer_Init( );//定时器配置
void Ex0_Init( );//外部中断配置
void DelayMS(U16 x);//延时函数
void Dis_Segment(U8 w,U8 num,U8 dot); //数码管位显示,w—显示位,num—显示的数;
                                      //dot=1—不显示点,dot=0—显示点
void Segemt_4_Dis( );//数码管综合显示
void Time_To_Fre( );//计数值转换成频率
main( )
{
    Timer_Init( );//定时器初始化
    Ex0_Init( );//外部中断初始化
  while(1)
  {
    Segemt_4_Dis( );//频率显示
    Time_To_Fre( );//计数值转换频率
  }
}
```

```
void Timer_Init( )//定时器初始化
{
    TMOD=0x01;//工作方式设置
    TH0=(65536-50000)/256;//50ms 高 8 位初值计算
    TL0=(65536-50000)%256;//50ms 低 8 位初值计算
    ET0=1;//定时器中断开启
    EA=1;//总中断开启
    TR0=1;//定时器启动
}
void Ex0_Init( )//外部中断初始化
{
    EX0=1;//外部中断开启
    IT0=1;//外部中断触发方式—边沿触发
}
void DelayMS(U16 x) //延时函数
{
    U8 t;
    while(x--)
    for(t=120;t>0;t--);//120 次循环大约 1ms
}
void Dis_Segment(U8 w,U8 num,U8 dot)//指定位数字显示
{
  if(dot==1)//如果是不显示点
    {
        P2=Segment_w[w];//数码管位选
        P0=~Segment_d[num];//P0 口赋值段码 ~表示段码与数码管极性相反
    }
    else
     {
        P2=Segment_w[w];//位选
        P0=~(Segment_d[num]&Segment_d[12]);//段码按位与点码,赋值 P0 口
     }
}
void Segemt_4_Dis( )//频率显示
{
    if(Frequency>999)//频率是 4 位数时
    {
        Dis_Segment(0,Frequency/1000,1);DelayMS(1);//千位显示
        Dis_Segment(1,Frequency/100%10,1);DelayMS(1);//百位显示
        Dis_Segment(2,Frequency/10%10,1);DelayMS(1);//十位显示
        Dis_Segment(3,Frequency%10,1);DelayMS(1);//个位显示
    }
    if(Frequency>99 && Frequency<1000)//3 位数时
```

```
    {
        Dis_Segment(1,Frequency/100,1);DelayMS(1);//百位显示
        Dis_Segment(2,Frequency/10%10,1);DelayMS(1);//十位显示
        Dis_Segment(3,Frequency%10,1);DelayMS(1);//个位显示
    }
    if(Frequency>9 && Frequency<100)//2位数
    {
        Dis_Segment(2,Frequency/10,1);DelayMS(1);//十位显示
        Dis_Segment(3,Frequency%10,1);DelayMS(1);//个位显示
    }
    if(Frequency<10)//1位数时
    {
        Dis_Segment(3,Frequency%10,1);DelayMS(1);//个位显示
    }
}
void Timer0( ) interrupt 1//定时器中断函数
{
    TH0=(65536-50000)/256;//重填初始
    TL0=(65536-50000)%256;//重填初值
    Flag_50ms++;//50ms标志递增1
    if(Flag_50ms>19)//50×20ms=1s到达时
    {Flag_1s=1;//1s标志置位
     Flag_50ms=0;//50ms标志清0
    EA=0;//关闭总中断—测量完成关闭一切中断
    }
}
void Ex0() interrupt 0//外部中断0函数
{
    Pulse_Num_G++;//每进一次中断开始计数
    if(Pulse_Num_G>99)//进中断100次
    {Pulse_Num_B++;Pulse_Num_G=0;}//百位标志进1,个位标志清0
}
void Time_To_Fre()//计数转换频率函数
{
     if(Flag_1s)//1s到达时
     {
         Flag_1s=0;//秒标志清0
         Frequency=Pulse_Num_B*100+Pulse_Num_G;//计数总数转换成频率
         Pulse_Num_B=0;//百位数清0
         Pulse_Num_G=0;//个位数清0
         Flag_50ms=0;//50ms标志清0
         TH0=(65536-50000)/256;//重新填装初值—高8位—保证测量准确性
         TL0=(65536-50000)%256;//重新填装初值—低8位—保证测量准确性
```

```
        EA=1;//开启总中断—保证测量准确性
    }
}
```

4. 系统仿真

图 6.5 所示为方波频率计仿真结果。仿真验证了测周法测量频率的结果。通过数据分析,得出结论:①5Hz～10kHz 测周法误差小于 0.3%。②误差产生主要因为信号的周期不是一个精确数值引起的。③本项目设计测量算法准确度比较高。

表 6.6　信号发生器测试数据

设置频率	5Hz	90Hz	470Hz	1.6kHz	2.9kHz	6.3kHz	8.8kHz	9.2kHz	9.6kHz
实测频率	5Hz	90Hz	470Hz	1.601kHz	2.901kHz	6.302kHz	8.803kHz	9.203kHz	9.603kHz
误差	0%	0%	0%	0.06%	0.03%	0.02%	0.01%	0.01%	0.01%

对仿真效果进行多点检测对比分析,最终得到表 6.6 所示结果,测量误差:小于 1%。本设计软件方法基本达到任务设计要求。

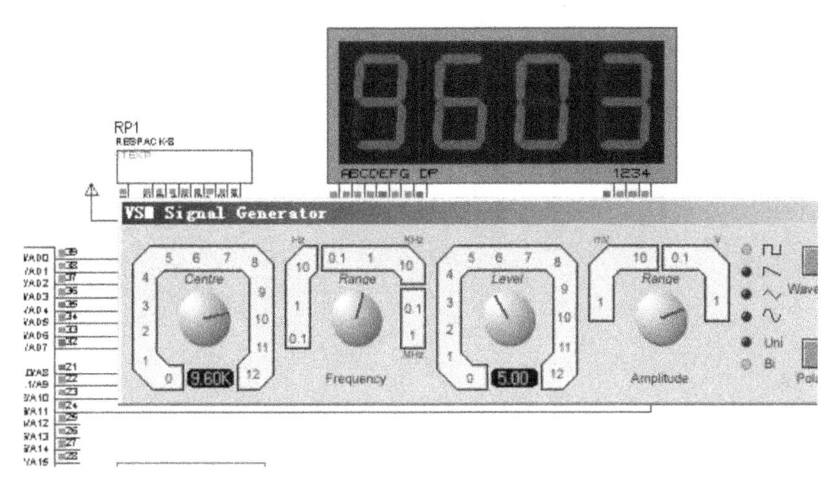

图 6.5　频率计仿真结果图

6.5　知识梳理与总结

本项目主要使用单片机内部定时器和外部中断完成。通过频率计项目了解定时器、外部中断的使用方法。同时频率计显示部分电路和第四章密码锁显示电路是一样的,驱动显示函数也是一样的。因此也是对前面几章知识的回顾,任务难度不断增强,与前面所学的知识环环相扣,掌握好了前面章节的知识,就可以把主要精力放到定时器和外部中断的使用上来。

本章项目频率计软件思路是,利用定时器完成对信号的一个周期的测量。外部中断作用主要是控制定时器开始测量点和结束测量点。测量仿真结果显示测量误差小于1%。数码管显示测量结果。

在使用定时器和外部中断注意以下几个问题：

(1)熟练定时器初始化流程。

(2)掌握好 TMOD、TCON、IE、IP 等几个与定时器和中断相关的寄存器位定义。

(3)熟练外部中断初始化流程。

(4)熟练中断、定时器函数书写格式。

(5)熟练定时器中断函数初值计算及重装初值问题。

拓展练习题

利用测周法完成本章任务频率计的仿真实现。

第7章　异步串行通信原理与应用

任务1　串行通信输出按键键值

任务要求：

(1)有4×4矩阵按键输入。

(2)定义按键值(1～16)，通过串口助手输出键值。

任务分析：完成按键值串口输出，需要完成三部分工作：

(1)理解矩阵按键编程思路。

(2)掌握参数传递方法。

(3)学习串行通信理论，编写串行通信程序。

任务目标：通过完成此任务，掌握矩阵按键编程思路，对串行通信理论和编程有初步的认识。

7.1　通信方式

数据通信种类很多。按照不同角度有着不同的划分。如果按照一次数据传输位宽划分，通信可分为并行通信和串行通信。

1. 并行通信方式

并行通信是将数据位通过数据线同时传送，每一次数据都需要一条传输线。一次传输可以是多位，如8位、16位、32位、64位等。此外还需要若干控制线。这种方式特点是控制简单、相对速率快，缺点是传输线较多，长距离传输性价比不高等。

2. 串行通信方式

串行通信将数据一位一位地依次传送，只需有一条数据线及若干控制线。这种方式特点是一次只能传输一位数据，所需的电缆线少，接线简单，长距离传输性价比高。在工业现场使用比较多，如RS232总线、485总线、CAN总线、IIC总线、SPI总线等都属于串行总线。

串行通信方式在工业现场和电子产品开发中使用非常广泛，如果按照有无同步时钟，它又可分为同步串行通信和异步串行通信。

(1)同步串行通信方式，有SPI总线、IIC总线等。同步串行通信方式指的是在串行通信过程中通过一根时钟线对通信双方收发数据进行同步。

(2)异步串行通信方式。异步通信中数据通常是以字符(或字节)为单位组成字符帧传送。

字符帧由发送端到接收端一帧一帧地发送和接收,这两个时钟彼此独立,互不同步。

异步串行通信方式中,接收器和发送器各有各的时钟,它们是非同步工作的。每个数据均以起始位开始、停止位结束,起始位触发甲乙双方同步时钟。每帧中数据是严格同步的,帧与帧之间不要求同步,也不必同步。

在异步通信中,字符帧和波特率是两个重要指标,由用户根据实际情况选定。

1)异步串行通信的字符格式。在异步串行通信中,接收端依靠字符帧格式来判断发送端开始发送和结束发送的时间。字符帧也叫数据帧,由 4 部分组成:起始位、数据位、奇偶校验位和停止位,如图 7.1 所示。

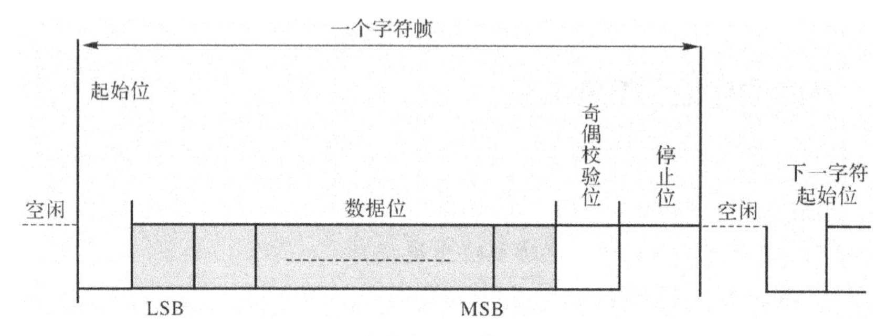

图 7.1 异步串行通信数据帧格式

起始位:占一位,用来通知接收设备有一个待接收的字符开始到达。线路上不传送字符时保持 1。若检测到 0,就知道发来了一个新字符,应准备接收。

数据位:紧接在起始位后面,它可以是 5 位(D0～D4),6 位、7 位或 8 位(D0～D7)。

奇偶校验(D8):只占一位,在字符中也可以规定不用奇偶校验位,可以用此位来确定这一帧代表信息的性质(比如地址/数据),也可以用它代表别的含义。

停止位:用来表示字符的结束,它一定是高电平。停止位可以是 1 位、1.5 位或 2 位。接收端收到停止位信号后,知道上一字符帧传送结束,为接收下一帧做好准备。

2)异步通信的传输速率。异步串行传输的传输速率用波特率表示。波特率的定义为每秒传送二进制数码的位数。单位是 b/s,即每秒传输比特数。波特率越高,数据传输速度越快。

每位传输时间定义为波特率的倒数。例如:波特率为 2 400b/s 的通信系统,其每位的传输时间为 $T_d = 1/2\,400 = 0.417$ms。

3)传输距离与传输速率的关系。串行接口或终端直接传送串行信息位流的最大距离与传输速率与传输线的电气特性有关。传输距离随着传输速率的增加而减少。

7.2 串口结构及相关寄存器

7.2.1 串行口内部结构

51 单片机内部有一个全双工异步串行通信接口,通过引脚 TXD 和 RXD 实现串行数据的发送和接收。它既可实现异步串行通信,也可以作为同步移位寄存器使用。串行口内部结构如图 7.2 所示。

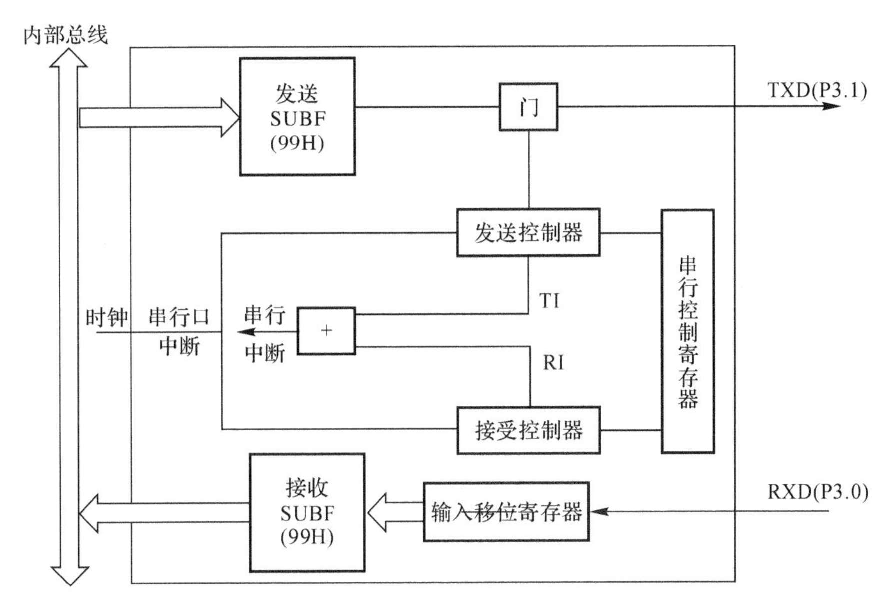

图7.2 51单片机串口内部结构

51单片机串行口包括发送缓冲器(SBUF)、发送控制器、发送控制门、接收缓冲器、接收控制器、移位寄存器和中断。其中接收、发送缓冲器(SBUF)在逻辑上只有一个,而在物理上是分别独立的数据缓冲器,发送和接收缓冲器地址都是99H。接收缓冲器只能读不能写,发送缓冲器只能写不能读。当数据通过内部总线传送到发送SBUF时,即启动一帧数据的串行发送过程。发送SBUF将并行数据转换成串行数据,并自动插入格式位,在移位时钟信号的作用下,将串行二进制信息由TXD(P3.1)引脚按设定的波特率逐位发送出去,发送完毕后,TXD引脚呈高电平,并置TI位高电平。

当RXD(P3.0)引脚由高电平变低电平时,表示一帧数据的接收已经开始。输入移位寄存器在移位时钟的作用下,自动滤除格式信息,将串行二进制数据逐位接收。接收完毕后,将串行数据转换为并行数据传送到接收SBUF中,并置RI标志位为"1"。

7.2.2 串行口相关寄存器

与串行通信有关的寄存器共有4个,分别是SBUF、SCON、PCON和IE。

1. 串行口控制寄存器SCON(98H)

串行口控制寄存器SCON在特殊功能寄存器中,位地址为98H~9FH。实现设定串行口的工作方式、接收和发送控制、设置状态标志位功能。表7.1为SCON的各个位定义。

表7.1 串行控制寄存器SCON

SCON(98H)	D7	D6	D5	D4	D3	D2	D1	D0
位标识	SM0	SM1	SM2	REN	TB8	RB8	T1	R1

(1)串行口工作方式选择位:SM0、SM1(SCON.7 、SCON.6)

(2)两个选择位对应的4种工作方式见表7.2。其中,fosc是振荡频率。SM0、SM1由软件置位，用于对工作方式的选择。

表 7.2 串行口工作方式

SM0	SM1	工作方式	说明	波特率
0	0	0	同步移位寄存器	fosc/12
0	1	1	10 位异步收发器(8 位数据)	由定时器控制
1	0	2	11 位异步收发器(9 位数据)	fosc/32 或 fosc/64
1	1	3	11 位异步收发器(9 位数据)	由定时器控制

(3)多机通信控制位 SM2(SCON.5)。SM2 主要应用于方式 2 和方式 3。当串行口在方式 2 或方式 3 下进行数据接收时，SM2＝0 为单机通信方式。当收到 RB8(0 或 1)，则接收一帧数据后，不管第 9 位数据是 0 或 1，都置 RI＝1，使接收到的数据装入 SBUF。SM2＝1 为允许多机通信。在多机通信模式下，当一个主机和多个从机通信时，所有从机的 SM2 位都置 1。主机首先发送一帧数据为地址，即从机编号，其中第 9 位为 1，所有的从机接收到数据后，将其中第 9 位装入 RB8 中。各个从机根据第 9 位数据值(RB8)来决定是否接收主机信息。

当 SM2＝1、REN＝1 时，若从机接收到的 RB8＝0，说明是数据帧，收到的信息丢弃，不激活 RI；若 RB8＝1，说明是地址帧，数据装入 SBUF 并置 RI＝1，中断所有从机。被寻址的目标从机清除 SM2 以接收主机发来的一帧数据。其它从机仍然保持 SM2＝1。

当串口工作在方式 0 时，SM2 必须是 0；工作在方式 1 时，SM2＝1，只有接收到有效停止位时，RI 才激活，以便接收下一帧数据；被确认的从机，复位 SM2＝0，接收 RB8＝0 的数据帧。

当 SM2＝1、REN＝0 时，则不接收任何数据。

(4)允许接收控制位 REN(SCON.4)。REN＝0，禁止接收；REN＝1，允许接收。RI＝1 和 REN＝1 时，在串行通信接收控制过程中，如果满足该条件就允许接收，一帧数据就载入接收 SBUF 中。

(5)发送数据 D8 位 TB8(SCON.3)。发送数据的第 9 位装入 TB8 中。TB8 是方式 2、方式 3 中要发送的第 9 位数据，事先软件写入 1 或 0。方式 0、方式 1 不用。

方式 2 或方式 3 中，根据发送数据的需要由软件置位或复位。在许多通信协议中可用作奇偶校验位，也可在多机通信中作为发送地址帧或数据帧的标志位。

作为标志位，TB8＝1，说明该帧为地址；TB8＝0，说明该帧为数据帧。

(6)接收数据 D8 位 RB8(SCON.2)。接收数据的第 9 位，在方式 2 或方式 3 中，由硬件接收的第 9 位数据存入 RB8 位。该位可以定义为奇偶校验位，或定地址/数据标识位。在方式 2 和方式 3 多机通信中，若 SM2＝1，RB8＝1，说明收到的数据为地址帧。在方式 1 中，若SM2＝0，RB8 中存放的是已接收到的停止位。在方式 0 中，该位未用。

(7)发送中断标志位 TI(SCON.1)。当串口以一定方式发送数据时，每发送完一帧数据，由硬件自动将 TI 位置“1”，可用软件查询，也可以申请中断，TI＝1 意味着向 CPU 提供“发送缓冲器 SBUF 已空”的信息，CPU 准备发送下一帧数据。串行口发送中断被响应后，TI 不会自动清“0”，必须由软件清“0”。在方式 0 串行发送第 8 位结束或其它方式串行发送到停止位的开始时的硬件置位。

(8)接收中断标志位 RI(SCON.0)。在接收到一帧有效数据后由硬件置位。在方式 0 中，第 8 位数据发送结束时，由硬件置位；其它 3 种方式中，当接收到停止位时由硬件置位。当 RI=1 时，申请中断，表示一帧数据接收结束，并已装入接收 SBUF 中，要求 CPU 取走数据。CPU 响应中断，取走数据。RI 也必须由软件清"0"，消除中断申请，并准备接收下一帧数据。

2. 电源控制寄存器 PCON(波特率倍增控制寄存器)

电源控制寄存器 PCON 中最高位是 SMOD 位，其它位在 51 单片机中未定义，其各位标识见表 7.3。

表 7.3　串行控制寄存器 PCON

PCON(87H)	D7	D6	D5	D4	D3	D2	D1	D0
位标识	SMOD	/	/	/	/	/	/	/

SMOD=0，波特率不变；SMOD=1，波特率增大一倍。

3. 中断允许控制寄存器(IE)

中断允许控制寄存器(IE)控制着中断系统的开启及关闭，其各位标识见表 7.4。

表 7.4　中断允许控制寄存器(IE)

IE	D7	D6	D4	D3	D2	D1	D0
位标识	EA	X	ES	ET1	EX1	ET0	EX0

(1)EA=0，关闭总中断；EA=1，开启总中断。

(2)ES=0，关闭串行通信中断；ES=1，开启串行通信中断。

7.3　串行通信的工作方式、波特率的计算及接口标准

7.3.1　串行通信的工作方式

串行通信工作方式由 SCON 寄存器中 SM0 和 SM1 位决定，如表 7.2 所示。串行通信工作方式共有 4 种。

1. 工作方式 0

在方式 0 下，串行口作为同步移位寄存器，其主要特点是：RXD(P30)接收或发送数据，TXD(P31)引脚发送同步移位脉冲。数据的接收和发送以 8 位为一帧，不设起始位和停止位，低位在前，高位再后。时钟为 fosc/12。方式 0 常用于扩展 I/O 接口。

数据发送时，此时实际上是把串口变成并口使用。串口需外接串进并出的芯片。比如外接芯片 74HC164。

2. 工作方式 1

在方式 1 下，串行口是 10 位为一帧的异步串行通信方式，包括 1 位起始位、8 位数据位和 1 位停止位。其主要特点是 RXD(P3.0)引脚接收数据，TXD(P3.1)引脚发送数据，格式如图 7.3 所示。

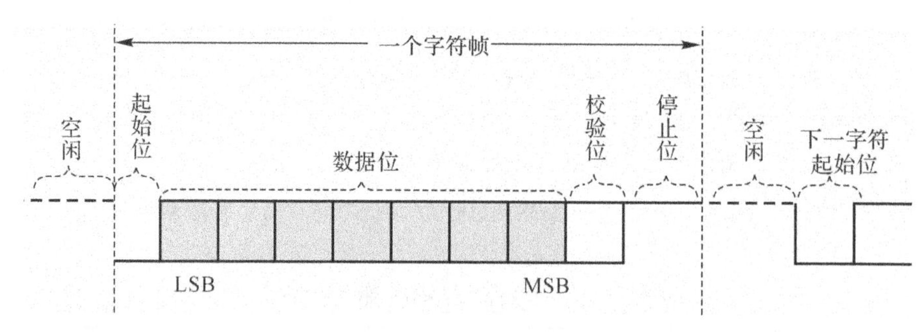

图 7.3 串行口方式 1 下数据帧格式

3. 工作方式 2 和方式 3

方式 2 和方式 3 均为 11 位异步通信格式。由 TXD 和 RXD 发送与接收(两种方式操作帧格式一样,波特率计算方式不同)。其帧格式如图 7.4 所示,每帧 11 位,即第 1 位为起始位,8 位数据位(低位在前),1 位可编程(第 9 位数据位)和 1 位停止位。发送时,第 9 数据位(TB8)可以设置为 1 或 0,也可将奇偶校验位装入 TB8,从而进行奇偶校验;接收时,第 9 数据位进入 SCON 的 RB8。

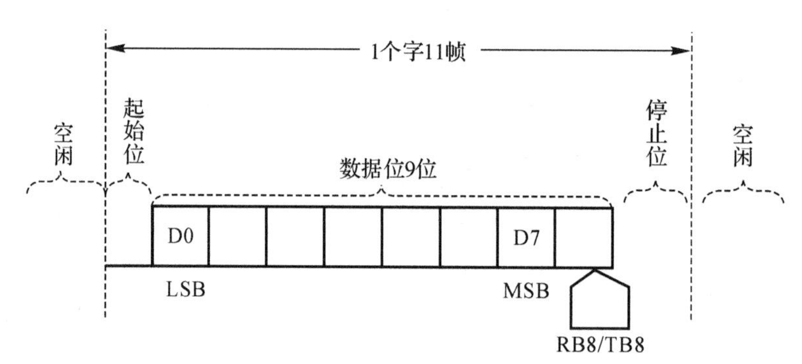

图 7.4 串行口 11 位数据帧格式

7.3.2 串行通信波特率计算

在 C51 串行口通信中,方式 0 和方式 2 的波特率固定,而方式 1 和方式 3 的波特率可变,由定时器 T1 的溢出率来决定。

方式 0:波特率固定,为单片机晶振频率的 1/12,即用公式表示为 BR=fosc/12(fosc 为晶振频率),方式 0 的波特率是一个机器周期进行一次移位。

方式 2:与方式 0 不同,输入的时钟源不同,虽然波特率也是固定的,但有两种波特率,用公式表示为 $BR=2^{SMOD}\times fosc/64$(fosc 为晶振频率),其中 SMOD 可以取 0 或 1。

方式 1 和方式 3:波特率可变,其波特率由定时器 1 的溢出率决定。用公式表示为 $BR=2^{SMOD}\times$(T1 的溢出率)/32

在公式中,SMOD 是 PCON 寄存器的最高位,SMOD=1 表示波特率加倍。而定时器 1 溢出率定义为单位时间定时器溢出的次数,是溢出周期的倒数。当定时器 1 作为波特率发生器时,通常选用定时工作方式 2。设 TH1 为计数初值,T1 溢出率公式为

$$\text{T1 溢出率} = fosc/[12 \times (256 - TH1)]$$

$$BR = 2^{SMOD} \times \{fosc/[12 \times (256 - TH1)]\}/32$$

通常，波特率已知，须计算出定时器的计数初值 TH1，由上式得出计数初值计算公式为 $TH1 = 256 - fosc \times 2^{SMOD}/(384 \times BR)$，其中 fosc 为系统晶体振荡频率，一般选 11.059 2MHz 就是为了使初值为整数，从而产生精确的波特率。

7.3.3　串行接口标准

单片机间进行串行异步通信时，其串行接口的连接形式有多种，应根据实际需要进行选择；传输距离小于 1.5m 近距离通信时，通信双方可采用 TTL 电平，双机可直接连接，如图7.5 所示。

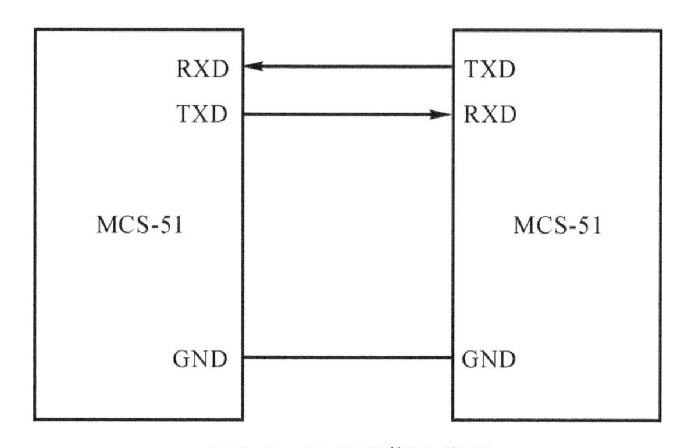

图 7.5　双机通信连线图

远距离通信连接。若传输距离超过 1.5m，又不大于 15m，传输速率最大为 20kb/s 时可采用 RS232 电平信号传输。通信距离为几十米到上千米，且干扰严重时，可采用 RS485 串行总线标准。

7.4　串行口的初始化流程和函数配置

1. 串行通信初始化流程

在串行通信前需要对串行通信相关寄存器进行设置，包括设置波特率、工作方式和中断控制。一般步骤如下：

(1)设定串行口的工作方式，设置 SCON 寄存器。

(2)设定波特率倍增寄存器(PCON)中 SMOD 的值。

(3)确定 T1 的工作方式(编程 TMOD 寄存器)。

(4)设置波特率，计算并装入定时初值。

(5)选择查询方式或中断方式，在中断工作方式时，设置 IE。

对于方式 0，不需要设置波特率；对于方式 2，设置波特率仅需对 PCON 中的 SMOD 位编程；对于方式 1、3，设置波特率不仅需要对 PCON 中的 SMOD 位编程，还需要开启定时器 1，对 T1 相关寄存器编程，计算 T1 初值，装载 TH1、TL1，并启动定时器。

对于本章任务 1，通过串口打印矩阵按键键值。假设时钟振荡频率为 11.059 2MHz，选用定时器 T1 工作方式 2 作为波特率发生器，波特率为 2 400b/s。

根据要求：TMOD＝20H；//设置定时器 1 工作在方式 2

$BR=2^{SMOD}\times\{fosc/[12\times(256-TH1)]\}/32$

若 BR＝2 400b/s，SMOD＝0，fosc＝11.059 2×10^6 Hz，则可得 TH1＝F4H。

2. 函数配置

根据配置流程，编写串行通信初始化函数。

```
voidUart_Init(void)
{
    PCON=0x00;//波特率不倍增
    SCON=0x50;//串行口工作方式 1,允许接收
    TMOD=0x20;//定时器 1 工作在定时方式 2
    TH1=0xF4;//填装初值
    TL1=0xF4;
    TR1=1;//启动定时器
    EA=1;//开启总中断
    ES=1;//开启串口中断
}
```

7.5 矩阵按键串口输出仿真实现

1. 仿真电路设计

通过分析任务，可绘出硬件电路方案，如图 7.6 所示。在 Proteus 仿真电路中，需要的元件有 AT89C51、BUTTON 和 VIRTUAL TERMINAL 仪器等。

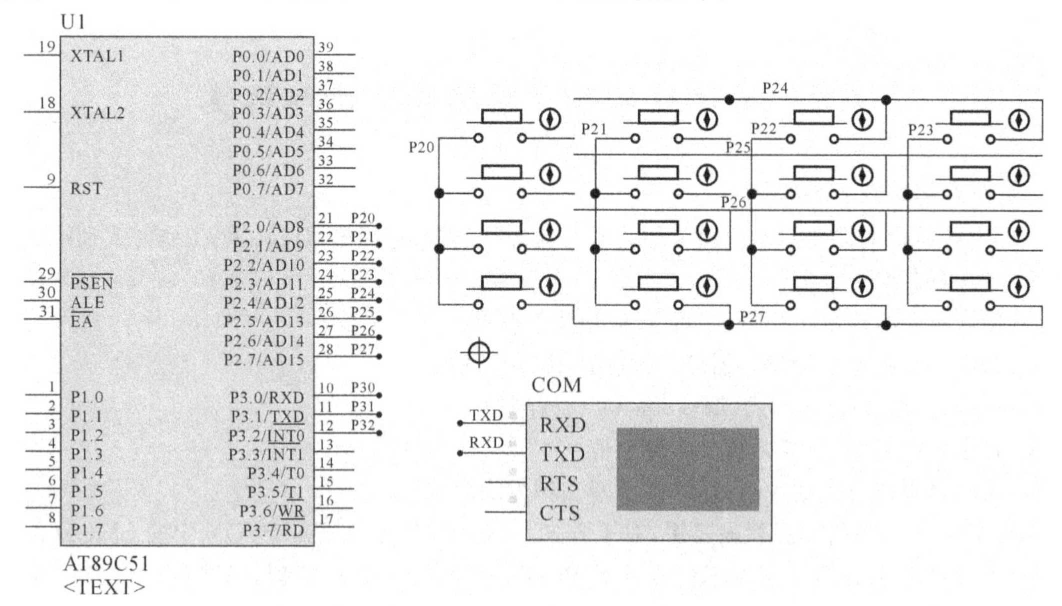

图 7.6 矩阵按键串口输出硬件电路方案

2. 仿真方案软件设计框图

任务1的软件设计框图如图7.7所示。按键初始化即对按键端口进行相关配置，串口初始化对串口控制寄存器和串口波特率等进行配置，矩阵按键扫描函数(改变键值)，键值串口输出函数(打印按下键值)。

3. 程序函数撰写

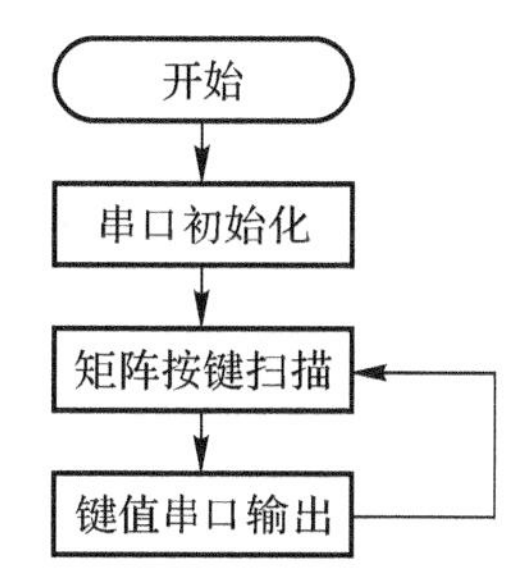

图7.7　按键串口输出软件设计框图

```
#include "reg51.h"
#define U8 unsigned char
#define U16 unsigned int
#define Port0 P2
U8 matrix_L[4]={0x0fe,0xfd,0xfb,0xf7};//列选数组
U8 matrix_H[4]={0xef,0xdf,0xbf,0x7f};//行选
U8 KeyNum=0;//键值
void Uart_Init(void);//串口初始化
void Matrix_Key( );//矩阵按键扫描
void Uart_Send(U8 Dat);//串口输出
main()
{
    Uart_Init();//串口初始化
    while(1)
    {
    Matrix_Key();//矩阵按键扫描
    if(KeyNum)//键值不是0
        {
            Uart_Send( KeyNum);//串口输出
        }
      }
}
void Uart_Init(void)//串口初始化
{
    SCON=0x50;//串口工作方式1,打开串口接收
    PCON=0x00;//波特率倍增0
    TMOD=0x20;//设置定时器1方式2
    TH1=0xfd;//填装初值,设置波特率9600b/s
    TL1=0xfd;
    TR1=1;//定时器启动
}
void Matrix_Key( )//矩阵按键扫描
{
    U8 i=0,j=0;
    Port0=0xff;//端口置高平
for(i=0;i<4;i++)//行选循环
{
```

```
    Port0=matrix_H[i];//行选 i
    for(j=0;j<4;j++)//列选循环
   {
      if(matrix_L[j]==(Port0|0xf0))
        {
        while(matrix_L[j]==(Port0|0xf0));//有按键按下话,等待。
        KeyNum=i+j*4+1;//计算键值
        i=4;// 有按键按下,退出行选循环
        break;//退出列选循环
       }
     }
   }
}
void Uart_Send(U8 Dat)//串口发送
{
  SBUF=Dat;//数据送 SBUF
  while(! TI);//等待发送完成
  TI=0;//发送完成标志清除
}
```

4. 系统仿真调试

通过 Proteus 运行结果调试代码。打开 Proteus 仿真项目并运行该项目。按下不同按键 virtual Terminal-COM 窗口输出 0～15 不同的数值。仿真结果如图 7.8 所示。

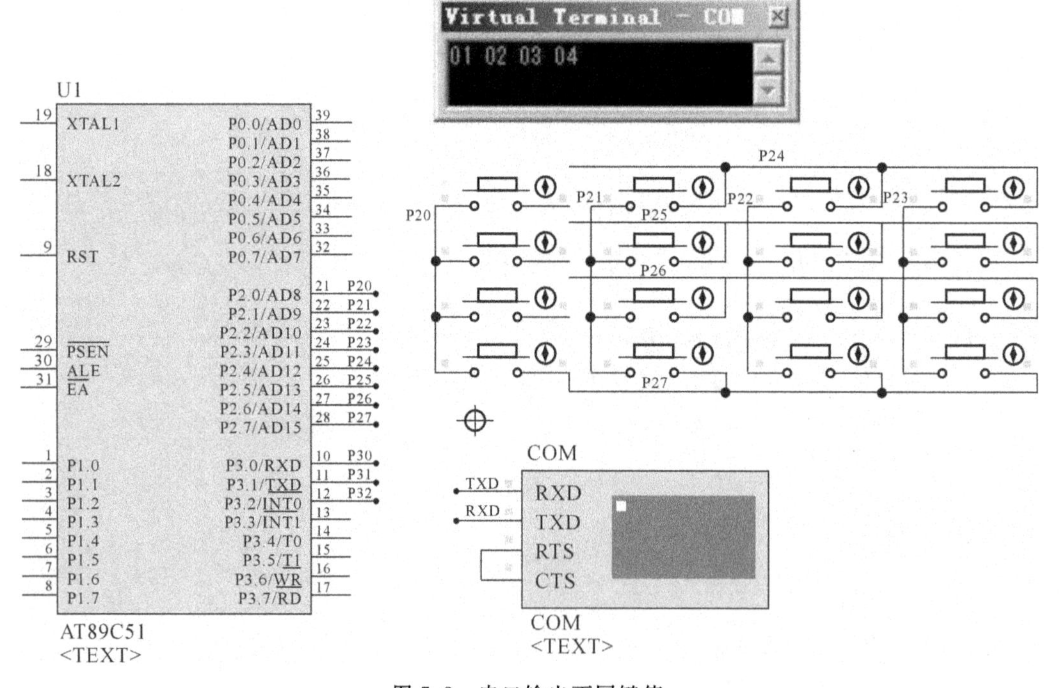

图 7.8　串口输出不同键值

任务2　机串口通信

任务要求：

(1)甲机接四个独立按键，串口发送键值。

(2)乙机接四个LED灯，串口接收到键值，进行点亮相对应LED灯(1s)。

任务分析：本次需要完成以下两个任务。

(1)甲机完成键值获取和串口发送任务。

(2)乙机完成数据接收及相应的LED指示灯点亮(1s)任务。

任务目标：

通过此次任务设计，初步掌握串行通信中双机通信收发配置及接收中断相关应用。

7.6　双机通信仿真实现

1. 仿真电路设计

仿真电路硬件设计如图7.9所示。U1是甲机，P1口接4个独立按键。U2是乙机，P2口接了4个LED发光二极管。

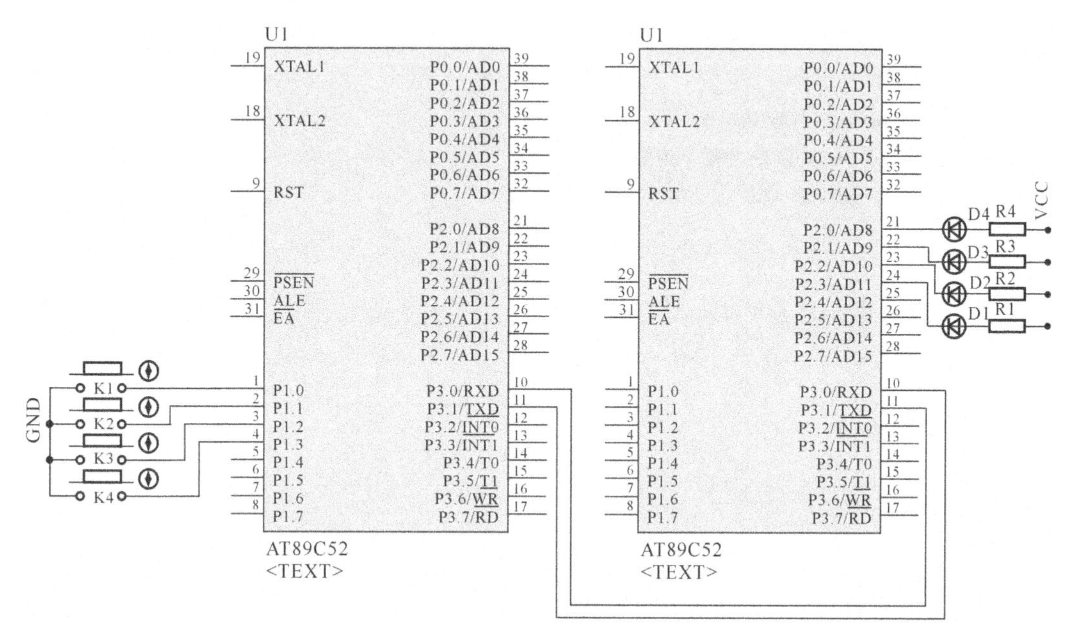

图7.9　甲乙双机通信硬件电路

甲机、乙机串口通信的波特率为9 600b/s。按下按键K1，D1灯亮；按下K2，D2灯亮。以此类推4个按键对应4个灯。

2. 甲乙机编程思路

双机通信编程的逻辑难度相对比较简单，属于基础编程。只要能完成一些基础函数撰写即可完成双机通信任务。完成任务①独立按键扫描函数，②串口配置函数，③串口发送函数，

④串接接收中断函数，⑤点亮 LED 函数，即可完成甲发乙收的通信任务。

3. 程序函数编写

(1)甲机发送程序。

```
#include "reg51.h"
#define U8 unsigned char
#define U16 unsigned int
sbit K1=P1^0;//按键位定义
sbit K2=P1^1;
sbit K3=P1^2;
sbit K4=P1^3;
void DelayMS(U16 ms);//延时函数
void Uart_Init(void);//串口初始化
void Key_Scan(void);//按键扫描函数
void Uart_Send(U8 Dat);//串口发送函数
U8 KeyNum=0;//
main()
{
    Uart_Init();//串口初始化
    while(1)
    {
        Key_Scan();//按键扫描
        if(KeyNum)//判断按键不为零
        Uart_Send(KeyNum);//发送不为零键值
  }
}
void DelayMS(U16 ms) //延时函数
{
    U8 t;
    while(ms--)
    for(t=120;t>0;t--);
}
void Uart_Init(void)//串口初始化
{
    SCON=0x50;//设定工作方式 1  打开接收
    PCON=0x00;//SMOD=0
    TMOD=0x20;//设定定时器 1 工作方式 2
    TH1=0xfd;//填装初值,设定波特率 9600b/s
    TL1=0xfd;
    TR1=1;//启动定时器
}
void Key_Scan( )//按键扫描
{
```

```
      if((K1&K2&K3&K4)==1)//没有按键被按下
        {KeyNum=0;}//键值等于 0
   if(K1==0)//K1 按键被按下
   {  DelayMS(10);//延时消抖
        if(K1==0)  {while(! K1);KeyNum=1;}//再次被按下,松手检测,赋予键值
   }
   if(K2==0)
     {  DelayMS(10);
        if(K2==0)  {while(! K2);KeyNum=2;}
     }
   if(K3==0)
     {  DelayMS(10);
        if(K3==0)  {while(! K3);KeyNum=3;}
     }
   if(K4==0)
     {  DelayMS(10);
        if(K4==0)  {while(! K4);KeyNum=4;}
     }
}
void Uart_Send(U8 Dat)//串口发送函数,Dat 是发送数据
{
   SBUF=Dat;//要发送的数据传给 SBUF
   while(! TI);//等待发送完毕
   TI=0;//发送完成标志清零
}
```

(2)乙机接收程序。

```
#include "reg51.h"
#define U8 unsigned char
#define U16 unsigned int
U8 Led_On[5]={0xfe,0xfd,0xfb,0xf7,0xff};//点亮每一颗 LED 灯 组成数组
U8 Res=0;//接收数据变量
U8 Flag_50ms=0;//50ms 定时标志
void Uart_Init(void);//串口初始化
void Led_On_Off(U8 Num);//开灯函数
void Timer_Init();//定时器初始化
main()
{
      Uart_Init();//串口初始化
      Timer_Init();//定时器初始化
      while(1)
      {;}
}
void Timer_Init()//
```

```
{
    TMOD=0x01;//定时器配置  设置定时器 0 工作方式 1
    TH0=(65536-50000)/256;//定时器初值填装  定时 50ms
    TL0=(65536-50000)%256;//定时器初值填装
    ET0=1;//开启定时器中断
    TR0=0;//开启总中断
}
void Uart_Init(void)//串口初始化
{
    SCON=0x50;//串口配置,工作方式 1,打开接收
    PCON=0x00;//波特率倍增位为 0
    TMOD=0x21;//定时器 1 工作方式 2,定时器 0 方式 1
    TH1=0xFD;//填装初值,确定工作波特率 9600b/s
    TL1=0xFD;
    TR1=1;//开启定时器 1
    ES=1;//开启串口中断
    EA=1;//开启总中断
}
void Led_On_Off(U8 Num)//开灯函数
{
      P2=Led_On[Num];//点亮第 Num 个 Led 灯
}
void Com() interrupt 4//接收中断
{
  if(RI)//查询接收完成标志
    {
        RI=0;//接收标志清零
        Res=SBUF;//取走 SBUF 缓存数据
        Led_On_Off(Res);//打开第 Res 个 Led 灯
        TR0=1;//启动定时器 0
    }
}
void Timer() interrupt 1//定时器 0 中断函数
{
     TH0=(65536-50000)/256;//重新填装初值  定时 50ms
     TL0=(65536-50000)%256;//
     Flag_50ms++;//50ms 递加
     if(Flag_50ms>19)//进入中断 20 次,定时长 1s
          { Flag_50ms=0;//50ms 标志清零
         TR0=0;//定时器关闭
          Led_On_Off(4);//关闭所有 Led 灯
          }
}
```

4. 系统仿真

(1)甲机调试。进行多机通信调试,先进行甲机的单机输出调试,串口调试可借助 Proteus 中的 Virtual Terminal 工具 。调试如图 7.10 所示,Virtual Terminal RXD 接 U1 端口 TXD。

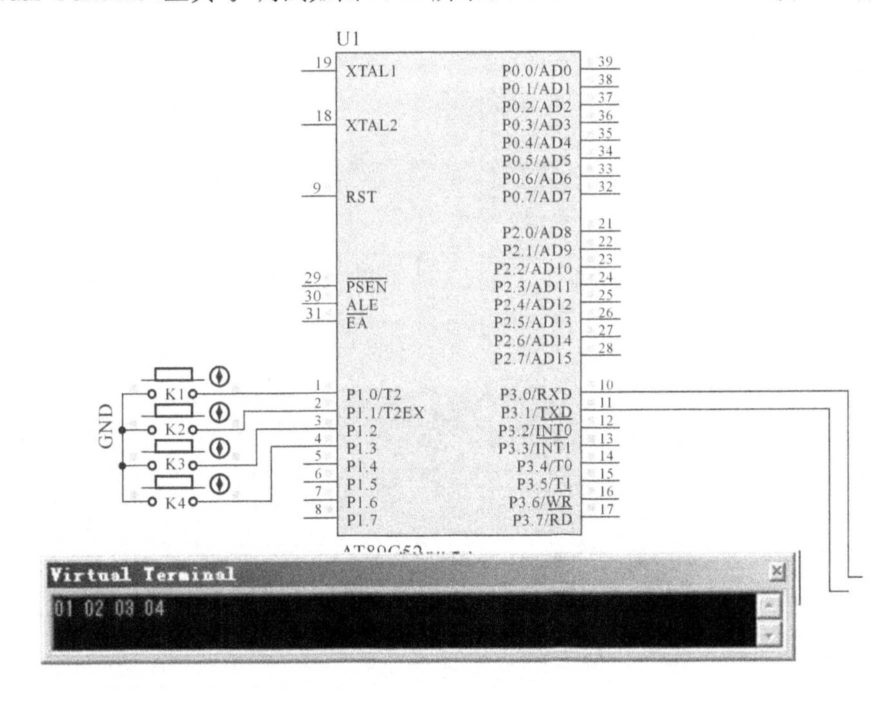

图 7.10　甲机串口输出调试

图 7.10 为 Virtual Terminal 输出 01、02、03、04 分别为 k1、k2、k3、k4 按键按下的键值。通过调试甲机,确保甲机程序正确,输出正确。为下一步调试甲乙双机通信打好基础。调试过程中"确保每一步正确"这是保证调试最终正确的基础环节。

(2)双机联调。甲乙双机联机调试如图 7.11 所示。分别按 k1、k2、k3、k4 分别点亮 D1、D2、D3、D4。实现了甲乙双机通信。

7.7　知识梳理与总结

本章有两个项目,一个是按键键值打印、一个是双机通信项目。按键打印键值即可实现程序中变量打印。而变量打印是程序调试过程中最常用的手段。对一个程序员来说必须掌握。

双机通信项目是了解通信的一扇窗户。对于初学者来说,可能第一次了解,尝试完成通信有一定的难度。希望练习者做好这次实验。调试通信方法可按照本章步骤去逐步调试。单片机与单片机、单片机与芯片、单片机与计算机、有线通信、无线通信等等,这些都属于通信范畴,因此在电子设计的领域中,通信涉及的范围很广,可以说无处不在。

掌握异步串行通信需要掌握两个知识点:一是异步串行通信配置流程;二是串行通信接收中断函数和发送函数撰写。配置是使用串行通信的前提,中断函数撰写是串行通信成功的关键。

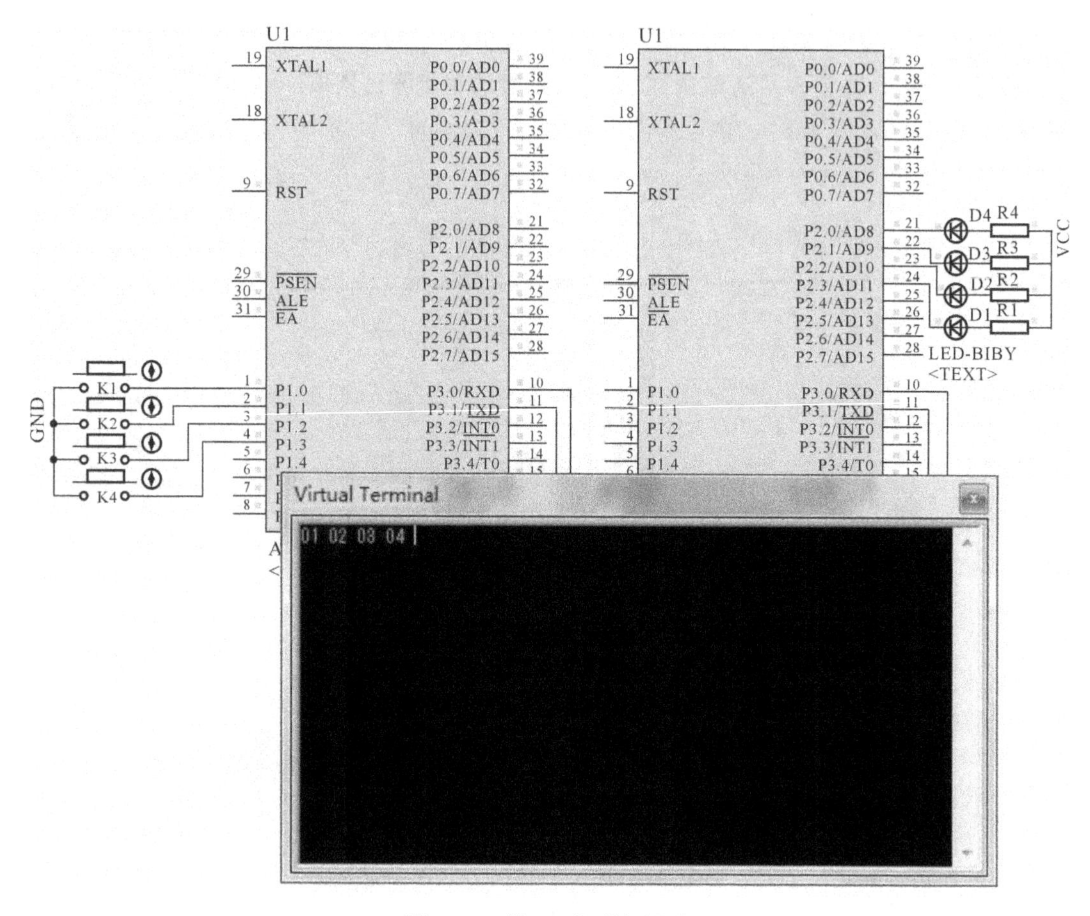

图 7.11　甲乙双机联机调试

1. 异步串行通信配置的流程。

(1)设定串行口的工作方式,设定 SCON 寄存器。

(2)设定波特率倍增寄存器(PCON)中 SMOD 的值。

(3)确定 T1 的工作方式(编程 TMOD 寄存器)。

(4)设置波特率,计算并装入定时初值。

(5)选择查询方式或中断方式,在中断工作方式时,编程 IE。

2. 串行通信发送函数

```
void Uart_Send(U8 Dat)//串口发送函数　Dat 发送的数据
{
  SBUF=Dat;//要发送的数据传给 SBUF
  while(! TI);//等待发送完毕
  TI=0;//发送完成标志清零
}
```

3. 串行通信接收中断函数

```
void Com( ) interrupt 4//接收中断
```

```
{
  if(RI)//查询接收完成标志
  {
        RI=0;//接收标志清零
     ...
  }
}
```

拓展练习题

设计一个多机分布式系统。0 号机作为主机,1、2 号机作为从机。0 号主机按照一定的格式发送数据给 1、2 号从机,从机接收到主机指令返回数据给主机。

第 8 章　IIC 总线原理及应用

任务　串行通信设置数据到 AT24C02

任务要求：按给定的协议通过计算机串口传送数据给单片机，收到数据存储到 AT24C02。单片机读出存储数据，再通过串口发送到计算机。

任务分析：

完成本章任务，需要完成以下工作：

(1)异步串行通信数据接收、发送的实现。

(2)AT24C02 芯片的读、写过程。(AT24C02 的读写通过 IIC 总线完成)

任务目标：

完成此任务设计，达到熟练对异步串行通信应用，理解并掌握 IIC 总线时序及编程掌握 AT24C02 存取实现。

8.1　IIC 总线概念

1. IIC 总线特点

IIC 即 Inter - Integrated Circuit(集成电路总线)，这种总线类型是由飞利浦半导体公司在 20 世纪 80 年代初提出来的。IIC 是一种多向控制总线，也就是说多个芯片可以连接到同一总线结构下，同时每个芯片都可以作为实时数据传输的控制源，这种方式简化了信号传输总线接口。

IIC 总线有如下特点：总线上的设备有主机和从机。主机主要产生时钟、起始信号和停止信号；从机对可编程的地址检测和停止位检测；IIC 通信适应不同速率的通信速度最高可到 400kb/s。

2. IIC 总线的电气连接

IIC 总线采用二线制传输，一根是数据线 SDA(Serial Data Line)，另一根是时钟线 SCL (Serial Clock Line)，所有 IIC 器件都连接在 SDA 和 SCL 线上。

IIC 总线是多主机总线，即总线上可有一个或多个主机(主控制器)，总线运行由主机控制。主机是指启动数据的传送、发起始信号、发出时钟信号、发出终止信号的器件。通常主机是单片机或其它微处理器。被主机访问的器件叫从机(或称从器件)，它可以是单片机或者其它的数字芯片，如 A/D、D/A、LED、LCD 驱动、串行存储器芯片。

IIC 总线支持多主或主从两种工作方式。主从方式时主机对总线有控制权。在多主方式中，通过硬件和软件仲裁，主机取得总线控制权。图 8.1 所示为多主方式下的 IIC 总线。

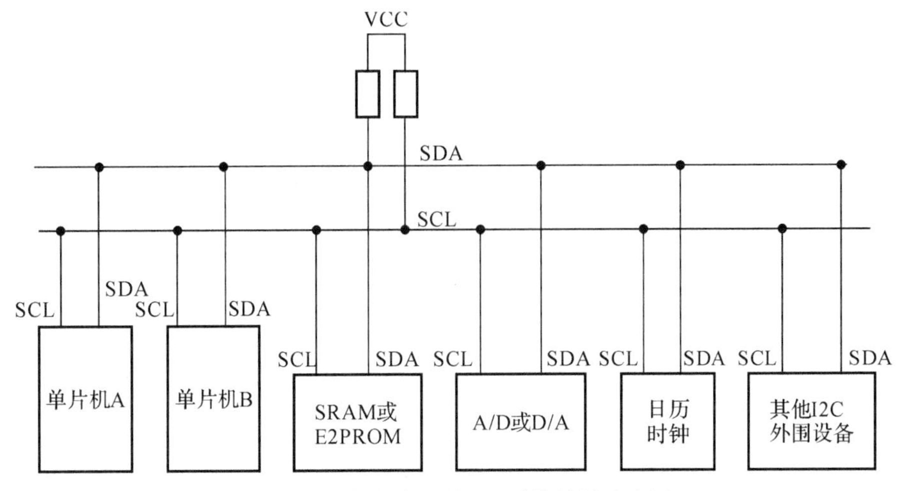

图 8.1　多主方式下的 IIC 总线扩展示意图

IIC 总线时序可以模拟，使 IIC 总线的使用不受主机是否具有 IIC 总线接口制约。C51 单片机本身不具有 IIC 总线接口。

8.2　IIC 总线基本时序及函数实现

1. 总线空闲状态

IIC 总线的 SDA 和 SCL 两条信号线同时处于高电平时，规定为总线的空闲状态。此时各个器件的输出级的场效应管均处于截止状态，即释放总线，由两条信号线各自的上拉电阻把电平拉高。

2. IIC 总线数据位的有效性规定

IIC 总线进行数据传送时，在时钟信号为高电平期间，数据线上的数据必须保持稳定，只有在时钟线上的信号为低电平期间，数据线上的高电平或低电平状态才允许变化，如图 8.2 所示。

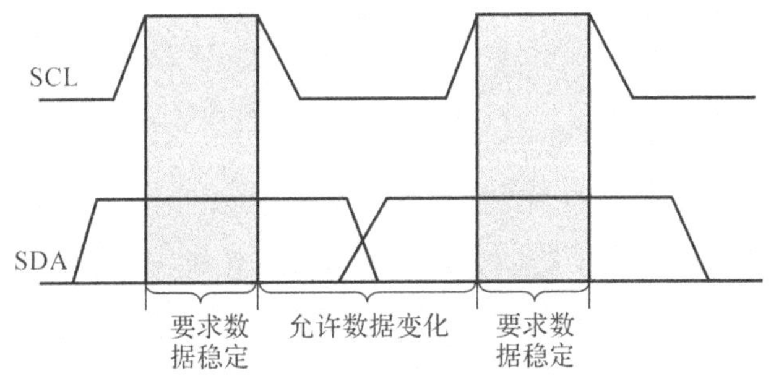

图 8.2　数据有效性规定

3. 起始与终止信号

起始信号和终止信号均由主机发出;起始信号产生后,总线处于被占用状态;终止信号产生后,总线处于空闲状态,如图 8.3 所示。

SCL 线为高电平时,SDA 线由高变低表示起始信号;SCL 线为高电平时,SDA 线由低变高表示终止信号。

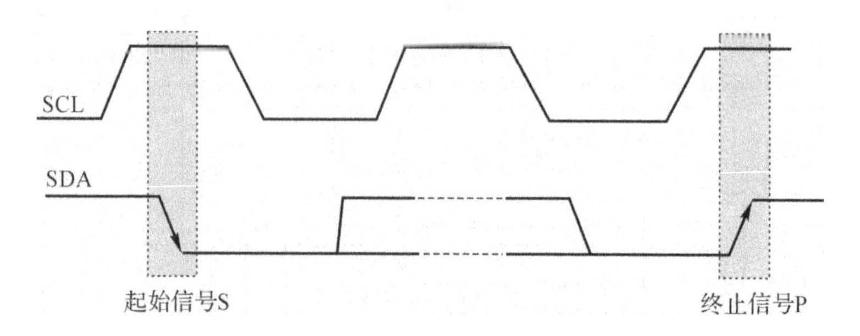

图 8.3 IIC 总线起始、终止信号时序

```
void IIC_Start( )//IIC 总线启动信号,根据起始信号时序编写起始函数
{
   CLK=1;//时钟总线高
   Delay_Us(5);//延时
   SDA=1;//数据总线高
   Delay_Us(5);//延时 5μs
   SDA=0;//数据总线低
   Delay_Us(5);//延时
   CLK=0;// 时钟总线低
}
void IIC_Stop( )//IIC 总线终止信号
{
   CLK=1;//时钟总线高
   Delay_Us(5);//延时
   SDA=0;//数据总线低
   Delay_Us(5);//延时
   SDA=1;//数据总线高
   Delay_Us(5);//延时
}
```

4. 应答与非应答信号(ACK 和 NACK)

IIC 总线上的所有数据都是以 8 位传送的,发送器每发送一个字节,就在时钟脉冲 9 期间释放数据线,由接收器反馈一个应答信号。应答信号为低电平时,规定为有效应答位(ACK 简称应答位),表示接收器已经成功地接收了该字节;应答信号为高电平时,规定为非应答位(NACK),一般表示接收器接收该字节没有成功。对于反馈有效应答位 ACK 的要求是,接收器在第 9 个时钟脉冲之前的低电平期间将 SDA 线拉低,并且确保在该时钟的高电平期间为稳

定的低电平。如图 8.4 所示为应答与非应答信号时序。

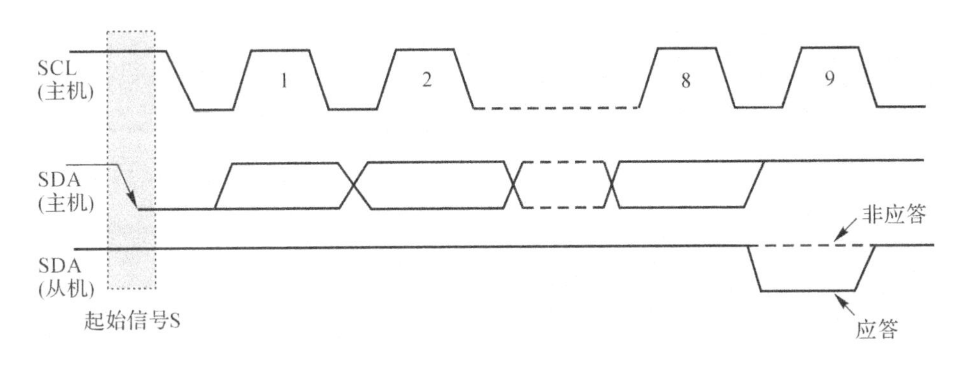

图 8.4　应答与非应答信号时序

如果接收器是主机,则在它收到最后一个字节后,发送一个 NACK 信号,用于通知从机结束数据发送,并释放 SDA 线,以便主机发送一个停止信号。

```
void IIC_Ack( )//从机应答主机信号
{
  U8 i=0;//变量定义
  SDA=0;//数据总线低
  Delay_Us(2);//延时
  CLK=1;//时钟总线高
  while((SDA==1)&&(i<255))i++;//数据总线高同时 i<255 等待,反之数据总线低或者
    //超时退出等待
  CLK=0;//时钟总线低
  Delay_Us(5);//延时
}
void IIC_Nack( )//主机非应答
{
    CLK=1;//时钟总线高
    SDA=1;//数据总线高
    Delay_Us(5);//延时
    CLK=0;//数据总线低
    Delay_Us(5);//延时
}
```

5. IIC 数据传输(读写)时序

IIC 数据传输时序由四部组成:起始信号、数据传输、应答信号、停止信号。数据传输时是高位在前,低位在后。IIC 通信没有固定波特率,但是有时序的要求,要求当 SCL 在低电平的时候,SDA 允许变化,也就是说,发送方必须先保持 SCL 是低电平,才可以改变数据线 SDA,输出要发送的当前数据的一位;而当 SCL 在高电平的时候,SDA 绝对不可以变化,因为这个时候,从机要来读取当前 SDA 的电平信号是 0 还是 1,要保证 SDA 的稳定。如图 8.5 中的每一位数据的变化,都是在 SCL 的低电平位置,8 位数据位后边跟着的是 1 位应答位。

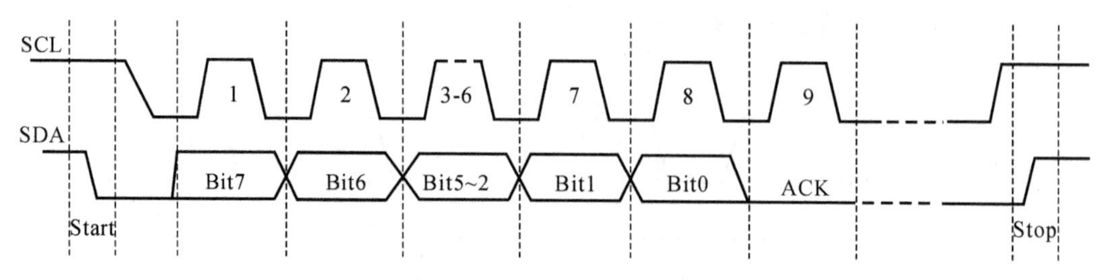

图 8.5　IIC 数据传输时序

```
void IIC_Write_Byte(U8 Dat)//IIC 写字节函数
{
        U8 i;//定义变量 i
        CLK=0;//时钟总线低
        Delay_Us(5);//延时
    for(i=0;i<8;i++)//8 次循环
    {
     if((Dat&0x80)>>7)//取发送数据最高位再右移 7 位,判断是否为 1
       SDA=1;//最高位是 1,SDA=1
   else
       SDA=0;//否则 SDA=0
    Dat=Dat<<1;//发送数据 Dat 右移一位;保证可以把每一位移到最高位
    CLK=1;//时钟总线高
    Delay_Us(5);//延时
    CLK=0;//时钟总线低
  Delay_Us(5);//延时
  }
}
U8 IIC_Read_Byte( )//IIC 总线读函数
{
    U8 i,Rec=0;//变量定义及初始化
    SDA=1;//数据总线高
    CLK=1;//时钟总线高
  for(i=0;i<8;i++)//读一个字节数据 ,循环读 8 次即读 8 位
   {
    Rec=Rec<<1;//Rec 右移一位,保证读取数据逐步移到高位
    if(SDA) Rec++;//总线数据是高电平,Rec 加 1
    CLK=0;//时钟总线低
    Delay_Us(5);//延时
    CLK=1;//时钟总线高
    Delay_Us(5);//延时
   }
    return Rec;//返回读结果 Rec
}
```

6. AT24C02 芯片介绍

AT24C02 是一个 2K 位串行 CMOS 器件的 EEPROM，内部含有 256 个 8 位字节，CATALYST 公司的先进 CMOS 技术降低了器件的功耗，其管脚图如图 8.6 所示，功能表见表 8.1。AT24C02 有一个 8 字节页写缓冲器。该器件通过 IIC 总线接口进行操作，有一个专门的写保护功能。AT24C02 支持 IIC，总线数据传送协议 I2C，总线协议规定任何将数据传送到总线的器件作为发送器。任何从总线接收数据的器件为接收器。数据传送是由产生串行时钟和所有起始停止信号的主器件控制的。主器件和从器件都可以作为发送器或接收器，但由主器件控制传送数据（发送或接收）的模式，由于 A0、A1 和 A2 可以组成 000～111 八种情况，即通过器件地址输入端 A0、A1 和 A2 可以实现将最多 8 个 AT24C02 器件连接到总线上，通过进行不同的配置来选择器件。

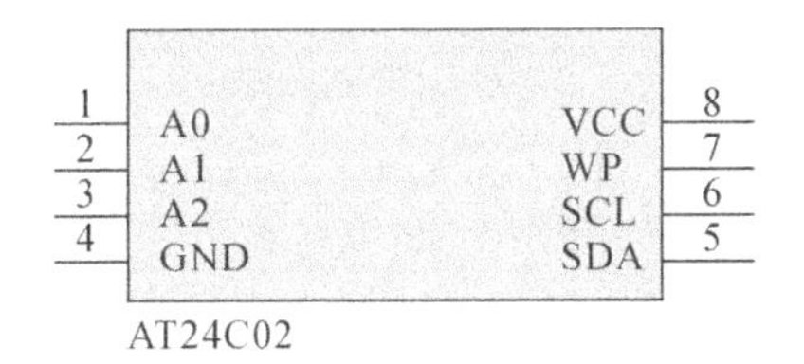

图 8.6　AT24C02 芯片管脚图

表 8.1　AT24C02 管脚功能表

管脚名称	A0、A1、A2	SDA	SCL	WP	VCC	VSS
功能	器件地址选择	串行数据	串行时钟	写保护	＋1.8V～6.0V 工作电压	地

7. AT24C02 读操作帧格式

器件地址（SLAVE ADDRESS）如图 8.7 所示：前四位固定为 1010（器件类型地址），不同的芯片类型地址是不一样的。A2A1A0 决定了 IIC 通信中作为从机的 AT24C02 的地址，此地址组合起来有 8 种情况，总线上可接 AT24C02 芯片 8 个。最后一位 R/W 决定是对其进行读还是写，图 8.8 所示为 AT24C02 读操作数据帧格式。

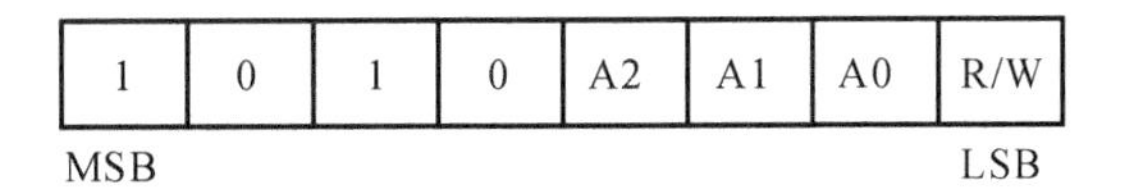

图 8.7　AT24C02 器件地址

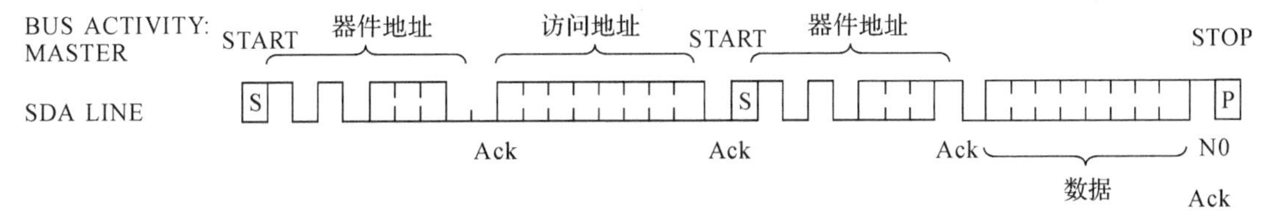

图 8.8　AT24C02 读操作数据帧格式

U8 Read_24C02(U8 Add)//根据图 8.8－AT24C02 读的帧结构撰写读一个地址数据函数

```
{       U8 rec;//定义变量
        IIC_Start();//启动总线
        IIC_Write_Byte(0xa0);//写器件地址,及准备写操作高7位地址(最低位0表示写)
        IIC_Ack( );//从机应答
        IIC_Write_Byte(Add);//写要读的地址
        IIC_Ack( );//从机应答
        IIC_Start();//启动总线
        IIC_Write_Byte(0xa1);//写器件地址,及准备读操作高7位地址(最低位1表示读)
        IIC_Ack( );//从机应答
        rec=IIC_Read_Byte();//从机发出数据
        IIC_Nack();//主机非应答
        IIC_Stop();//终止总线
        Delay_Us(1000);//延时
        return rec;//返回读出数据
}
```

8. AT24C02 写操作数据帧格式

AT24C02 写操作数据帧格式如图 8.9 所示。

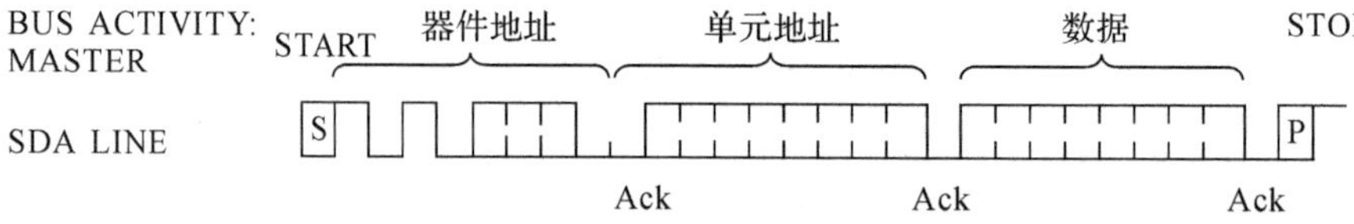

BUS ACTIVITY: MASTER | START | 器件地址 | 单元地址 | 数据 | STOP

SDA LINE | S | Ack | Ack | Ack | P

图 8.9　AT24C02 写操作数据帧格式

```
void Write_24c02(U8 Add ,U8 Dat)//根据24C02帧格式撰写"写函数"
{
IIC_Start();//启动总线
IIC_Write_Byte(0xa0);//写器件地址,并告诉器件开始"写操作"
IIC_Ack( );//从机应答
IIC_Write_Byte(Add);//写存储地址
IIC_Ack( );//从机应答
IIC_Write_Byte(Dat);//写要存储数据
IIC_Ack( );//从机应答
IIC_Stop();//终止总线
        Delay_Us(12000);//延时
}
```

8.3　串口设定参数 AT24C02 存储仿真实现

1. 仿真电路设计

硬件仿真电路如图 8.10 所示。U2 为 24C02(EEPROM),COM 为虚拟串口,Virtual Terminal 虚拟终端与虚拟串口并接一起,单片机和 24C02 通过 IIC 总线通信,COM 端口和单片机的串口相连。可以通过虚拟串口软件和串口助手接收单片机发出数据并把数据传输给单片机。电路设计较为容易，软件通信调试较难，通信调试重点在于通信调试工具的使用。本节重点使用 IIC 调试器和虚拟串口。

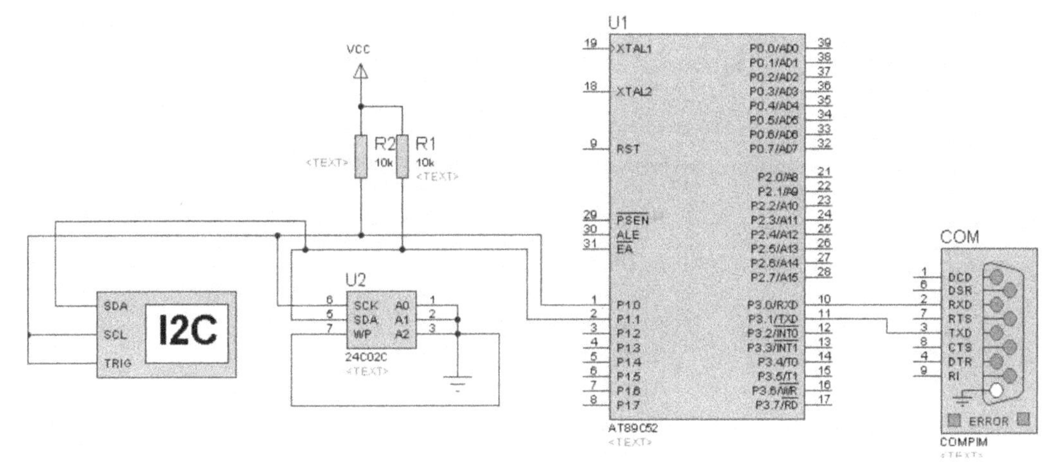

图 8.10　硬件仿真电路

2. 使用虚拟串口测试

在 Proteus 电路仿真中，经常需要用到串口这一工具，但是物理接口不容易满足相应的条件，所以大多数时候，选择虚拟串口工具来模拟真实的信息传输，来查看程序运行情况和设计的正确性。在 Proteus 软件串口仿真中，主要使用 Virtual Serial Ports Driver 虚拟串口软件及串口调试助手进行串口的数据收发检测。操作步骤如下。

(1)下载并安装软件 Virtual Serial Ports Driver 6.9(配置虚拟串口驱动工具)。

(2)运行虚拟串口程序，配置虚拟串口，增加 COM1 和 COM10 两个虚拟串口，如图 8.11 所示。

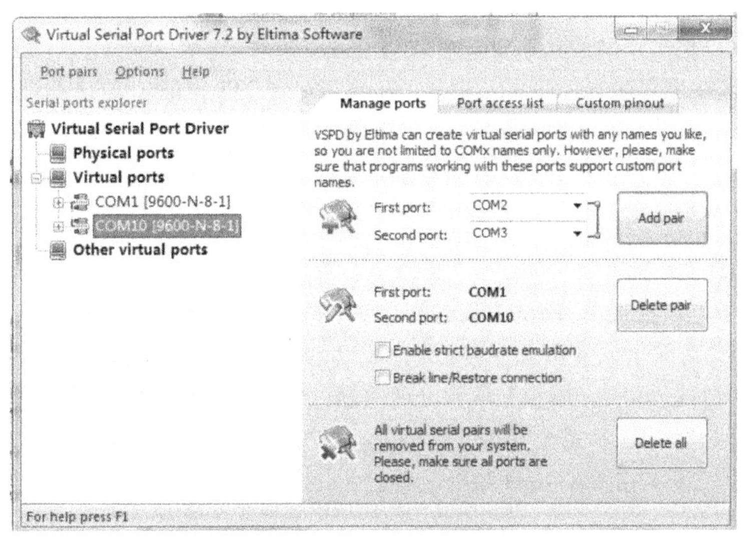

图 8.11　虚拟串口使用

(3)配置好了虚拟串口后，测试串口是否正常工作。打开串口调试工具设置好相同波特率、数据位、校验位，选择 COM1、COM10 串口。COM10 连续发送 0x03，观察 COM1 是否收到数据，如图 8.12 所示。

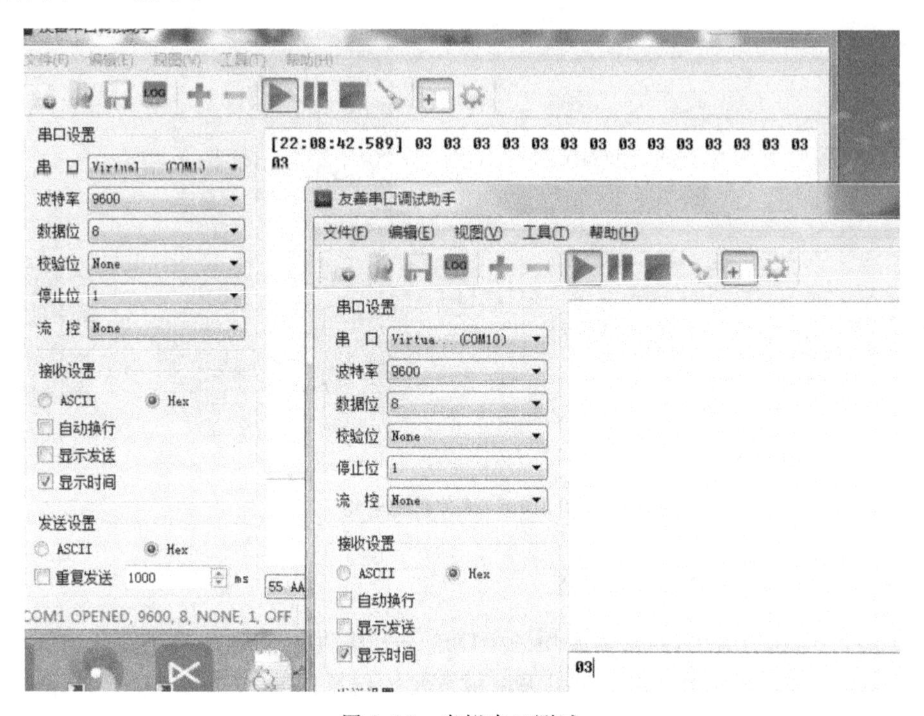

图 8.12 虚拟串口测试

(4)Proteus 内设置 COMPIM 的属性如图 8.13 所示。COMPIM 属性中物理端口设置 COM1。此属性和虚拟端口软件一致，波特率 9 600b/s。

(5)编写单片机发送程序并测试，验证测试发送函数，Void Com_Send(U8 Dat)；//1s 间隔发送，编译生成 hex 文件，并加载仿真电路。测试结果如图 8.14 所示。通过测试结果验证发送函数、虚拟串口、串口助手接收等软件设置正确。

(6)串口接收中断函数 void Com_Rec_Send_Rule( )的验证。实验设计为，串口助手发送—单片机接收—单片机再返回串口。串口接收中断函数。通过串口助手发出 02 04，单片机串口收到数据后再通过串口发出，可以看到串口助手收到 02 04，如图 8.15 所示。

3. 使用 IIC 调试工具调试 IIC 总线

Write_24c02(U8 Add,U8 Dat)和 U8 Read_24C02(U8 Add)函数是 IIC 读写的最终执行函数，这两个函数可以通过 IC 调试工具进行调试，观察读写过程，让读写过程透明化。IIC 调试工具并接到 IIC 总线上如下图 8.16 所示。可以方便看到 IIC 通信过程中的完整的时序过程。很容易发现调试过程中，哪一个环节出现问题。针对性解决出错环节。图 8.16 可以看到 S—A0—A—01—89—A—P 完全符合 24C02 写数据流程，S—A0—A—01—A—P—S—A1—A—89—NSr—P 完全符合 24C02 读数据流程。

Edit Component

Component Reference:	COM	Hidden:	
Component Value:	COMPIM	Hidden:	
VSM Model:	COMPIM.DLL	Hide All	
Physical port:	COM1	Hide All	
Physical Baud Rate:	9600	Hide All	
Physical Data Bits:	8	Hide All	
Physical Parity:	NONE	Hide All	
Virtual Baud Rate:	9600	Hide All	
Virtual Data Bits:	8	Hide All	
Virtual Parity:	NONE	Hide All	
Advanced Properties:			
Physical Stop Bits	1	Hide All	

Other Properties:

Exclude from Simulation　　Attach hierarchy module

Exclude from PCB Layout　　Hide common pins

Edit all properties as text

OK　Help　Cancel

图 8.13　COMPIM 属性设置

图 8.14　串口输出测试结果

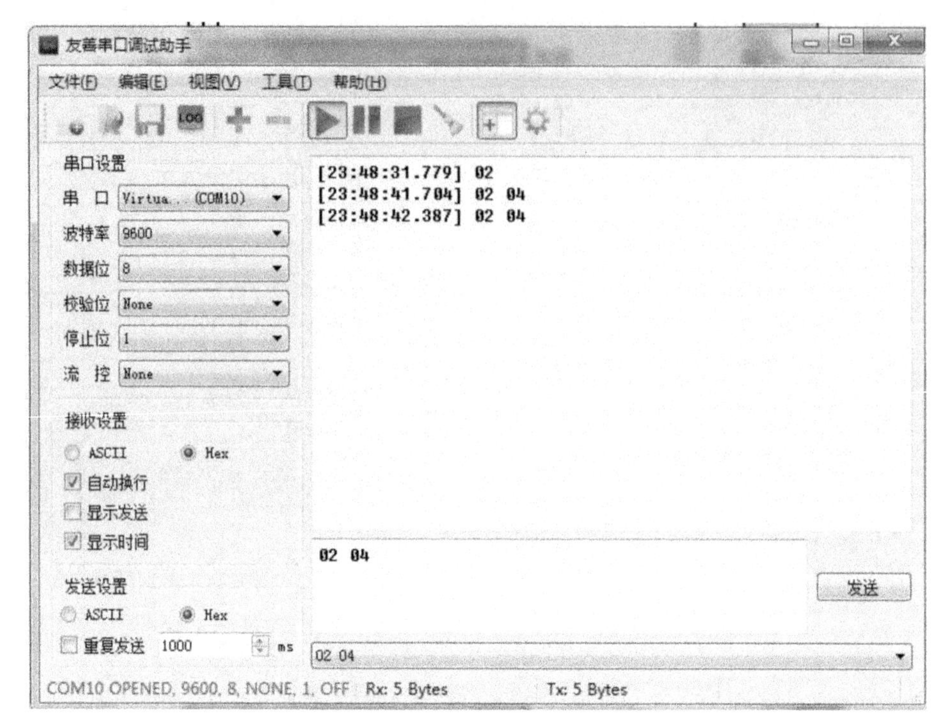

图 8.15　串口助手发收测试结果

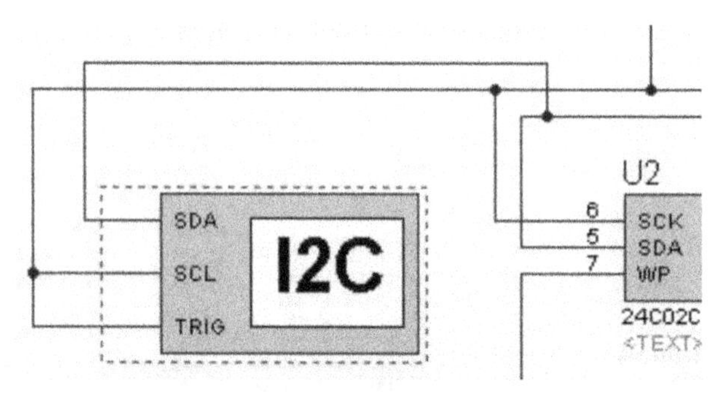

图 8.16　IIC 调试工具与总线连接图

```
5.201 s   5.207 s ? ? ? ? ? ? ? ? ? ? ? ? ? ? ? ? ? ? ? ? S A0 A 01 A 89 A P
5.325 s   5.328 s S A0 A 01 A P
5.328 s   5.331 s S A1 A 89 N Sr P
```

图 8.17　IIC 调试工具的调试结果输出

4. 收发协议帧格式

表 8.2　串行数据收发协议

帧头	数据长度	地址	数据
0x7e/0x7f	0x02	X1	X2

串口收发协议如表 8.2 所示，帧头就是 0x7e(写数据)/ 0x7f(读数据)，数据长度 2。地址为 24C02 存储地址。数据为 24C02 存储数据。

5. 编写程序代码

```
//注释
/* Date 2020—12—15
      Adr:西安
功能:com 发送—存储(24C02)—读出—发送到电脑端 全部函数已经仿真验证 */
#include "reg51.h"// 头文件引用
#include <intrins.h>// 头文件 含有系统移位函数声明
#define U8 unsigned char// 数据类型宏定义
#define U16 unsigned int// 数据类型宏定义
sbit CLK=P1^0;// 时钟总线 24c02 SCL
sbit SDA=P1^1;// 数据总线 24c02 SDA
void Delay_Us(U16 nus);//Us 级延时
void IIC_Init(void);//IIC 总线初始化
void IIC_Start(void);//IIC 总线启动
void IIC_Stop(void);//IIC 总线停止
void IIC_Ack(void );//IIC 总线等待从机应答
void IIC_Nack(void);//IIC 总线主机非应答
void IIC_Write_Byte(U8 Dat);//IIC 总线写字节
U8   IIC_Read_Byte(void);//IIC 总线读函数
Void   Write_24c02(U8 Add,U8 Dat);//24C02 存储器写函数,参数有地址、写数据
U8   Read_24C02(U8 Add);//24C02 读函数
void Com_Init(void);//串口初始化
Void Com_Send(U8 Dat);//串口发送函数
void Com_Rec_Send_Rule(void);//串口接收—存储 24C02—读 24C02 数据—串口发送
main( )
{
    IIC_Init( );//IIC 总线初始化
    Com_Init( );//串口初始化
    while(1)
    {
      Com_Rec_Send_Rule( );//检测到接收数据—存储存储器—读存储器—串口发送出
    }
}
void Delay_Us(U16 nus)//延时
```

```
{U16 i;//变量定义
i=nus;//传递参数赋予变量 i
while(i--);//i 循环递减,直到 0 退出循环
}
void IIC_Init( )//IIC 总线初始化
{
    SDA=1;//数据总线拉高,数据总线空闲状态
    CLK=1;//时钟总线拉高,时钟总线空闲状态
}
void IIC_Start()//IIC 总线启动—时序核心:CLK 高电平 SDA1—0 变化

{
    CLK=1;//时钟总线高电平
    Delay_Us(5);//延时 5μs
    SDA=1;//数据总线高电平
    Delay_Us(5);//延时 5μs
    SDA=0;//数据总线低电平
    Delay_Us(5);//延时 5μs
    CLK=0;// 时钟总线低电平
}
void IIC_Stop()//IIC 总线结束—时序核心:CLK 高电平 SDA 0—1 变化
{
    CLK=1;//时钟总线高电平
    Delay_Us(5);//延时
    SDA=0;//数据总线低电平
    Delay_Us(5);//延时
    SDA=1;//数据总线高电平
    Delay_Us(5);//延时
}
void IIC_Ack( )//IIC 应答函数—时序核心:等待 SDA 等于 0 到来同时又有时间限制
{
    U8 i=0;//变量定义
    SDA=0;//数据总线低电平
    Delay_Us(5);//延时
    CLK=1;//时钟总线高电平
    while((SDA==1)&&(i<255))i++;//SDA 总线低电平或 i>255 退出等待
    CLK=0;//时钟总线低电平
    Delay_Us(5);//延时
}
void IIC_Nack()//主机非应答—时序核心:CLK 高电平/低电平时,数据总线也是高电平
{
     CLK=1;//时钟总线高电平
     SDA=1;//数据总线高电平
```

```
        Delay_Us(5);//延时
        CLK=0;//时钟总线低电平
        Delay_Us(5);//延时
}
void IIC_Write_Byte(U8 Dat)//IIC 总线写函数－函数核心:循环发送 8 位,先发送高位
                           //时钟总线低电平数据变化,高电平时数据总线保持。
{
    U8 i;//变量定义
    CLK=0;//时钟总线低电平
    Delay_Us(5);//延时
    for(i=0;i<8;i++)//发送一个字节数据－循环 8 次
{
    if((Dat&0x80)>>7)//判断发送数据 Dat 最高位(取最高位再左移 7 位方法)
        SDA=1;//最高位是 1  SDA 置位高电平
    else
        SDA=0;//反之低电平
        Dat=Dat<<1;//发送数据右移一位
        CLK=1;//时钟总线高电平
        Delay_Us(5);//延时
        CLK=0;//时钟总线低电平
        Delay_Us(5);//延时
  }
}
U8 IIC_Read_Byte( )//读函数－函数核心:在 CLK 高电平时读数据总线－循环读 8 次
{
      U8 i,Rec=0;//变量定义 Rec 存放从机返回结果
      SDA=1;//数据总线高电平
      CLK=1;//时钟总线高电平
   for(i=0;i<8;i++)//读一个字节,循环 8 次读完,一次一位。
    {
      Rec=Rec<<1;//接收数据右移一位
      if(SDA) Rec++;//高电平时读总线,数据总线高电平时接收数据加 1(好好思考还有
                    //没有别的方法实现)
      CLK=0;//时钟总线低电平
      Delay_Us(5);//延时
      CLK=1;//时钟总线低电平
      Delay_Us(5);//延时
    }
    return Rec;//返回主机读的结果
}
void Write_24c02(U8 Add ,U8 Dat)//存储器 24C02 写函数
{
      IIC_Start();//IIC 总线启动
```

```
    IIC_Write_Byte(0xa0);//写器件地址 0xa0 存储器类型地址
    IIC_Ack( );//等待从机应答
    IIC_Write_Byte(Add);//写存储数据地址
    IIC_Ack( );//等待从机应答
    IIC_Write_Byte(Dat);//写存储数据
    IIC_Ack( );//等待从机应答
    IIC_Stop();//IIC 总线停止
    Delay_Us(12000);//延时
}
U8 Read_24C02(U8 Add)//24C02 读数据
{   U8 rec;//接收数据变量
    IIC_Start();//总线启动
    IIC_Write_Byte(0xa0);//写器件地址
    IIC_Ack( );//等待从机应答
    IIC_Write_Byte(Add);//写入要读数据地址
    IIC_Ack( );//等待从机应答
    IIC_Start();//启动总线
    IIC_Write_Byte(0xa1);//写入器件地址及读操作
    IIC_Ack( );//等待从机应答
    rec=IIC_Read_Byte();//读从机返回数据
    IIC_Nack();//主机非应答
    IIC_Stop();//停止总线
    Delay_Us(1000);//延时
    return rec;//返回读取数据
}
void Com_Init(void)//串口初始化
{
    SCON=0x50;//配置工作方式 1 ,打开接收
    PCON=0x00;//SMOD 波特率倍增位 0
    TMOD=0x20;//设置定时器工作方式 2
    TH1=0xfd;//定时器填装初值-设定波特率 9600b/s
    TL1=0xfd;//定时器填装初值-设定波特率 9600b/s
    TR1=1;//启动定时器 1
    EA=1;//开启总中断
    ES=1;//开启串口中断
}
void Com_Rec_Send_Rule( )//串口接收-存储-读取-发送
{U8 tem;//临时变量定义
if(RI)//收完一字节数据标志
{
    RI=0;//接收数据标志清 0
    Rec_Buff[Rec_Index]=SBUF;//接收缓存存储到 Rec_Buff 数组
    Rec_Index++;//存储索引递增
```

```
        if(Rec_Index>3) Rec_Index=0;//存储索引大于 3,索引归零
    }
    if(Rec_Index>2 && Rec_Buff[0]==0x7e && Rec_Buff[1]==0x02)//接收数据>2 根据协
                                                  //议判断是写包头
    {
      Write_24c02(Rec_Buff[2],Rec_Buff[3]);// 根据协议取出接收数据写入 24C02
      tem=Read_24C02(Rec_Buff[2]);//根据协议取出地址,并读出 24C02 该地址数据
      Com_Send(0x7e);//发送数据包头
      Com_Send(0x02);//发送数据长度
      Com_Send(Rec_Buff[2]);//发送地址
      Com_Send(tem);//发送 Rec_Buff[2]地址存储的数据
      Rec_Buff[0]=0;//数组清 0
      Rec_Buff[1]=0;//数组清 0
      Rec_Buff[2]=0;//数组清 0
      Rec_Buff[3]=0;//数组清 0
      }
    }
    void Com_Send(U8 Dat)//串口发送数据
    {
        SBUF=Dat;//待发送数据送入发送缓冲器
        while(! TI);//等待发送完成
        TI=0;//发送完成标志清 0
    }
```

6. 系统仿真

通过前期的逐步测试,逐步验证了发送函数、24C02 读写函数、串口接收函数。后面测试就比较容易进行。核心测试函数为 Com_Rec_Send_Rule( ),测试中图 8.18 所示。

8.4　知识梳理与总结

本章的任务是通过串行口设定参数存储到 24C02(EEPROM)项目。本例涉及了三个知识点。一、通过 IIC 基础协议,实现 24C02 存储器的数据写、数据读具体的操作问题。二、复习第七章的串行异步通信发送数据、中断接收操作。三、串行通信协议设计及实现。

对于本章涉及的知识点,学习者不仅需要理解相关理论,且需着手进行练习。IIC 基础协议是操作 IIC 器件的基础。不同 IIC 器件的操作稍有不同,其具体的读写格式、器件地址定义、特殊寄存器地址之间稍有差异。通过查阅器件资料和 IIC 基础操作协议就能实现对 IIC 通信一类器件的操作。

通过本章实例分析,我们发现,异步串口通信除了本身进行通信外,在调试一些其它通信方式时可以通过串行通信输出进行调试。相比于其它一些调试,串口通信还是相对简单的,因此必须熟练掌握,增加自己的调试复杂通信的技能。同时 RS232、485 等通信是在异步串口通信基础上发展变化而来的,学好串口通信可以为后续拓展学习 RS232、RS485 通信打好基础。

本章实例初次涉及了通信协议。通信协议可简易可复杂,与实际项目的复杂度有关,以本

例的介绍协议作为基础，多了解更复杂的通信协议，从而实践更复杂的项目。

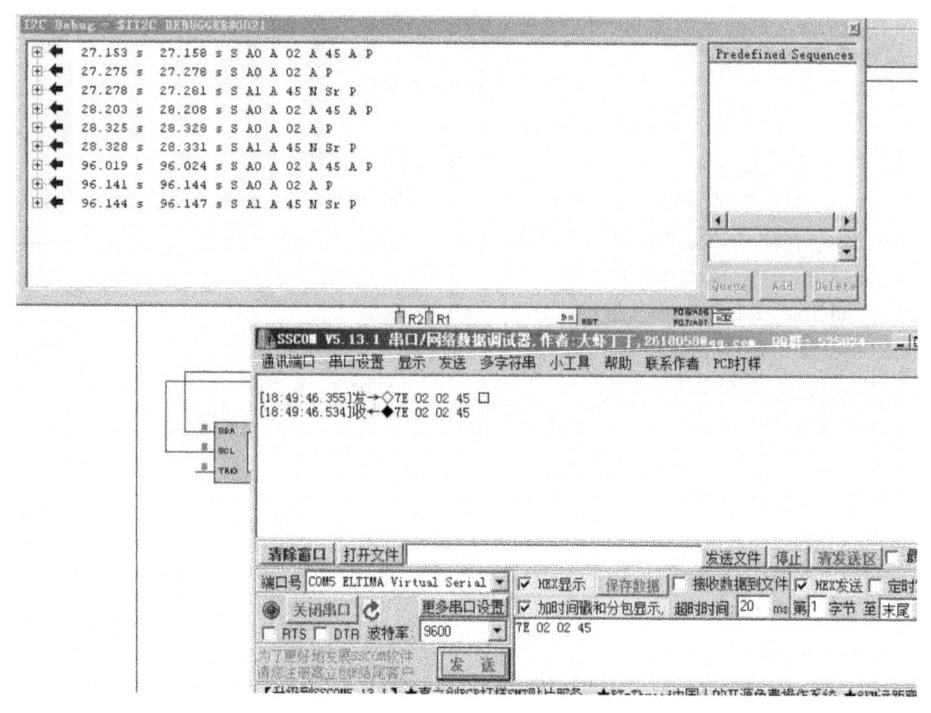

图 8.18　发送数据-接收数据测试结果

拓展练习题

设计一套基于 IIC 总线的主从单片机通信系统。在系统中，一个作为主机，一个作为从机。双机之间采用模拟 IIC 总线通信。数据输入和输出可以通过串口进行调试。

第9章　SPI总线原理及应用

任务　LCD12864液晶屏文字显示

任务要求：在LCD12864液晶屏显示“我爱我的祖国！”。

任务分析：本任务要实现LCD12864液晶屏图文显示，有以下两个步骤：

(1)掌握SPI通信时序；

(2)掌握单片机控制液晶屏的方法和步骤。

任务目标：

(1)掌握SPI总线读写驱动函数编写。

(2)掌握51单片机通过SPI总线控制LCD12864方法和步骤。

9.1　SPI总线概述

SPI(Serial Peripheral Interface，串行外设接口)是Motorola公司推出的一种同步串行接口技术，是一种高速全双工同步的通信总线，支持全双工通信。其特点是：通信简单，数据传输速率快，没有指定的流控制，也没有应答机制确认是否接收到数据，相比IIC总线协议在数据可靠性上有一定的缺陷。

1. SPI总线原理

SPI通信总线以主从方式工作(见图9.1)，总线中一般有一个主机和一个或多个从机，总线有4根线、分别为MISO(数据输入)、MOSI(数据输出)、SCLK(时钟)、CS(片选)。SPI总线也有三线制总线。输入和输出共用一根线。

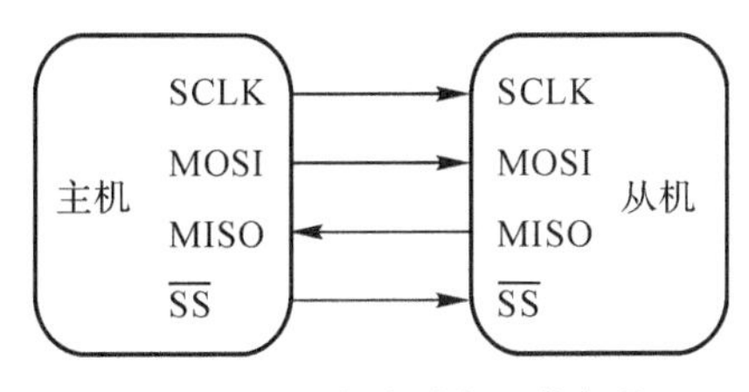

图9.1　SPI主从设备通信拓扑

图中，

MOSI——主机数据输出，从机数据输入；

MISO——主机数据输入，从机数据输出；

SCLK——时钟信号，由主机产生；

CS——从机使能信号，由主机控制。

有多个从设备的时候，因为每个从设备上都有一个片选引脚接入主机中，因此当主机和某个从机通信时，需要将从机对应的片选引脚电平拉低或者是拉高。

2. SPI 总线特点

SPI 采用主从模式(Master - Slave)的控制方式，支持单 Master 多 Slave。SPI 规定了两个 SPI 设备之间通信必须由主设备 Master 来控制从设备 Slave。也就是说，如果单片机是主机的情况下，不管是单片机给芯片发送数据还是从芯片中接收数据，片选信号 CS 与串行时钟信号 SCK 必须由主机产生。同时一个 Master 可以设置多个片选(Chip Select)来控制多个 Slave。SPI 协议还规定 Slave 设备的 clock 由 Master 通过 SCK 管脚提供给 Slave，Slave 本身不能产生或控制 clock，没有 clock 则 Slave 不能正常工作。单 Master 多 Slave 的典型结构如图 9.2 所示。

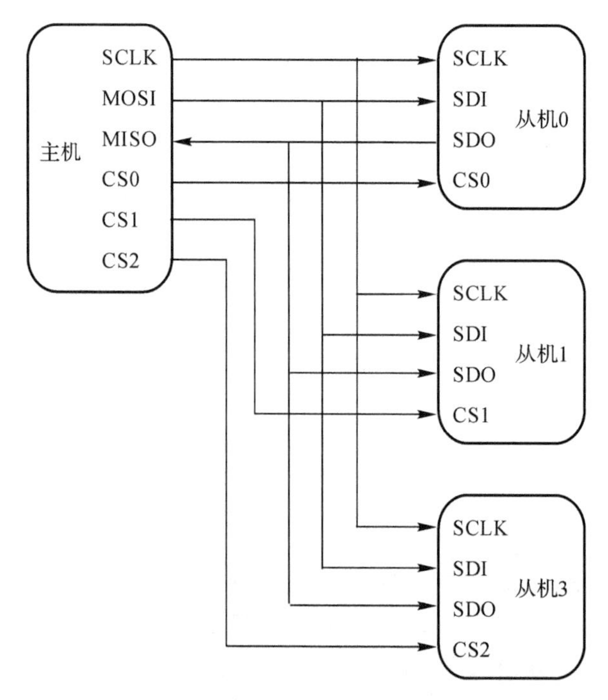

图 9.2　单主机多从机的典型结构

SPI 总线在传输数据的同时也传输了时钟信号，所以 SPI 协议是一种同步(Synchronous)传输协议。Master 会根据将要交换的数据产生相应的时钟脉冲，组成时钟信号，时钟信号通过时钟极性(CPOL，Clock Polarity)和时钟相位(CPHA，Clock Phase)控制两个 SPI 设备何时交换数据以及何时对接收数据进行采样，保证数据在两个设备之间是同步传输的。

SPI 总线协议是一种全双工的串行通信协议，数据传输时高位在前，低位在后。SPI 协议规定一个 SPI 设备不能在数据通信过程中仅仅充当一个发送者(Transmitter)或者接收者(Receiver)。在片选信号 CS 有效的情况下，每个时钟周期内，SPI 设备都会发送并接收 1 位数据，相当于有 1 位数据被交换了。数据传输高位在前(MSB first)，低位在后。SPI 总线内部数据传输内部结构如图 9.3 所示。

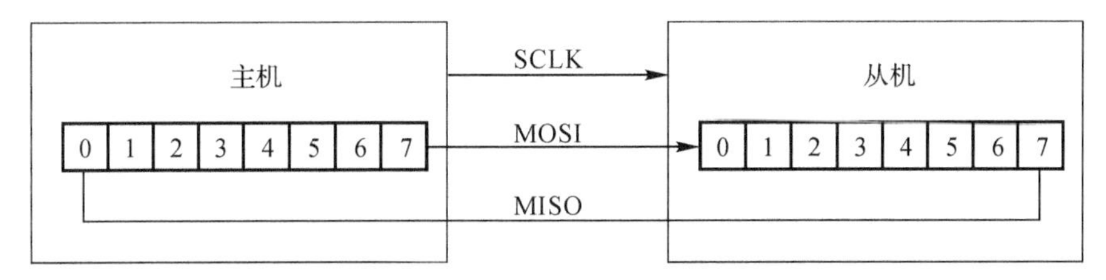

图 9.3　SPI 总线数据传输内部结构图

3. SPI 总线传输的模式

SPI 总线传输有 4 种模式，这 4 种模式分别由时钟极性和时钟相位来定义。其中 CPOL 参数规定了 SCK 时钟信号空闲状态的电平，CPHA 规定了数据是在 SCK 时钟的上升沿被采样还是下降沿被采样。4 种模式的时序图如图 9.4 所示。

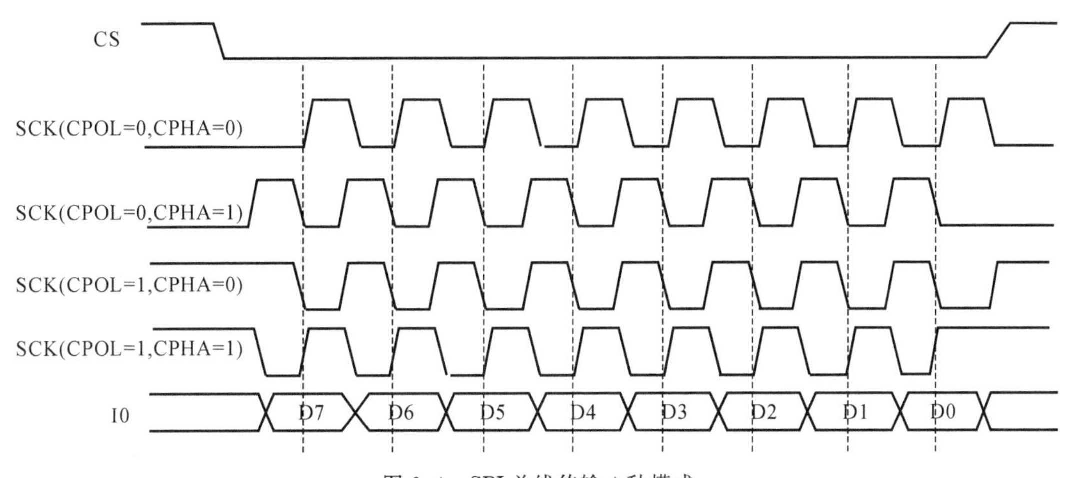

图 9.4　SPI 总线传输 4 种模式

模式 0：CPOL＝ 0，CPHA＝0。SCK 串行时钟线空闲为低电平，数据在 SCK 时钟的上升沿被采样，数据在 SCK 时钟的下降沿切换。

模式 1：CPOL＝ 0，CPHA＝1。SCK 串行时钟线空闲为低电平，数据在 SCK 时钟的下降沿被采样，数据在 SCK 时钟的上升沿切换。

模式 2：CPOL＝ 1，CPHA＝0。SCK 串行时钟线空闲为高电平，数据在 SCK 时钟的下降沿被采样，数据在 SCK 时钟的上升沿切换。

模式 3：CPOL＝ 1，CPHA＝1。SCK 串行时钟线空闲为高电平，数据在 SCK 时钟的上升沿被采样，数据在 SCK 时钟的下降沿切换。

其中比较常用的是模式 0 和模式 3。更换理解 SPI 总线的时序，图 9.5 绘制了模式 0 下详细的传输时序。

图 9.5 表明在模式 0 下，在空闲状态下 SCK 串行时钟线为低电平，当 CS 被主机拉低以后，数据传输开始，数据线 MOSI 和 MISO 的数据切换(Toggling)发生在时钟的下降沿(图9.5 的黑色虚线处)，而数据线 MOSI 和 MISO 的数据的采样(Sampling)发生在数据的正中间。

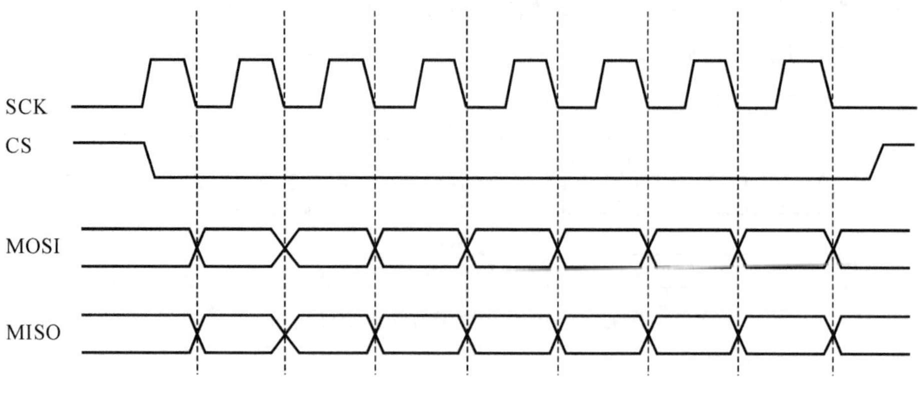

图 9.5 模式 0 时 SPI 总线传输时序

4. SPI 总线传输时序

SPI 通信没有通信周期，没有起始、停止信号。SPI 主机通过控制时钟信号线控制通信。当没有数据传输时，时钟线保持高电平或者保持低电平。

SPI 接口的内部硬件实际上是两个简单的移位寄存器，传输的数据为 8 位，主机产生使能和移位脉冲信号，数据按位传输，高位在前，低位在后。如图 9.6 所示，在 SCLK 的下降沿上数据改变，上升沿一位数据被存入移位寄存器。

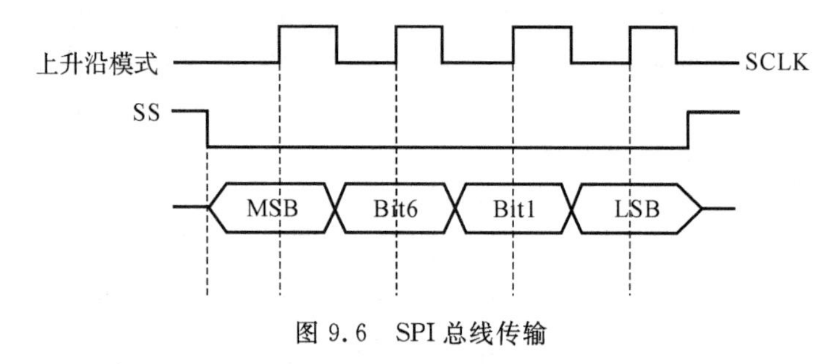

图 9.6 SPI 总线传输

9.2 基于 SED1565 驱动 LCD12864 液晶屏控制原理

1. LCD12864 点阵屏介绍

本章任务涉及的 LCD12864 是一种图形点阵液晶显示器，它主要由行驱动器/列驱动器及 128×64 全点阵液晶显示器组成，可完成图形显示，也可以显示 8×4 个(16×16 点阵)汉字。LCD12864 分为两种，带字库的和不带字库的。不带字库的 LCD 需要自己提供字库字模，此时可以根据个人喜好设置各种字体显示风格，在设计上较为灵活。带字库的 LCD 提供字库字模，但是只能显示 GB2312 的宋体。LCD12864 从通信上区分，可分为并口屏和串口屏。串口屏主要是 SPI 总线接口。每一款液晶屏都有一颗芯片驱动，这个电路就是液晶屏驱动电路。控制液晶屏其实质是控制液晶屏电路里的驱动芯片。任务中 LCD12864 的控制芯片是 SED1565。要控制好 HDG12864 液晶屏，就必须先了解 SED1565 相关资料。

2. 驱动芯片 SED1565 控制时序

SED1565 芯片是一款专用液晶屏驱动，可并行/串行输入数据。工作电压 1.8～5.5V。LCD12864 液晶屏模块如图 9.7 所示。

图 9.7　LCD12864 液晶屏模块

LCD12864 的管脚定义如下：

VOUT：对比度调整；

SI：串行输入；

SCL：串行时钟；

$\overline{\text{RD}}$：8080/6800 时序选择；

$\overline{\text{WR}}$：写/读；

A0：数据/命令；

$\overline{\text{RES}}$：系统复位；

CS1：使能。

(1)串行数据的输入函数编写。

LCD 12864 液晶屏写数据时如序图 9.8 所示。

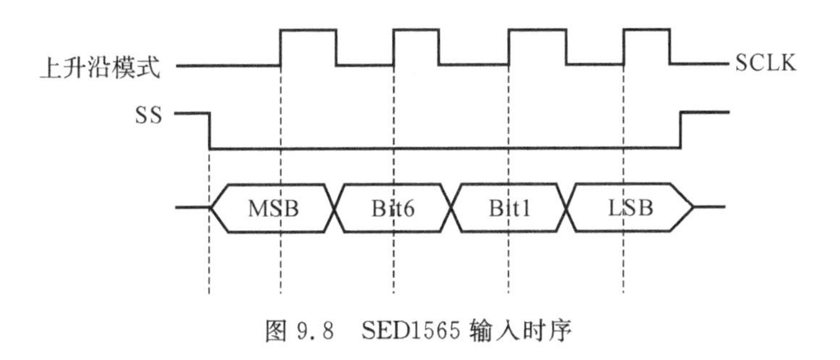

图 9.8　SED1565 输入时序

编写程序代码如下：

```
void SerialInputByte(U8 dat) //串行数据输入函数
{
U 8i;
for(i=0;i<8;i++)
```

```
    {
      if(dat&0x80)  //若 dat 的最高位为 1
        SI=1;
      else
        SI=0;
      SCL=0;
      delay( );
      SCL=1;
      dat=dat<<1;//dat 位二进制数值左移一位
    }
}
```

(2)写数据、写命令函数。

```
void WriteData(U8 dat)//写数据函数,液晶屏硬件置写
{
    CS1=0;
    A0=1;
    SerialInputByte(dat);
    CS1=1;
}
void WriteCommand(U8 cmd) //写命令函数,液晶屏硬件置写
{
    CS1=0;
    A0=0;
    SerialInputByte(cmd);
    CS1=1;
}
```

(3)设置页地址。设置页地址方法如图 9.9 所示,具体可参考 sed1565. pdf 第 50 页(sed1565. pdf 为 SED1565 芯片的官方技术手册,对于 LCD12864 控制主要参考该技术手册)。

A0	E $\overline{RD}$	R/$\overline{W}$ W/$\overline{R}$	D7	D6	D5	D4	D3	D2	D1	D0	Page address
0	1	0	1	0	1	1	0	0	0	0	0
							0	0	0	1	1
							0	0	1	0	2
							0	1	1	1	7
							1	0	0	0	8

图 9.9　页地址设置方法

```
void SetLine(U8 line)
{
  line=line&0x07;//只留下低三位 0-7
  line=line|0xb0;//高四位 1011
```

```
    WriteCommand(line);
}
```

(4)设置列地址如图 9.10 所示。根据图 9.10,列地址 A7～A0 拆开高四位、低四位分别打包进行发送,设置成为列地址。

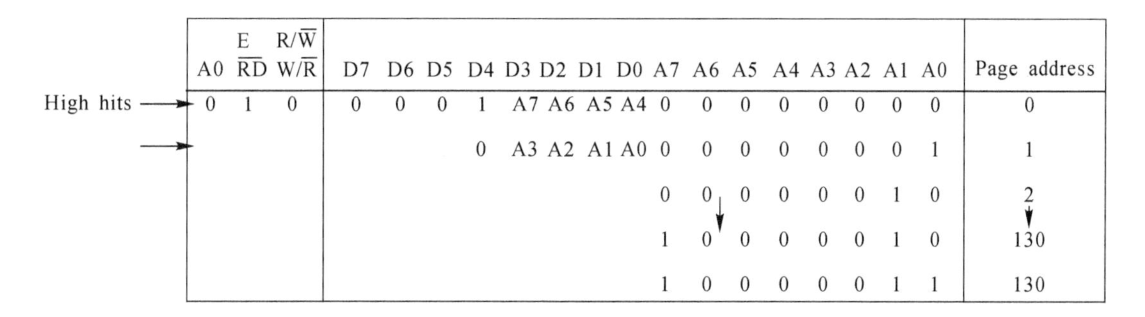

	A0	E $\overline{RD}$	R/$\overline{W}$ W/$\overline{R}$	D7	D6	D5	D4	D3	D2	D1	D0	A7	A6	A5	A4	A3	A2	A1	A0	Page address
High hits →	0	1	0	0	0	0	1	A7	A6	A5	A4	0	0	0	0	0	0	0	0	0
→							0	A3	A2	A1	A0	0	0	0	0	0	0	0	1	1
												0	0	0	0	0	0	1	0	2
												1	0	0	0	0	0	1	0	130
												1	0	0	0	0	0	1	1	130

图 9.10　列地址设置方法

```
void SetColumn(U8 column)//列地址发送函数
{
    U8 column_h,column_l;
    column=column&0x7f;
    column_h=column&0x0f0;
    column_h=column>>4;
    column_l=column&0x0f;
    column_h=column_h|0x10;
    column_l=column_l|0x00;
    WriteCommand(column_h);
    WriteCommand(column_l);
}
```

(5)液晶屏开关显示指令如图 9.11 所示。可参考 sed1565.pdf 第 52 页。

A0	E $\overline{RD}$	R/$\overline{W}$ W/$\overline{R}$	D7	D6	D5	D4	D3	D2	D1	D0	Setting
0	1	0	1	0	1	0	0	1	0	0	显示打开
										1	显示打开

图 9.11　液晶屏开关显示指令

```
void SetOnOff(U8 State) //液晶屏开关显示指令 state=0 开显示;state=1 关显示。
{
      state=state|0xa4;
      WriteCommand(state);
}
```

(6)液晶屏数据显示流程如图 9.12 所示。可参考 sed1565.pdf 第 53 页。根据显示流程图和 sed1565.pdf 数据手册来进行 LCD12864 的指定位置的汉字显示函数的编程，具体如下：

```
void Show16X16(U8 line,U8 column,U8  * pt)//汉字显示函数
{
    U8 i,column_temp;
    WriteCommand(0xa1);//列地址自动加 1 指令 可参考 sed1565.pdf 第 52 页
    column_temp=column;//列地址
    SetLine(line);//设定页
    SetColumn(column);//设定列地址
for(i=0;i<16;i++)//循环发送 16 列数据,16×8=128 个列数据
{
    WriteData( * pt);//写一列,一页 8 行
    * pt++;//数组索引递增
    column++;//列索引递增
}
    SetLine(line+1);//页加 1
    column=column_temp;//列地址
    SetColumn(column);//选定列
    for(i=0;i<16;i++)
      {
        WriteData( * pt);//写一列,一页 8 行
        * pt++;//数组索引递增
        column++;//列索引递增
      }
}
```

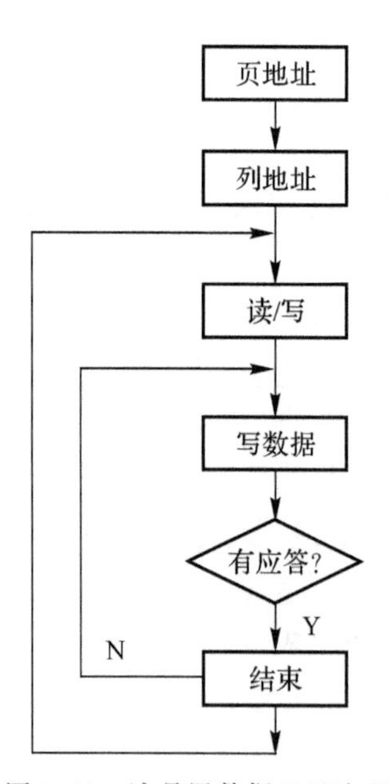

图 9.12　液晶屏数据显示流程

9.3　液晶屏图文显示仿真实现

1.仿真电路设计

LCD12864 液晶屏图文显示电路如图 9.13 所示。串行口端口接法如图所示，SI 口接 P20，SCL 口接 P21，A0 口接 P22，CS 口接 P23。

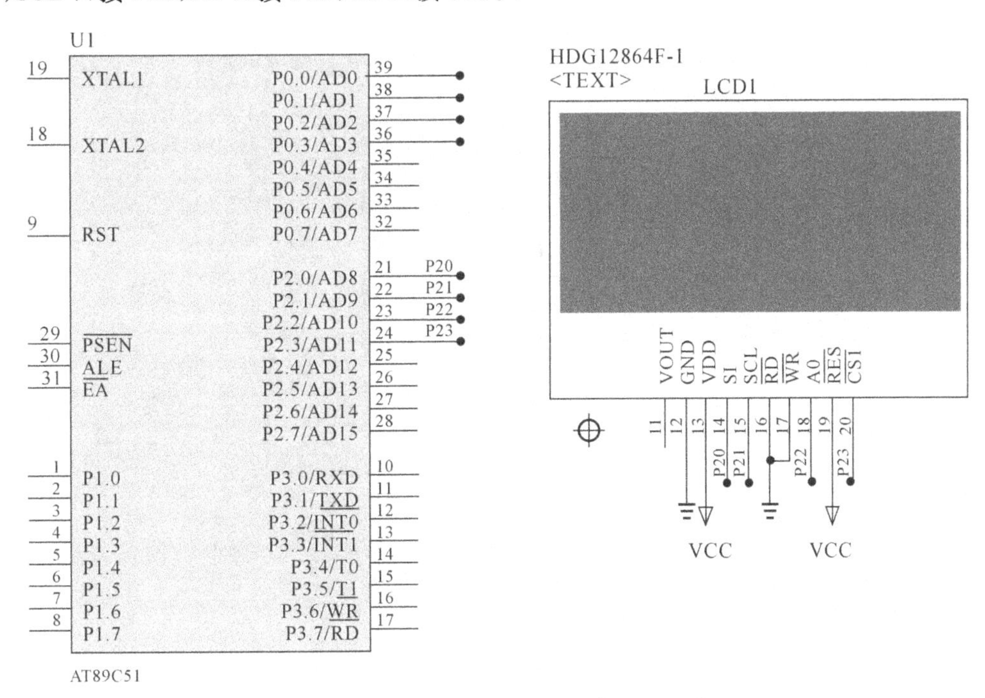

图 9.13　LCD12864 液晶屏图文显示电路

2. LCD12864 点阵屏显示取模内容及取模步骤

在数字电路中，数据都是以 0 和 1 传输、保存的，给 LCD12864 液晶屏发送不同显示数据，可以得到不同的显示结果。文字、数字如何在屏幕上显示，这里涉及显示内容取模问题，一般我们采用第三方软件对显示内容按照一定的方式取字模。取模的原理如图 9.14 所示。

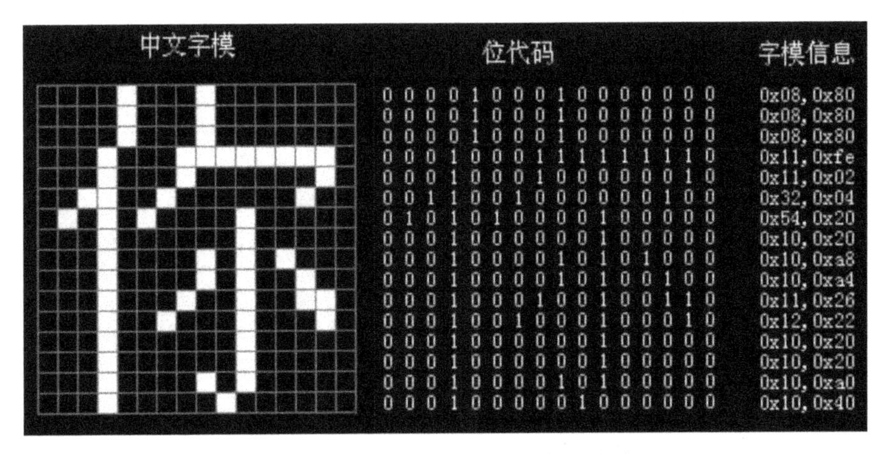

图 9.14　LCD12864 液晶屏汉字显示原理

任务中要求显示“我爱我的祖国”，可以通过液晶汉字取模软件提取获得字模。一般需要根据液晶屏显示要求设置取模软件的输出格式和取模方式，如图 9.15 所示。

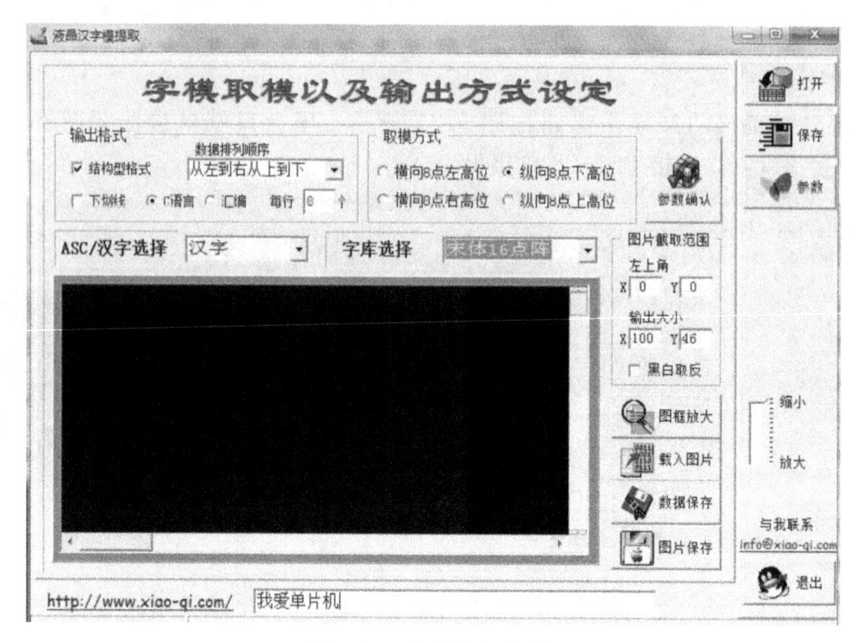

图 9.15　字模软件取模

取模软件参数设置正确后，可以得到要取出的汉字字模，以 16 进制数组保存进行，如下所示：

```
unsigned char code Wo[ ] =          // 我
{0x20,0x24,0x24,0x24,0xFE,0x23,0x22,0x20,0xFF,0x20,0x22,0xAC,0x20,0x30,0x20,0x00,
0x00,0x08,0x48,0x84,0x7F,0x02,0x21,0x10,0x09,0x06,0x1A,0x61,0x80,0xE0,0x00,0x00};
unsigned char code Ai[ ] =          // 爱
{0x40,0xB0,0x92,0x96,0x9A,0x92,0xF2,0x9E,0x92,0x91,0x99,0x95,0x91,0x50,0x30,0x00,
0x00,0x00,0x40,0x30,0x8C,0x83,0x46,0x2A,0x12,0x2A,0x26,0x42,0xC0,0x40,0x00,0x00};
unsigned char code De[ ] =          //的
{0x00,0xF8,0x0C,0x0B,0x08,0x08,0xFC,0x28,0x90,0x0F,0x08,0x08,0x08,0xFC,0x08,0x00,
0x00,0x7F,0x21,0x21,0x21,0x21,0x7F,0x00,0x00,0x01,0x43,0x80,0x40,0x3F,0x00,0x00};
unsigned char code Zu[ ] =          // 祖
{0x10,0x10,0x91,0xD6,0xB0,0x10,0x00,0xFC,0x44,0x44,0x44,0x44,0xFE,0x04,0x00,0x00,
0x02,0x01,0x00,0xFF,0x00,0x41,0x40,0x7F,0x44,0x44,0x44,0x44,0x7F,0x40,0x40,0x00};
unsigned char code Guo[ ] =          //国
{0x0,0xFE,0x02,0x0A,0x8A,0x8A,0x8A,0xFA,0x8A,0xCA,0x8E,0x0A,0x02,0xFF,0x02,0x00,
0x00,0xFF,0x40,0x50,0x50,0x50,0x50,0x5F,0x50,0x52,0x54,0x50,0x40,0xFF,0x00,0x00};
```

3. 程序代码编写

```
#include "reg51.h"//系统头文件
#include "font.h"//字体点阵文件
#define U8 unsigned char//数据类型从定义
```

```
#define U16 unsigned int//数据类型从定义
sbit SI=P2^0; //SPI 总线数据总线
sbit SCL=P2^1;//SPI 总线时钟总线
sbit A0=P2^2;//SPI 总线命令/数据选择线
sbit CS1=P2^3;//SPI 总线使能线
void Delay_Us(U16 nus);//延时函数声明
void SerialInputByte(U8 dat);//SPI 发送数据函数声明
void WriteData(U8 dat);//SPI 写数据函数声明
void WriteCommand(U8 cmd);//SPI 写命令函数声明
void ClearScreen( );//液晶屏清屏函数声明
void SetLine(U8 line);//设置行函数声明
void SetColumn(U8 column);//设置列函数声明
void SetOnOff(U8 state);//显示开关函数声明
void Show16X16(U8 line,U8 column,U8 *pt);//在给定位置显示汉字声明
void Show8X16(U8 line,U8 column,U8 *pt);//在给定位置显示数字声明
void Display( );//"我爱我的祖国"显示
main( )
{
    ClearScreen( );//液晶屏清屏
    SetOnOff(1);//开启显示
    Display( );
while(1)  {;}
}
void Delay_Us(U16 nus)
{    U16 i;
     i=nus;
     while(i--);//递减到 0 ,退出循环
}
void SerialInputByte(U8 dat)//发送一个字节数据
{
       U8 i;
       for(i=0;i<8;i++)//循环控制
       {
         if(dat&0x80)//最高位数据判断
           SI=1;//数据输出 1
         else
           SI=0;//数据输出 0
         SCL=0;//时钟线 0
         Delay_Us(10);//延时 10μs
         SCL=1;//时钟总线 1
         dat=dat<<1;//数据右移一位
       }
}
```

```
void WriteData(U8 dat)//写数据函数
{
        CS1=0;//SPI 总线使能
        A0=1;//使能数据线
        SerialInputByte(dat);//写数据
        CS1=1;//关闭数据线
}
void WriteCommand(U8 cmd)//写命令函数
{
        CS1=0;//总线使能
        A0=0;//使能命令线
        SerialInputByte(cmd);//写命令
        CS1=1;//关闭命令线
}
void ClearScreen( )//清屏
{
      U8 i,j;
      for(i=0;i<8;i++)//循环 8 行
      {
        WriteCommand(0xb0+i);//设定页地址
        WriteCommand(0x10);//设定列地址
        WriteCommand(0x01);//设定列地址自增加 1
        for(j=0;j<132;j++)//循环 132 列
        WriteData(0x00);//写数据 0
      }
}
void SetLine(U8 line)//设定页地址
      {
        line=line&0x07;//
        line=line|0xb0;//计算页地址
        WriteCommand(line);//设定页地址
      }
void SetColumn(U8 column)//设定列地址,column 数据先分解两个字节,再分别设置
{
        U8 column_h,column_l;
        column=column&0x7f;//最高位置 0
        column_h=column&0x0f0;//再取高四位
        column_h=column>>4;//右移四位
        column_l=column&0x0f;//取低四位
        column_h=column_h|0x10;//高 4 位地址的最高位置 1
        column_l=column_l|0x00;//低四位
        WriteCommand(column_h);//写高四位
        WriteCommand(column_l);//写低四位
```

```
}
void SetOnOff(U8 state)//开关显示 1:开显示 0:关显示
{
        state=state|0xae;
        WriteCommand(state);
}
void Show16X16(U8 line,U8 column,U8 * pt)//在给定位置显示汉字
{
        U8 i,column_temp;
        WriteCommand(0xa1);//反向显示(即从左到右显示)
        column_temp=column;
        SetColumn(column);//设置起始列
        SetLine(line);//设置行
        for(i=0;i<16;i++)
        {
          WriteData(* pt);//写数据
          * pt++;
          column++;
        }
          SetLine(line+1);//设置汉字下半部分显示页
          column=column_temp;
          SetColumn(column);
        for(i=0;i<16;i++)//循环写数据
        {
          WriteData(* pt);
          * pt++;
          column++;
        }
}
void Show8X16(U8 line,U8 column,U8 * pt)//在给定位置显示数字
{
        U8 i,column_temp;
        WriteCommand(0xa1);//反向显示(即从左到右显示)
        column_temp=column;
        SetColumn(column);//设定列
        SetLine(line);//设定行
        for(i=0;i<8;i++)
        {
          WriteData(* pt);//写数据
          * pt++;
          column++;
        }
          SetLine(line+1);//设置汉字下半部分显示页
```

```
        column=column_temp;
          SetColumn(column);
        for(i=0;i<8;i++)
         {
          WriteData(*pt);
           *pt++;
          column++;
         }
}
void Display()
{
        Show16X16(1,0,Wo);//显示汉字“我”
        Show16X16(1,16,Ai);//“爱”
        Show16X16(1,33,Wo);//“我”
        Show16X16(1,50,De);//“的”
        Show16X16(1,66,Zu);//“祖”
        Show16X16(1,83,Guo);//“国”
}
```

3. 系统仿真

仿真过程简而言之，就是建立仿真工程，在 Keil 环境中编译 C 文件生成 hex 文件，加载到仿真工程电路的单片机中，运行后结果如图 9.16 所示。

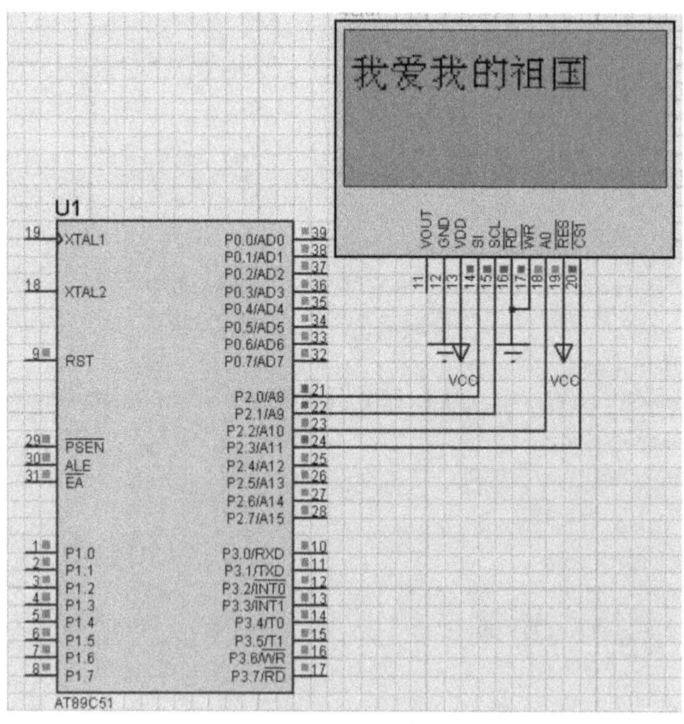

图 9.16　LCD12864 显示仿真结果

9.4　知识梳理与总结

本章的任务是通过单片机控制 LCD12864 点阵液晶屏进行图文显示。本例主要涉及 SPI 总线通信基本时序和 LCD12864 的显示屏自身的一些特殊操作，如显示命令、显示数据的方法等。完成任务的学习和调试，可以获得调试 SPI 从机设备的一种通用方法及显示屏的使用技巧。

目前有很多专用的集成电路都支持 SPI 总线，掌握 SPI 总线的原理和调试方式，对于使用 SPI 总线一类设备有一定的帮助。

要很好地掌握 SPI 设备的读写，总结起来有几个关键点：①理解基本的 SPI 基本的时序。②研究具体 SPI 设备的数据帧格式。③调试过程中使用一些调试工具，比如逻辑分析仪或者 SPI 总线分析仪等工具，可以很好地帮我们分析主机发往从机设备的数据和从机返回主机的数据信息。按照总结的步骤去调试 SPI 类设备，可大大节约调试时间。

拓展练习题

设计一套基于 SPI 总线的双机通信系统，一个作为主机，另外一个作为从机，并完成数据传递。

第 10 章　ADC 和 DAC 原理及应用

任务　ADC/DAC 综合应用

设计要求:通过串口设置输出电压,通过 ADC 采集回传数据到串口助手。

任务分析:任务将会涉及三个关键点:

(1)串口通信。

(2)IIC 通信。

(3)DAC/ADC 转换。

任务目标:通过任务加强串口、IIC 通信应用,熟悉 DAC 和 ADC 使用。

10.1　A/D 转换概述

当前在过程控制设备或智能仪器仪表中,通常是以单片机作为系统核心,来实现实时控制和数据处理。单片机能处理的数据是数字量,被测或被控制的对象往往是模拟量,如温度压力、流量、速度、加速度等,这些量不能直接送给单片机进行处理。这就需要将模拟量转换为数字量,这个转换过程称为模数转换,简称 A/D 转换 。

A/D 转换器将模拟量转换为数字量,可认为 A/D 转换器是一个将模拟信号值编码为对应二进制信号的编码器。与 A/D 相对应的 D/A 转换器则可以认为是一个解码器。

1. A/D 转换器的类型

常用的 A/D 转换器有 3 种类型:逐次逼近式 A/D 转换器、双斜率积分式 A/D 转换器和 V/F 变换式 A/D 转换器。A/D 转换器与单片机的接口方式有串联接口和并联接口两种。

2. A/D 转换器的主要指标

(1)分辨率:一位最小单位的数字量所表示的模拟电压变化量,它与位数有关。

(2)量化误差:在量化时造成的有限分辨率与无限分辨率间的最大偏差。

(3)转换速度:转换一次的时间,逐次比较型一般为 5～10μs。

(4)转换精度:它反映实际 A/D 在量化值上与理想 A/D 的差值,用绝对或相位误差表示。

3. A/D 转换器的组成

(1)模拟输入信号和参考电压。

(2)数字输出信号。

(3)启动 A/D 转换信号(输入信号)。

(4)转换结束信号或者“忙”信号(输出信号)。

(5)数据输出允许信号(输入信号)。

4. A/D 转换流程

在 A/D 转换过程中，首先通过控制口发出启动 A/D 转换信号，命令 A/D 开始转换；然后单片机通过状态口判断 A/D 是否转换结束。一旦 A/D 转换结束，CPU 发出允许数据输出信号，将经过 A/D 转换的数据读入，转换过程如图 10.1 所示。在高速 A/D 转换器中，没有启动 A/D 转换的引脚和判断 A/D 转换结束引脚。

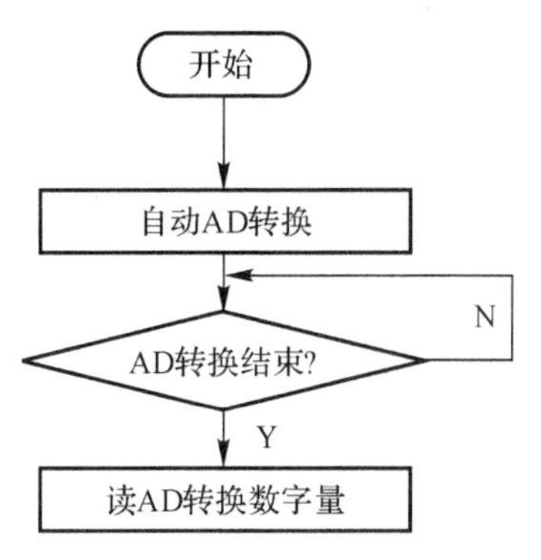

图 10.1　A/D 转换流程图

10.2　A/D 转换器 PCF8591 概述

PCF8591 是一个单片集成、单电源供电、低功耗、8－bit CMOS 数据获取器件。PCF8591 具有 4 个模拟输入口、1 个模拟输出口和 1 个串行 IIC 总线接口。PCF8591 的 3 个地址引脚 A0，A1 和 A2 可用于硬件地址编程，因此可以允许在同个 IIC 总线上接入 8 个 PCF8591 器件，而无需额外的硬件。PCF8591 管脚如图 10.2 所示。

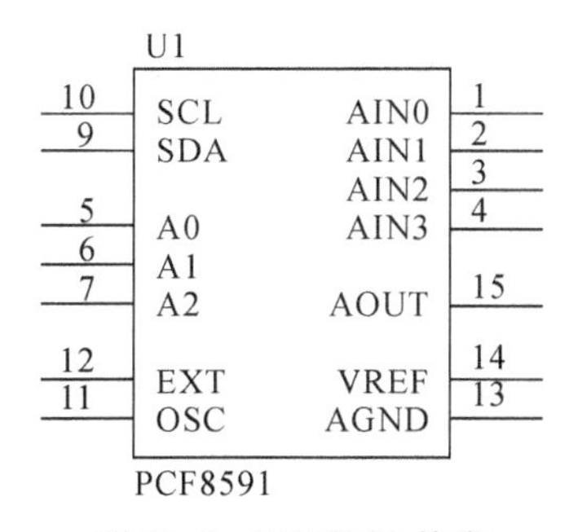

图 10.2　PCF8591 管脚

PCF8591 各个管脚功能如下：

AIN0～AIN3：模拟信号的输入端。

AOUT：D/A 转换输出端。

A0～A2：IIC 总线的引脚地址端。

SDA、SCL：IIC 总线的数据线、时钟线。

OSC：外部时钟输入端，内部时钟输出端。

EXT：内部、外部时钟选择线，需要使用内部时钟时 EXT 接地。

VDD、VSS：2.5～6V 电源端。

AGND：模拟信号接地。

VREF：基准电源端。

1. PCF8591 特性

(1)单电源供电。

(2)PCF8591 的操作电压范围 2.5V～6V 低待机电流。

(3)通过 IIC 总线串行输入/输出。

(4)PCF8591 通过 3 个硬件地址引脚寻址。

(5)PCF8591 的采样率由 IIC 总线速率决定。

(6)4 个模拟输入可编程为单端型或差分输入。

(7)自动增量频道选择。

(8)PCF8591 的模拟电压范围从 VSS 到 VDD。

(9)PCF8591 内置跟踪保持电路。

(10)位逐次逼近 A/D 转换器。

(10)通过 1 路模拟输出实现 DAC 增益。

2. PCF8591 控制方法

PCF8591 是通过 IIC 总线的形式与单片机进行交互。因此控制时应先了解该器件的地址字节、控制字节、读写数据帧的格式。

地址字节：由器件地址、引脚地址、方向位组成，它是通信时主机发送的第一字节数据，高四位 1001 是固定地址，各位定义如表 10.1 所示。

表 10.1　PCF8591 地址字节

D7	D6	D5	D4	D3	D2	D1	D0
1	0	0	1	A2	A1	A0	R/W

注：R/W=1 表示读操作，R/W=0 表示写操作。A0～A2 由硬件决定。

控制字节：用于控制 PCF8951 的输入方式、输入通道、D/A 转换等，是通信时主机发送的第二字节数据，格式如表 10.2 所示。

表 10.2　PCF8591 控制字节

D7	D6	D5	D4	D3	D2	D1	D0
未用	0：输出禁止 1：允许	00：4 路单端输入 01：3 路差分输入 10：单端与差分混合 11：两路差分输入		未用	0：自动增益禁止 1：启用	00：通道选择 0 01：通道选择 1 10：通道选择 2 11：通道选择 3	

注：D5 和 D4 组合确定 AD 输入的接法。具体电路可查看 PCF8591 官方文档。

主机（单片机）写 PCF8591 的数据帧格式，如表 10.3 所示。主机（单片机）读 PCF8591 的数据帧格式如表10.4所示。

表10.3　主机写PCF8591数据帧格式

1	2	3	4	5	6	7	8
主机起始位	发从机地址	等待从机应答	发送控制字	等待从机应答	发送数据	等待从机应答	停止位

```
void Pcf8591DaConversion(U8 value)   //DAC模数转换
{
    IIC_Start();//主机起始位
    IIC_Write_Byte(WRITEADDR);//发从机地址
  IIC_Ack( );//等待从机应答
    IIC_Write_Byte(0x40);//发送控制字
  IIC_Ack( );//等待从机应答
    IIC_Write_Byte(value);//发送数据
  IIC_Ack( );//等待从机应答
    IIC_Stop();//停止位
}
```

表10.4　主机读PCF8591数据帧格式

1	2	3	4	5
主机起始位	发从机地址	等待从机应答	接收从机数据	主机发停止位

```
U8 Pcf8591ReadByte()   //读PCF8591数据
{
    U8 dat;
    IIC_Start();//主机起始位
    IIC_Write_Byte(READADDR);   //发从机地址
  IIC_Ack( );//等待从机应答
    dat=IIC_Read_Byte( );//接收从机数据
    IIC_Stop();//主机发停止位
   Delay_Us(10);//延时
  return(dat);//返回接收数据
}
```

10.3　D/A转换概述

单片机处理的是数字量，而系统中的许多控制对象都是通过模拟量来控制，因此，单片机输出的数字量必须经过D/A转换器转换为模拟信号，才能实现对被控对象的控制。D/A转换器能够实现数字量到模拟量的转换。D/A转换器输入的数字信号是二进制或BCD码形式，输出的信号是电压或电流信号，常用的是电流信号。根据D/A转换器是否具有锁存功能，可分为内部无锁存功能和带锁存功能两大类。无锁存器的D/A转换器，结构相对简单，如DAC800、AD7520等。一些D/A转换器不仅具有数据锁存器，而且还有地址译码电路，以及数据缓冲结构，如 DAC0832、DAC1210 等。

本章项目采用的 PCF8591 芯片具有 ADC 和 DAC 功能。发送数据到 DAC 的数据寄存器，并使用片上 DAC 转换电路转换成对应的模拟电压。这个 D/A 转换器由连接到外部参考电压的具有 256 个抽头的电阻分压电路和选择开关组成。接头译码器切换一个接头到 DAC 输出线电路如图 10.3 所示。

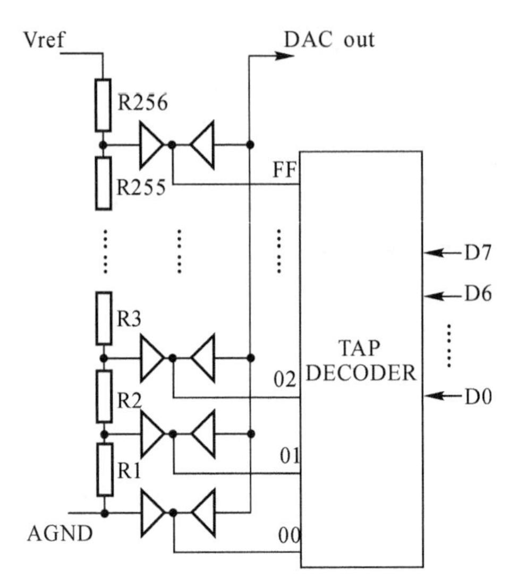

图 10.3　DAC 电阻分压电路

由图 10.3 可知，PCF8591 的 DAC 分辨率是 8 位。VREF(参考电压)对应数字量 255。Vref(基准电压)要求电压精度要高。AGND 接系统地。

10.4　D/A 转换和 A/D 转换输出仿真实现

1. 仿真电路设计

串口设定 DAC 输出值，再通过 ADC 采集，最后利用串口输出。仿真电路如图 10.4 所示。各电路引脚主要功能如下：单片机 P1.0 和 P1.1 分别是 SCL、SDA 信号脚(IIC 总线)。P3.0 和 P3.1 接模拟串口 COM。U3 是 PCF8591 芯片，9、10 脚接 IIC 信号脚；5、6、7 为地址脚接地；12 脚 EXT 接地，表示使用内部时钟电路；14 脚接参考电源端接 VCC；13 脚接系统地；15 脚 DAC 输出端接运放 LM321 的 3 脚(同向输入端)。运放 U2 在此电路中组成了设计跟随电路，用于 1∶1 电压输出，起隔离作用，设计跟随器也能提高带负载能力；运放 1 脚输出端接 U2 的 1 脚(模拟信号的采集脚)。R1、R2 是 IIC 总线上拉电阻。

2. 软件设计框图

如图 10.5 所示为程序的设计框图。经过上述方案分析，要实现程序功能，串口在使用时首先要在程序开始进行初始化配置，之后单片机控制 PCF8591 进行转换，转换完成后，将转换后的数值返回单片机，单片机通过串口打印出数据。

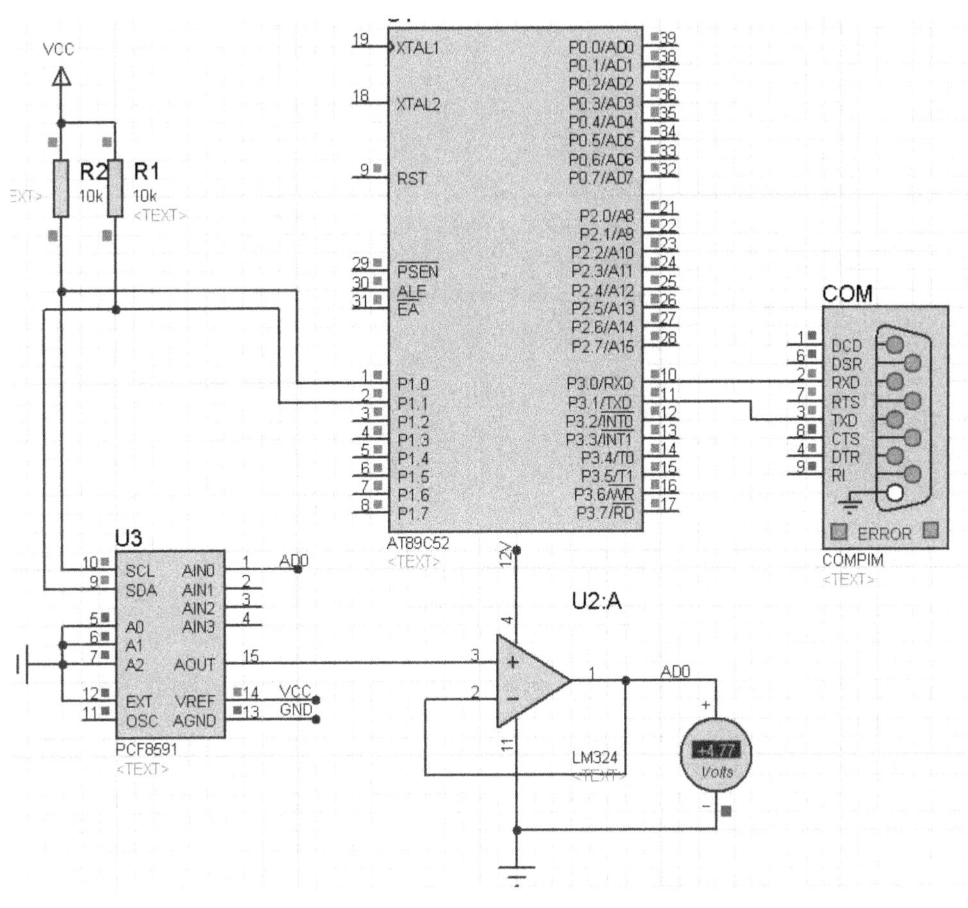

图 10.4　ADC/DAC 综合应用仿真电路图

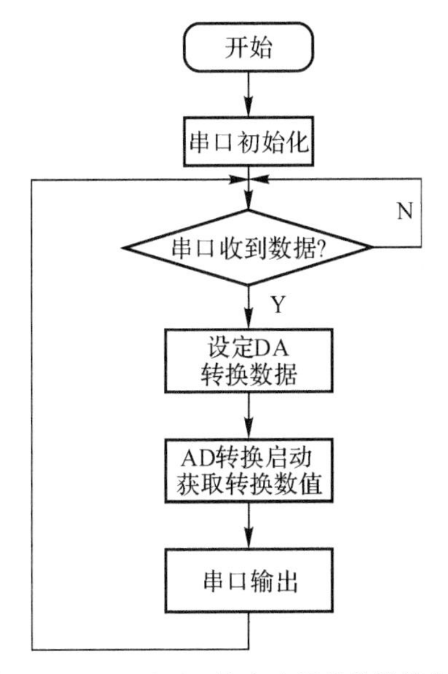

图 10.5　ADC/DAC 综合应用软件设计框图

3. 程序代码编写

```
#include "reg51.h"//头文件引用
#include <intrins.h>//系统头文件引用
#define U8 unsigned char//数据类型宏定义
#define U16 unsigned int//数据类型宏定义
#define   WRITEADDR 0x90//写地址宏定义
#define   READADDR   0x91//读地址宏定义
sbit CLK=P1^0;   //PCF8591 SCL
sbit SDA=P1^1;   //PCF8591 SDA
void Delay_Us(U16 nus);//US级延时函数
void IIC_Init(void);//IIC总线初始化
void IIC_Start(void);//IIC总线启动
void IIC_Stop(void);//IIC总线停止
void IIC_Ack(void );//IIC总线应答等待
void IIC_Write_Byte(U8 Dat);//IIC总线一个字节写函数
U8    IIC_Read_Byte(void);//IIC总线一个字节读函数
U8    Pcf8591ReadByte();   //读PCF8591数据
void Pcf8591DaConversion(U8 value);//给PCF8591传递数值转换成模拟电压(DAC)
void Com_Init(void);//串口初始化
void Com_Send(U8 Dat);//串口发送函数
void Com_Rec_Send_Rule(void);//串口接收-D/A转换-串口输出函数
main()
{
        IIC_Init( );//IIC总线初始化
        Com_Init( );//串口初始化
    while(1)
        {
          Com_Rec_Send_Rule();//串口接收-DA转换-串口输出函数
        }
}
void Delay_Us(U16 nus)//延时函数  nμs传递参数
{
while(nus--);//参数递减至0
}
void IIC_Init( )//IIC总线初始化
{
  SDA=1;//数据总线拉高电平
  CLK=1;//时钟总线拉高电平
}
void IIC_Start()//IIC总线启动
{
  CLK=1;//时钟总线高电平
```

```
  Delay_Us(5);//延时几个微秒
  SDA=1;//数据总线高电平
  Delay_Us(5);//延时几个微秒
  SDA=0;//数据总线低电平
  Delay_Us(5);//延时几个微秒
  CLK=0;//时钟总线低电平
}
void IIC_Stop( )//IIC 总线停止
{
  CLK=1;//时钟总线高电平
  Delay_Us(5);//延时
  SDA=0;//数据总线低电平
  Delay_Us(5);//延时
  SDA=1;//数据总线高电平
  Delay_Us(5);//延时
}
void IIC_Ack( )//等待从机应答
{
  U8 i=0;//变量声明
SDA=0;//总线低电平
  Delay_Us(2);//延时
  CLK=1;//时钟总线高电平
  while((SDA==1)&&(i<255))   i++;//SDA 高电平 等待最多 255 退出 或者 SDA 低直接退出
  CLK=0;//时钟总线低电平
  Delay_Us(5);//延时
}
void IIC_Write_Byte(U8 Dat)//IIC 写字节函数
{
   U8 i;//变量声明
     CLK=0;//时钟线低电平
     Delay_Us(5);//延时
  for(i=0;i<8;i++)
     {
if((Dat&0x80)>>7)//取发送数据最高位右移 7 位 判断是否为 1
SDA=1;//数据总线输出高电平
else
        SDA=0;//数据总线低电平
     Dat=Dat<<1;//发送数据左移一位
     CLK=1;//时钟总线高电平
     Delay_Us(5);//延时
CLK=0;//时钟总线低电平
     Delay_Us(5);//延时
}
```

```
}
U8 IIC_Read_Byte( )//IIC 总线读字节
{
  U8 i,Rec=0;//变量声明
  SDA=1;//数据总线高电平
  CLK=1;//时钟总线高电平
  for(i=0;i<8;i++)//循环读 8 次
  {
    Rec=Rec<<1;//接收数据左移一位
    if(SDA) Rec++;//如果数据总线高电平,接收数据加 1
    CLK=0;//时钟总线低电平
    Delay_Us(5);//延时
    CLK=1;//时钟总线高电平
    Delay_Us(5);//延时
    }
    return Rec;//返回接收数据
}
U8 Pcf8591ReadByte()   //读 PCF8591 数据
{
    U8 dat;
    IIC_Start();//主机起始位
    IIC_Write_Byte(READADDR);   //发从机地址
    IIC_Ack( );//等待从机应答
    dat=IIC_Read_Byte( );//接收从机数据
    IIC_Stop();//主机发停止位
    Delay_Us(10);//延时
    return(dat);//返回接收数据
}
void Pcf8591DaConversion(U8 value)   //DAC 模数转换
{
    IIC_Start();//主机起始位
    IIC_Write_Byte(WRITEADDR);//发从机地址
  IIC_Ack( );//等待从机应答
    IIC_Write_Byte(0x40);//发送控制字
  IIC_Ack( );//等待从机应答
    IIC_Write_Byte(value);//发送数据
  IIC_Ack( );//等待从机应答
    IIC_Stop();//停止位
}
void Com_Init(void)//串口初始化
{
    SCON=0x50;//设定串口工作方式 2 接收打开
    PCON=0x00;//波特率倍增位 0
```

```
    TMOD=0x20;//设置定时器 1 工作方式 2
    TH1=0xfd;//填装初值,设定波特率 9600b/s
    TL1=0xfd;//填装初值,设定波特率 9600b/s
    TR1=1;//定时器 1 启动
    EA=1;//总中断开启
    ES=1;//串口中断开启
}
void Com_Rec_Send_Rule()//串口收数据－ADC 转换－DAC 转换－串口发送数据
{
if(RI)//判读接收到数据
{
    RI=0;//接收标志清零
    Pcf8591DaConversion(SBUF); //DAC 数模转换
    Com_Send(Pcf8591ReadByte());//DAC 转换－串口发送
}
}
void Com_Send(U8 Dat)//串口发送数据
{
    SBUF=Dat;//数据到串口缓存
    while(! TI);//待定发送完成
    TI=0;//发送标志清零
}
```

4. 系统仿真

如图 10.6 和图 10.7 所示,分别为输入 0xFF、0x45 的仿真结果,该数值是给定的 DAC 的值。串口打印输出值是 0xFF、0x45 这两个值分别转换后 ADC 采集的值。两者之间稍有误差。仿真电路里的电压表实测设计跟随器的电压值分别为 4.98V 和 1.35V。

如果给出的 0xff 数值,理论的输出的电压是 5V。给出 0x45 数值,理论的输出的电压应该是 $U=(69\times5V)/255=69/51=1.35V$。

通过两个仿真测试输入值和转换后输出反馈值可以得出结论:程序运行正确,实现了任务要求,同时测试仿真转换误差较小。

10.5 知识梳理与总结

本章主要了解 AD、DA 转换原理。掌握 PCF8591 这款芯片的用法。通过任务 ADC/DAC 综合应用练习了 PCF8591 芯片的 ADC 和 DAC 两个功能。芯片 PCF8591 的使用其实质是第八章 IIC 总线的应用。本章任务 IIC 驱动函数和第八章 IIC 驱动函数是一样的。差别就在后面针对具体芯片的读写流程有所区别。本章其实就是 PCF8591 芯片的读写流程而已。异步串口通信在前面好几个任务中都有应用,希望大家熟练掌握,灵活使用。

本节需要掌握几个关键知识点有:

(1)A/D、D/A 的转换原理。

(2)IIC 驱动代码的编程。

(3)PCF8591 芯片读写流程。

(4)PCF8591 芯片的外围典型电路设计(参阅 PCF8591 芯片资料)。

(5)异步串行通信的收发。

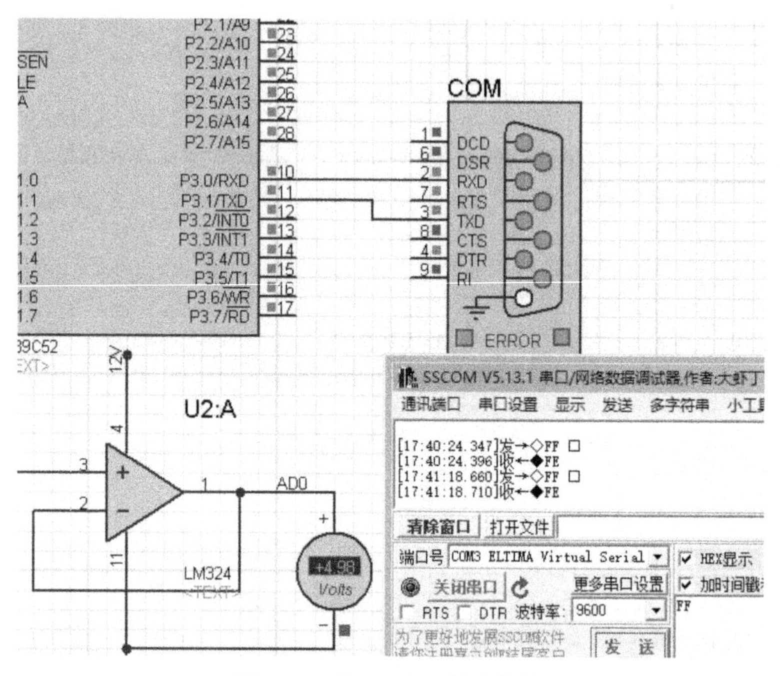

图 10.6　输入 0XFF 仿真结果

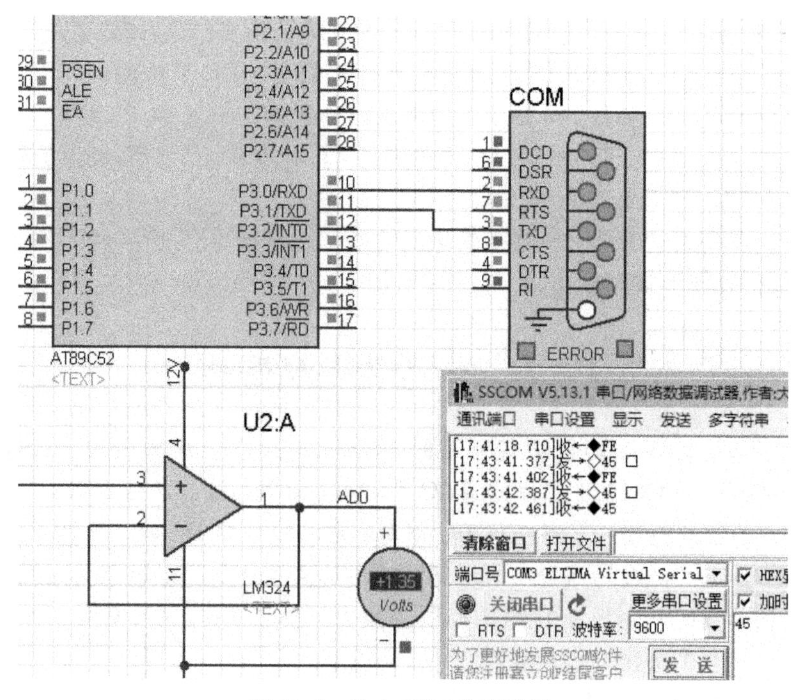

图 10.7　输入 0X45 仿真结果

拓展练习题

设计一款基于 51 单片机控制的数控电压源，使用 PCF8591 芯片进行电压采集和电压输出控制。

第11章　拓展项目方案设计

本章总共10小节，分别解决前十章每章预留的拓展练习题。比如第11.1节解决的是第1章的拓展练习题，以此类推。每个小节按照仿真方案、程序框图、软件代码、仿真调试结果、总结等步骤完成拓展练习题的问题解答。解答的方案可能不是最优的，只是一种解决的方式，希望对大家有所启发和帮助。

11.1　配置Keil软件及Keil调试方法详解

1. 题目要求

通过互联网下载一份Keil C51的学习指南，根据指南自己做一份“如何配置Keil软件及Keil调试方法”的图文报告。

2. Keil软件新建项目步骤

(1)双击桌面上的Keil快捷方式图标，打开Keil软件。

(2)点击执行Keil C51软件的菜单“Project | New μVision Project...”，如图11.1所示。

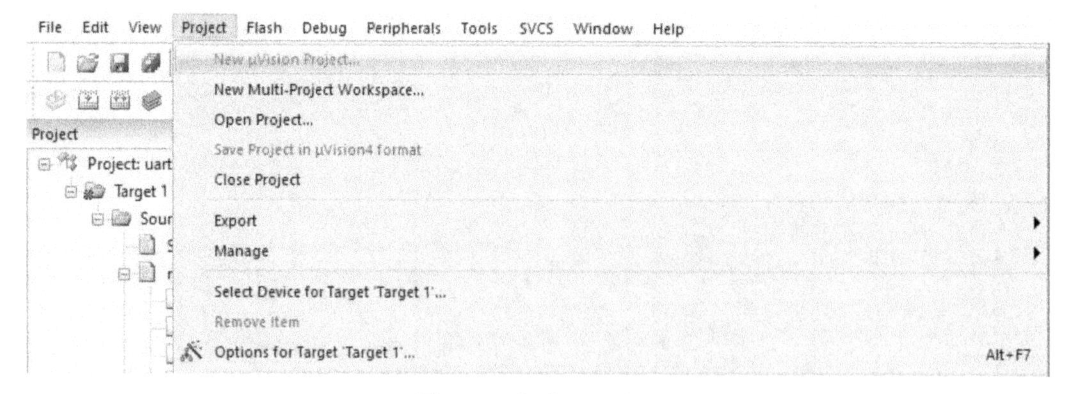

图11.1　新建工程页面

(3) 弹出一个名为“Create New Project”的窗口，先选择一个合适的文件夹来存放工程文件，比如“F:\测试实验”，然后在文件名输入框里输入新建工程的文件名，这里我们输入“test”，点击“保存”按钮，如图11.2所示。

(4)这时Keil软件会弹出让选择单片机型号的窗口，选择AT89C51，如图11.3所示，选择完成后点击确认。

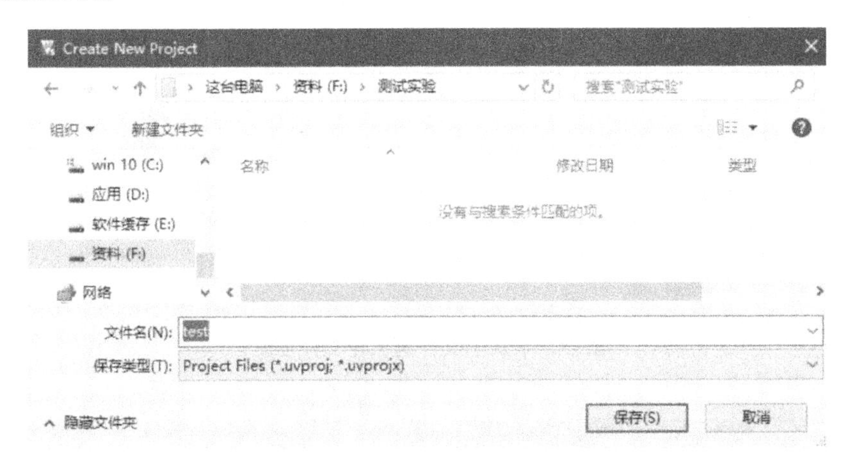

图 11.2　工程存放地址选择和命名

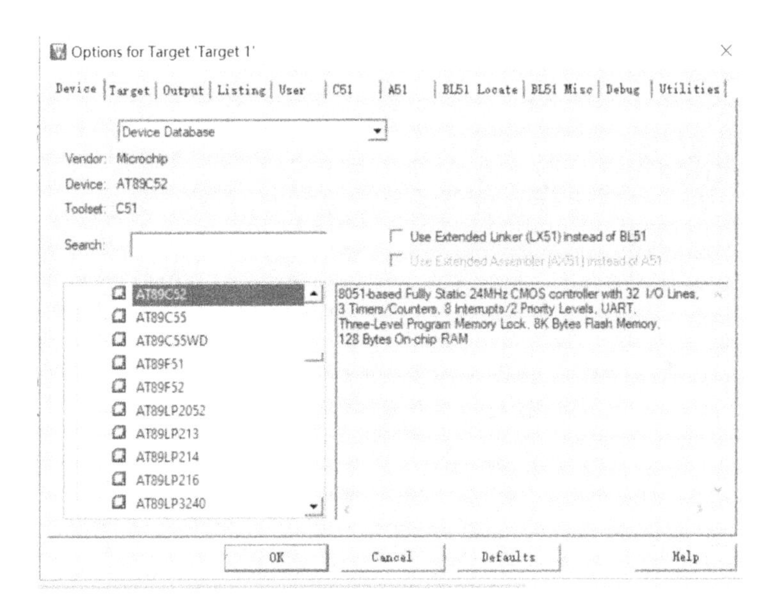

图 11.3　单片机选型

(5)接下来弹出一个“是否添加启动代码”的对话框。该对话框用于选择是否要把 8051 的标准启动代码添加到项目中。Keil 软件既支持 C 语言编程也支持汇编语言编程,一般这里选择“(N)”。

(6)工程建立完毕,需要给工程内添加文件。依次点击 File→New,会在编辑区弹出文本框,如图 11.4 所示。

(7)在弹出窗口中将文件名称改为 test. c(扩展名. c 不能缺少),点击“保存”按钮,如图 11.5 所示。

(8)添加源程序文件到工程中。新建源程序文件“test. c”,此时 test. c 文件与刚才新建的工程之间并没有联系。因此我们需要把它添加到工程中。单击 Keil C 软件左边项目工作窗口“Target 1”前面的“+”,将其展开。然后右击“Source Group 1”文件夹,会弹出如图 11.6 所示界面。点击“Manage Project Items...”,弹出如图 11.7 所示对话框。

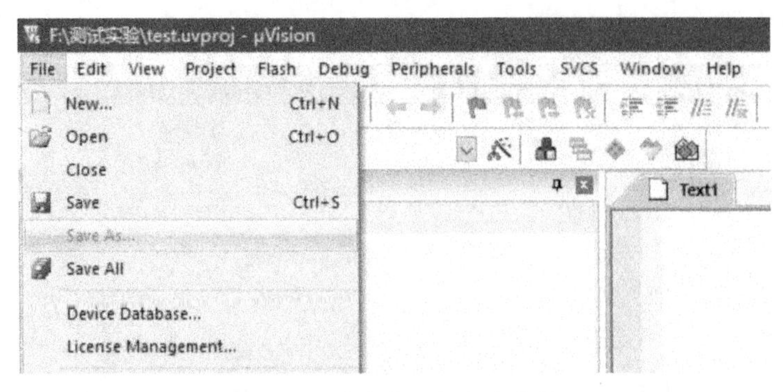

图 11.4　新建文件和保存文件按钮

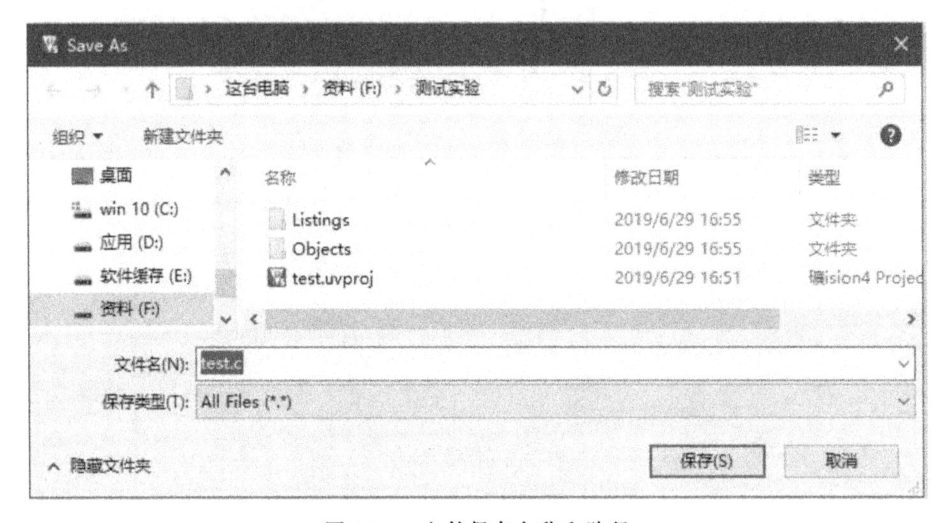

图 11.5　文件保存名称和路径

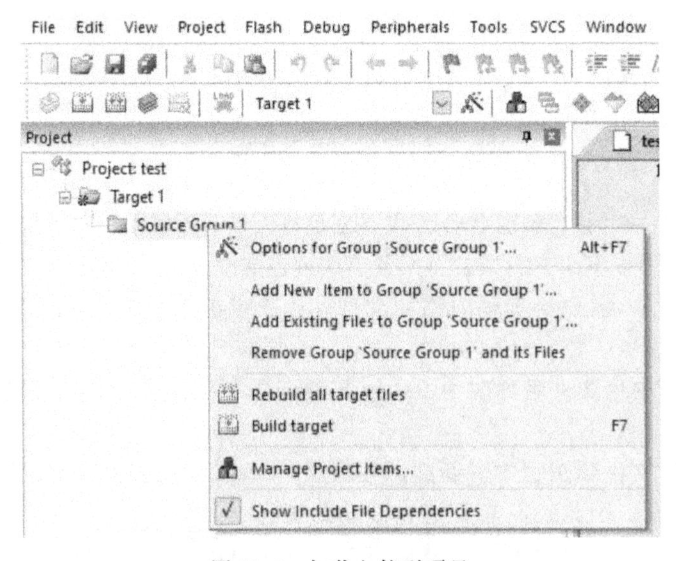

图 11.6　加载文件到项目

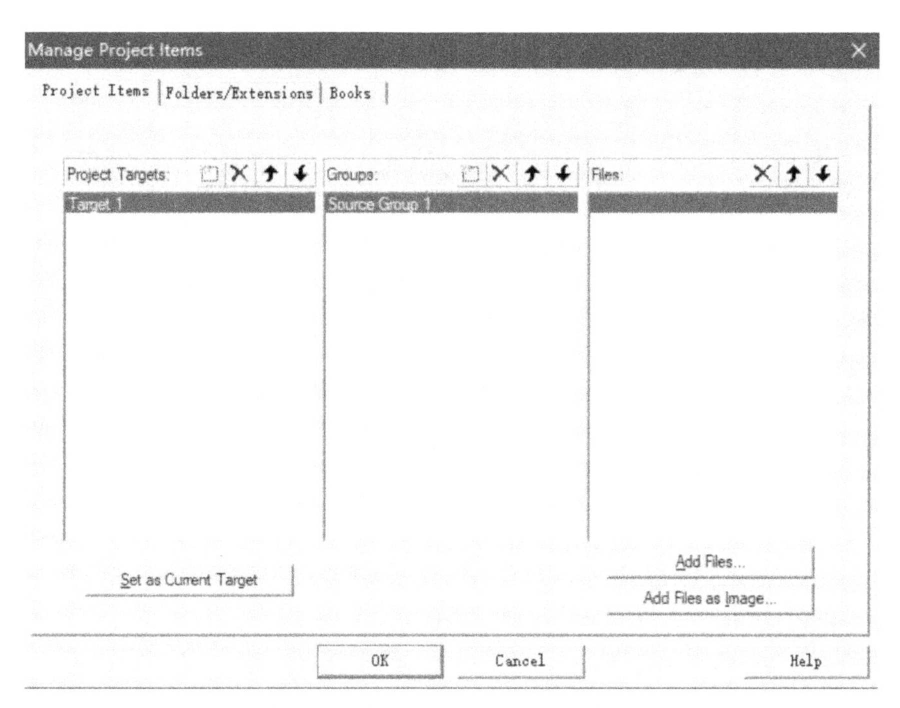

图 11.7　Manage Project Items 窗口

(9)点击"Add Files..."，在弹出窗口选中 test. c 后点击 Add 按钮，点击 Close 按钮，再点击 OK 按钮，完成将文件添加工程中的任务。可以单击左边的项目工作窗口，点击"+"查看是否已添加进去，如图 11.8 所示。

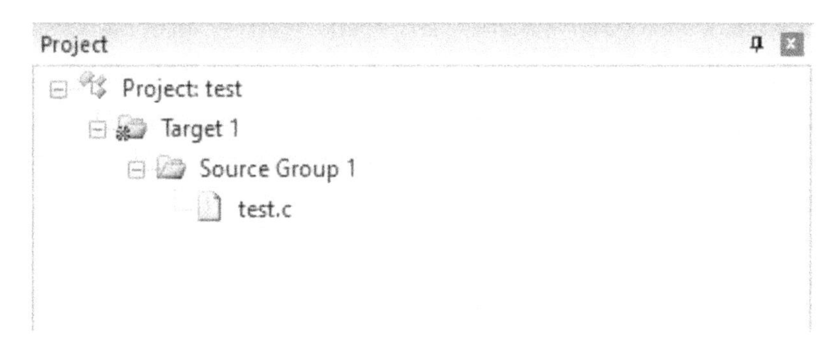

图 11.8　添加文件到项目完成

(10)现在可以在右侧窗口输入程序代码了，把图 11.9 中的代码输入 Keil C 程序编辑区中。

(11)输入完毕后，点击工具栏上的按钮编译当前源程序。编译结果会显示在输出窗口内。如果是"0 Error(s)，0 Warning(s)"，就表示程序没有问题了(至少是在语法上不存在问题了)，如图 11.10 所示。

(12)接下来我们需要生成用于装载到单片机中的 hex 文件，点击工具栏的按钮，在打开的对话框中选择 Output 选项卡，勾选 Create Hex File 后，点击 OK 按钮，如图 11.11 所示。

Project

Project: test

Target 1

Source Group 1

test.c

test.c*

```
1 #include<reg52.h>
2 sbit P00=P0^0;    //定义位变量
3 void Delay(unsigned int i)  //延时程序,i是形式参数
4 {
5   unsigned int j;
6   for(;i>0;i--)    //变量i由实际参数传入一个值,因此i不能赋初值
7   for(j=0;j<125;j++)
8   {;}
9 }
10 void main()
11 {
12 for(;;)
13   {
14     P00=1;//灯灭
15     Delay(500); // 将实际参数500传递给形式参数i,延时0.5S
16     P00=0;//灯亮
17     Delay(500); //将实际参数500传递给形式参数i,延时0.5S
18   }
19 }
```

图 11.9　代码输入

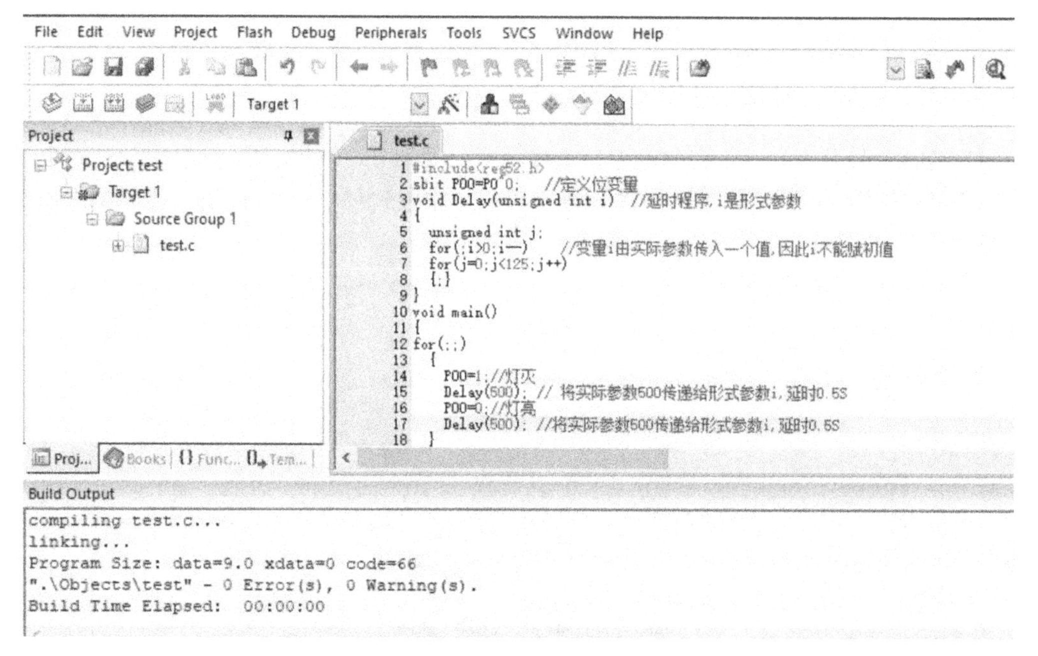

图 11.10　编译完成

3. 结论

通过本次拓展练习,我们可以按照例程进行工程建立和文件配置。需要多加练习,为后续的学习打下夯实的基础。对初学者来说,写的程序都不是很大,几十行左右,程序都在一个源文件里面,这是可行的。随着学习的深入,程序越来越复杂,那就需要我们把程序进行分类管理。这个在后续项目适当时候予以介绍。

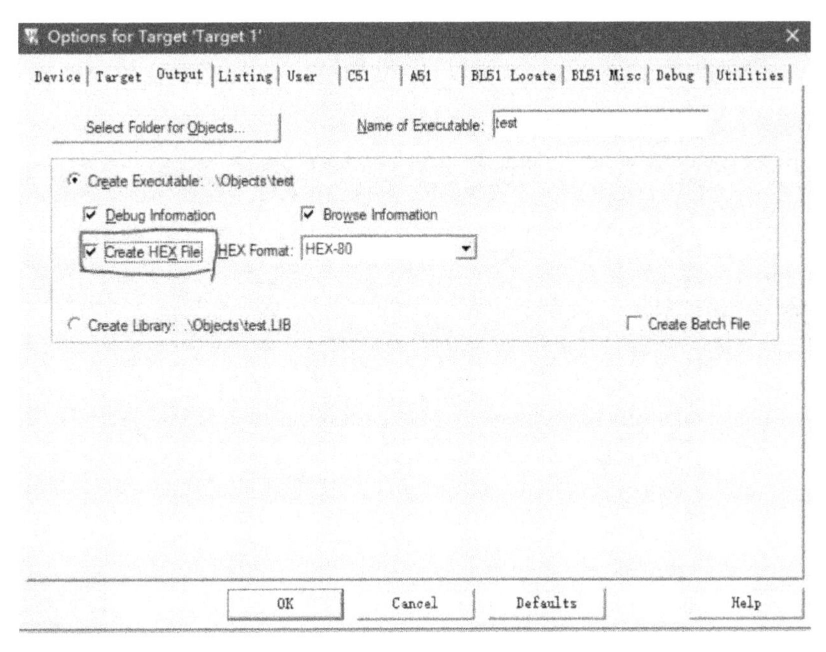

图 11.11　编译完成

11.2　单片机选择及 Proteus 使用步骤

1. 题目要求

绘制单片机最小系统，使用 Proteus 软件完成练习。

2. Proteus 软件绘制单片机最小系统步骤

(1)打开 Proteus 软件，ISIS 7 Professional 进入程序绘图主界面，如图 11.12 所示。

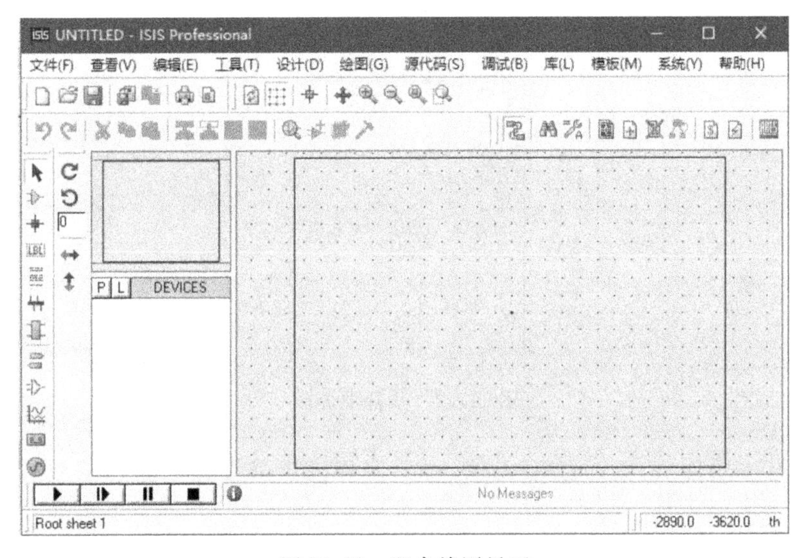

图 11.12　程序绘图界面

(2)进入元器件选择窗口,选择构成最小系统所需的元器件,点击软件界面左上方 P L DEVICES 中的“P”,在左上方的“关键字”文本框中输入要查找的元器件关键字,如图 11.13 所示为输入“AT89”。

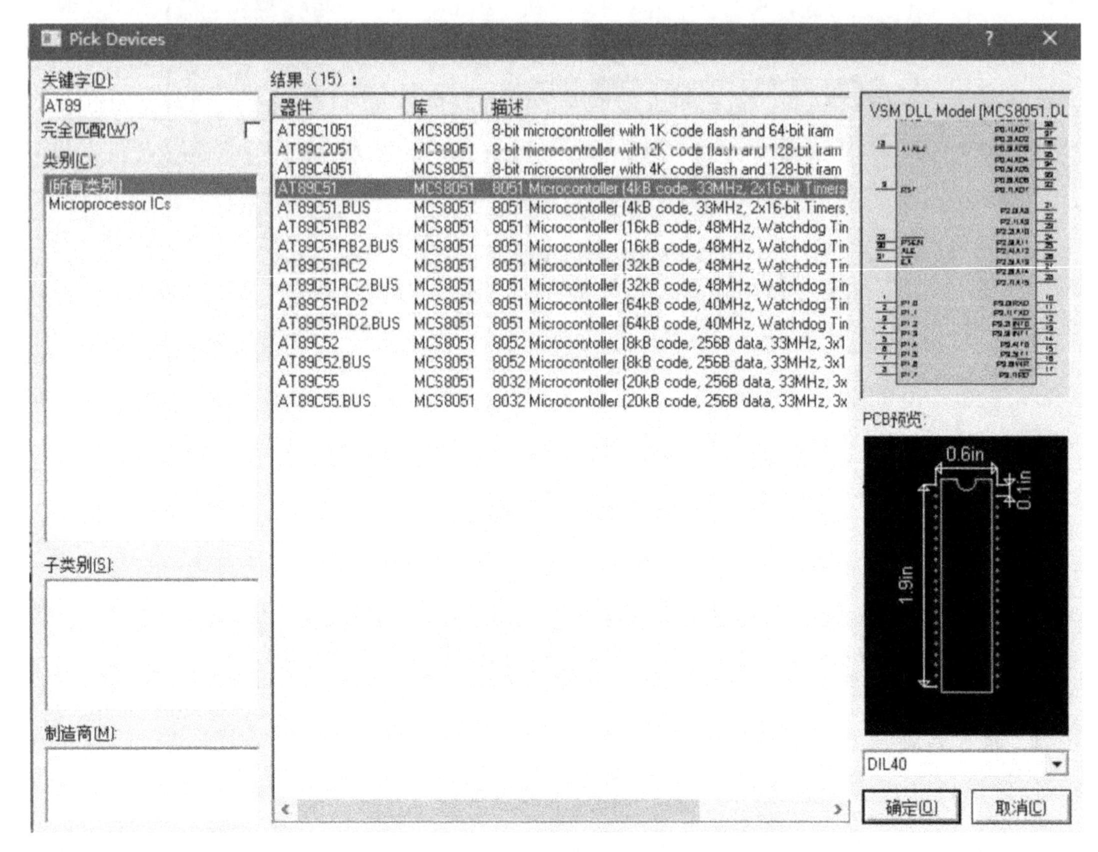

图 11.13　搜索器件界面

(3)如图 11.14 所示,将需要的器件加入选择器中。

图 11.14　选择器界面

(4)依次点击器件后,点击绘图区域,将元器件按照最小系统原理图放置,如图 11.15 所示。

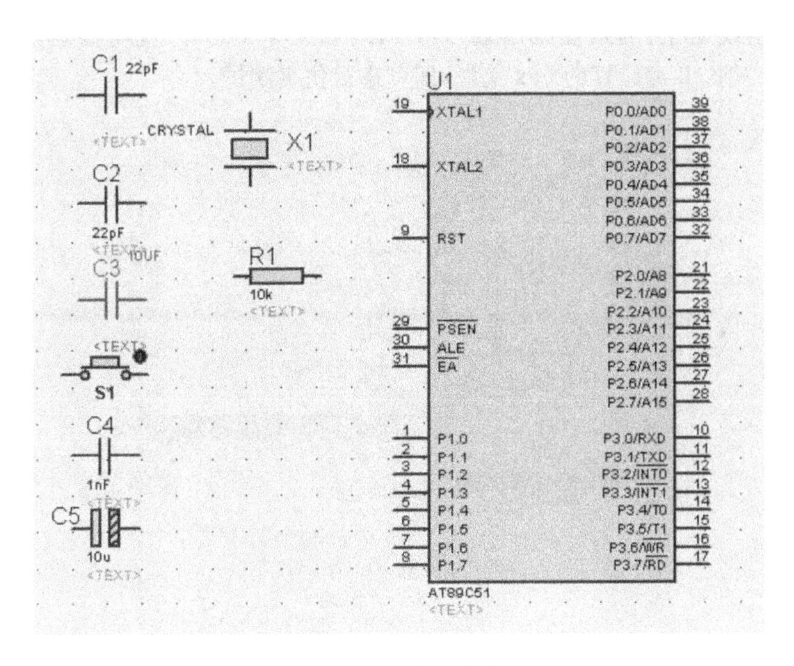

图 11.15　放置器件

(5)用鼠标左键直接点击元器件管脚端部，进行连线。注意放置元器件时，不能将两个相互连接的元器件管脚排列在一起，中间必须用绘制连线方式进行连接，如图 11.16 所示为完成最小系统电路图的绘制。

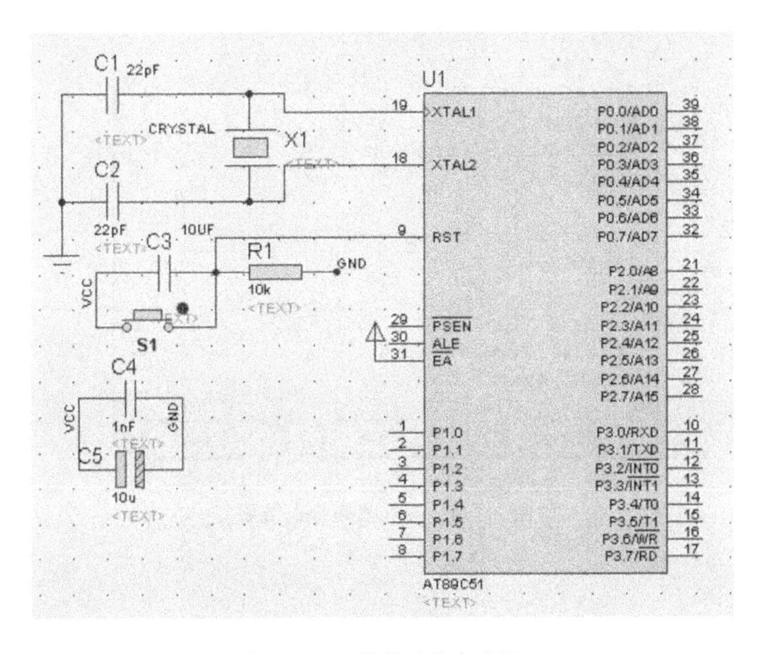

图 11.16　器件连接完成图

(6)最后进行电气规则检查。点击软件上方“工具→电气规则检查”，如图 11.17 所示。软件会自动检查连线情况，当最底部出现“No ERC errors found.”说明接线没有问题，如图11.18所示。导入Keil编译好的hex文件，即可进行仿真测试。

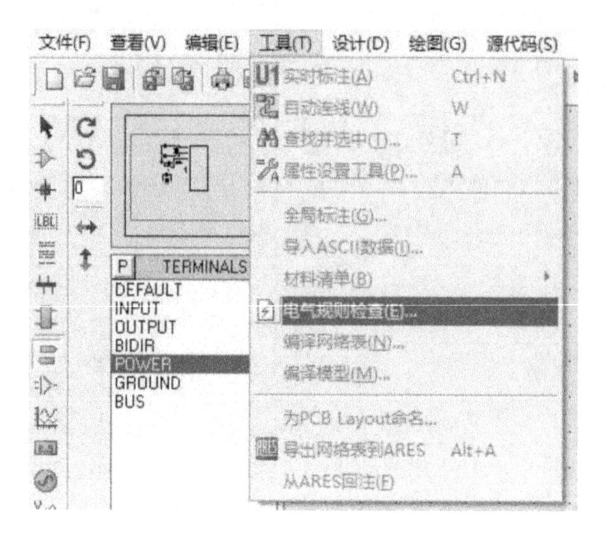

图11.17　电气规则检查菜单

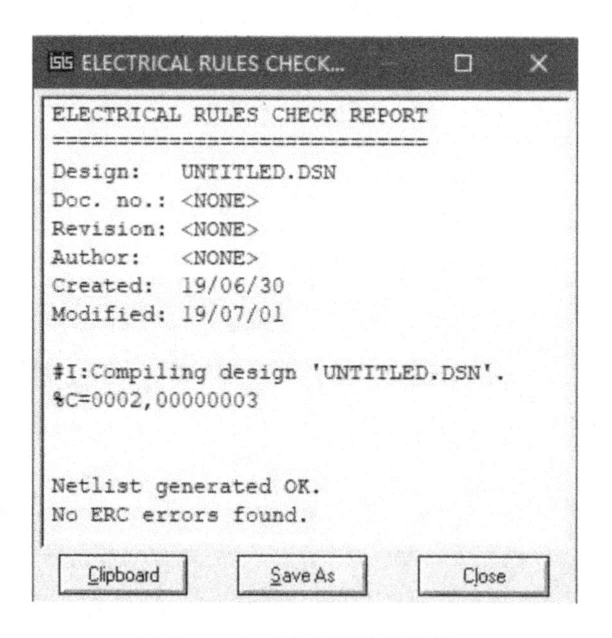

图11.18　电气规则检查结果

3. 小结

在单片机入门学习中，掌握一款仿真软件是非常必要的。Proteus软件是一款集电路图绘制、PCB制版、电路仿真于一体的强大软件。通过一些案例的练习，初学者很快就能上手，该软件可以暂时克服硬件的困扰，专心于单片机的资源学习及软件编程。

11.3　点阵屏仿真电路设计

1. 题目要求

设计 8×8 点阵屏仿真电路及驱动程序，实现数字 0～9 循环显示。

2. 硬件电路方案设计

硬件电路设计如图 11.19 所示。U1 是 AT89C51，在仿真软件 Proteus 中直接搜索就可找到。图中点阵屏为共阳极点阵屏，在 Proteus 中是 MATRIX－8×8－RED。在仿真软件 Proteus 中采取了网络标号的形式来连接单片机和点阵屏，这样看上去比较简洁。

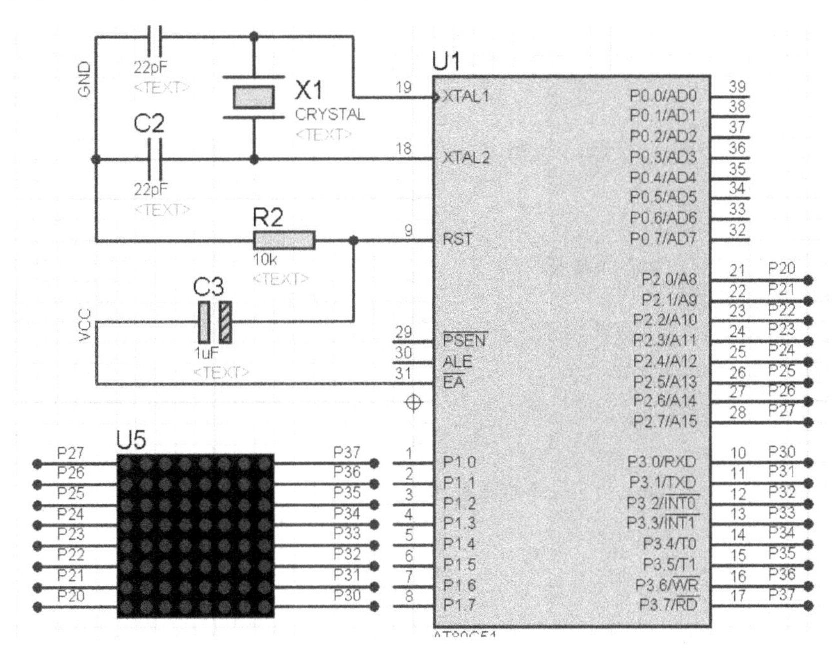

图 11.19　点阵屏显示电路设计

3. 软件框图

软件框图如图 11.20 所示，行列扫描循环 8 次显示一个数字，循环扫描 10 次实现 0～9 数字显示。

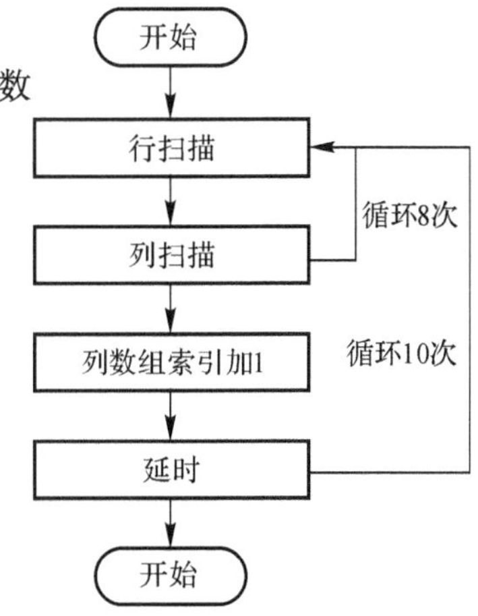

图 11.20　点阵屏显示流程图

4. 程序代码

```
#include "reg51.h"
#define U8 unsigned char
#define U16 unsigned int
U8 code tab[]={0xfe,0xfd,0xfb,0xf7,0xef,0xdf,0xbf,0x7f};
U8 code temp[10][8]={
{0x00,0x00,0x3e,0x41,0x41,0x41,0x3e,0x00},//0 字模
{0x00,0x00,0x00,0x00,0x21,0x7f,0x01,0x00},//1
{0x00,0x00,0x27,0x45,0x45,0x45,0x39,0x00},//2
```

```
{0x00,0x00,0x22,0x49,0x49,0x49,0x36,0x00},//3
{0x00,0x00,0x0c,0x14,0x24,0x7f,0x04,0x00},//4
{0x00,0x00,0x72,0x51,0x51,0x51,0x4e,0x00},//5
{0x00,0x00,0x3e,0x49,0x49,0x49,0x26,0x00},//6
{0x00,0x00,0x40,0x40,0x40,0x4f,0x70,0x00},//7
{0x00,0x00,0x36,0x49,0x49,0x49,0x36,0x00},//8
{0x00,0x00,0x32,0x49,0x49,0x49,0x3e,0x00}};//9
void DelayMS(U16 x);//延时函数
void Display_Num(U8 Num);//Num 个灯点亮
void Flash_Num(U16 Time_On,U16 Nms);
main()
{
while(1)
  {
    Flash_Num(50,100);//Time_On 数字亮的时长,Nms 数字亮的间隔时间
  }
}
void DelayMS(U16 x) //毫秒级延时函数
{
    U8 t;
    while(x--)
    for(t=120;t>0;t--);
}
void Display_Num(U8 Num)//Num 个灯点亮
{ U8 i=0;
    for(i=0;i<8;i++)
    {
      P3=tab[i];//行选
      DelayMS(1);//延时
      P2=temp[Num][i];//列数据
      DelayMS(1);//延时
    }
}
void Flash_Num(U16 Time_On,U16 Nms)//Time_On 数字亮的时长,Nms 数字亮的间隔时间
{U16 i=0;
U16 j=0;
    for(i=0;i<9;i++)
    {
      for(j=0;j<Time_On;j++)//数据 i 显示的循环 Time_On 次
      {
          Display_Num(i);//显示 i
      }
      DelayMS(Nms);//间隔 Nms
```

```
    }

}
```

5. 仿真调试及仿真结果

如图 11.21 所示为仿真调试及仿真结果。在调试过程中应注意以下问题。

(1)第一次测试,由于未分清点阵屏共阳还是共阴,出现了数字显示错误的问题。

(2)第二次测试,点阵屏选取正确之后,将点阵屏和单片机引脚接反了,所以出现了乱码。

(3)第三次测试,改正以上问题之后,点阵屏正常显示,实现了数字 0～9 的循环。

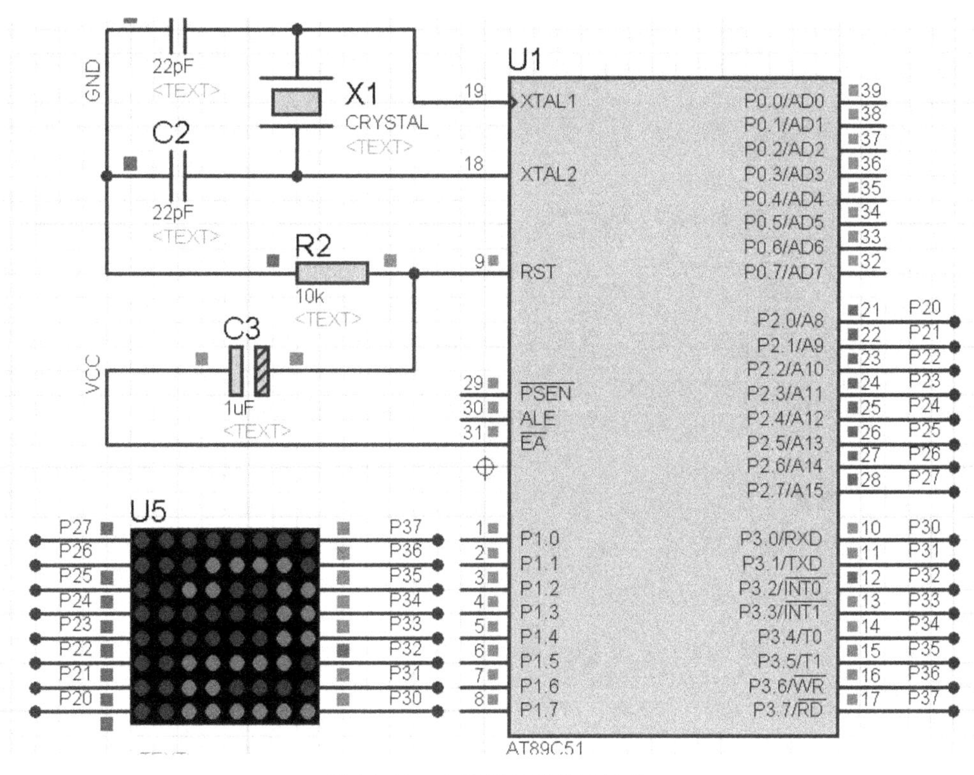

图 11.21　点阵屏显示仿真结果

6. 总结

根据测试结果,硬件设计准确,软件实现了点阵屏对数字 0～9 循环显示。

11.4　数码管显示仿真方案设计

1. 题目要求

(1)设计三位共阳数码管驱动电路,编写验证程序实现 0～999 循环显示。尽量不要使用本章使用过的驱动芯片和编程思路。

(2)在第一题的基础上设计 3×3 矩阵按键,编写程序(可以参考其他资料思路,不同于书中思路)并进行仿真验证。

2. 数码管循环显示及矩阵按键硬件设计

U2 是 AT89C51,数字显示采用 3 个 1 位共阳数码管,U3 和 U2 是数码管位选和段选驱动 74HC573 锁存器。硬件设计方案如图 11.22 所示。

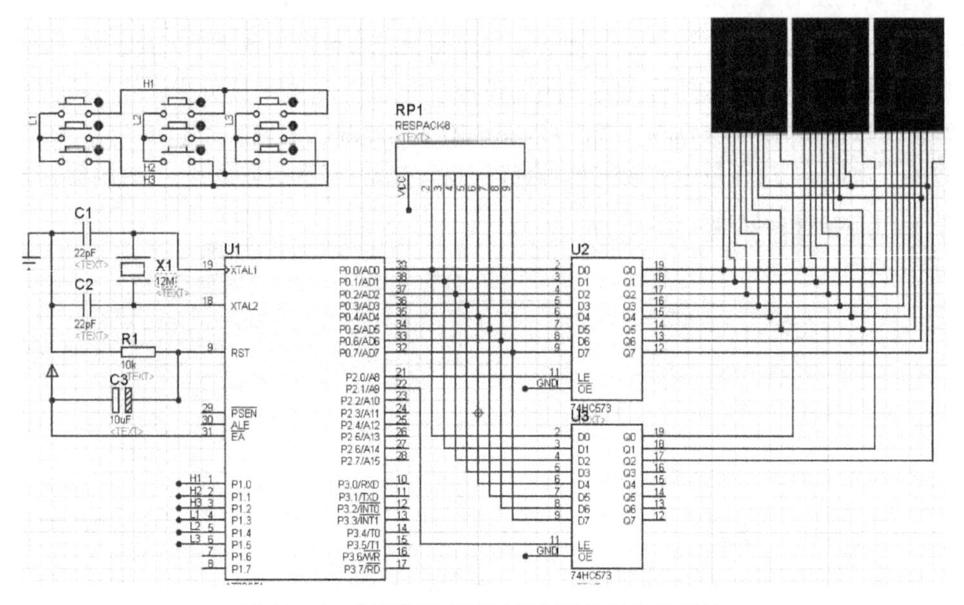

图 11.22 数码管循环显示及矩阵按键硬件设计

3. 程序软件框图

矩阵按键流程图如图 11.23 所示。数码管动态显示流程图如图 11.24 所示。

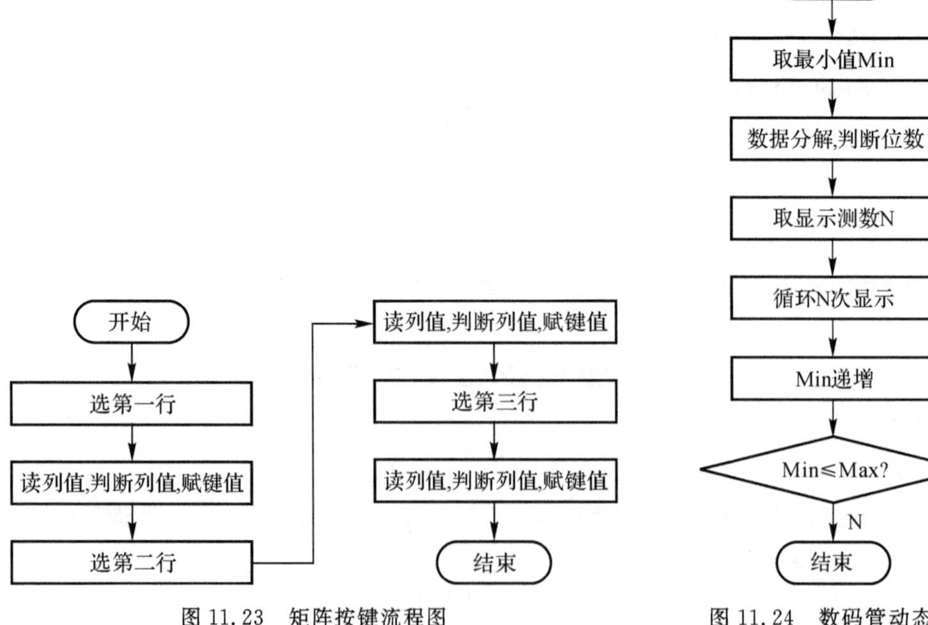

图 11.23 矩阵按键流程图

图 11.24 数码管动态显示流程图

4. 程序代码

```
#include "reg51.h"//头文件引用
#define U8 unsigned char//数据类型宏定义
#define U16 unsigned int//数据类型宏定义
sbit Sel_D=P2^0;//段选
sbit Sel_W=P2^1;//位选
U8 code Segment_d[10]={0xc0,0xf9,0xa4,0xb0,0x99,0x92,0x82,0xf8,0x80,0x90};//共阳码表 0-9
U8 code Segment_w[3]={0x01,0x02,0x04};//数组选择位 0-2 位 数码管由右-左
U8 KeyNum=0;//键值变量
void DelayMS(U16 x);//毫秒级延时函数
void Key_Scan();//4 个独立按键扫描函数,带返回值
void Dis_Segment(U8 w,U8 num,U8 dot); // w-位选,num 显示的值,dot 那一位点的显示
void Segment_Black(U8 w);//黑屏
void Dis_Num(U16 Min,U16 Max ,U16 Nms);//Min-Max 循环显示,间隔 Nms 秒
main( )
{
    Segment_Black(0);//第 0 位数码管黑屏
    Segment_Black(1);//第 1 位数码管黑屏
    Segment_Black(2);//第 2 位数码管黑屏
while(1)
  {
    Key_Scan();//按键扫描
    DelayMS(1);//延时
    if(KeyNum! =0)//按键值不为零显示
      Dis_Segment(2,KeyNum,1);//显示键值
    else
      Segment_Black(2);//键值为 0 不显示
      //Dis_Num(0,100,100);//初值 0 到 100 每个数字亮 100 毫秒 可单独测试
  }
}
void DelayMS(U16 x) //x 毫秒延时函数
{
    U8 t;
    while(x--)
    for(t=120;t>0;t--);
}
void Key_Scan()//矩阵按键扫描函数
{   U8 temp;
    P1=0xf8;//假设行都为低电平
    temp=P1&0xf8;//回读 P1 口
    if(temp==0xf8){KeyNum=0;}//回读数值等于假设数值-没有按键按下 KeyNum=0
    P1=0xfe;//假设第一行为低电平
```

```
    temp=P1&0xf8;//读 P1 口屏蔽行选 P1 口低三位
    if(temp==0xf0){while(P1&0xf8==0xf0);KeyNum=1;}//while(temp==0xf0);判断是否第一
//列按下 ,如果按下 手抬起赋键值
    if(temp==0xe8){while(P1&0xf8==0xe8);KeyNum=2;}
    if(temp==0xd8){while(P1&0xf8==0xd8);KeyNum=3;}
    P1=0xfd;//假设第二行为低电平
    temp=P1&0xf8;//读 P1 口屏蔽行选 P1 口低三位
    if(temp==0xf0){while(P1&0xf8==0xf0);KeyNum=4;}
    if(temp==0xe8){while(P1&0xf8==0xe8);KeyNum=5;}//同上
    if(temp==0xd8){while(P1&0xf8==0xd8);KeyNum=6;}
    P1=0xfb;//假设第三行为低电平
    temp=P1&0xf8;//读 P1 口屏蔽行选 P1 口低三位
    if(temp==0xf0){while(P1&0xf8==0xf0);KeyNum=7;}
    if(temp==0xe8){while(P1&0xf8==0xe8);KeyNum=8;}
    if(temp==0xd8){while(P1&0xf8==0xd8);KeyNum=9;}
}
void Dis_Segment(U8 w,U8 num,U8 dot)//w 位选,num 显示数,dot 点显示使能
{
    Sel_D=0;Sel_W=1;//位选使能
    P0=Segment_w[w];//位选
    Sel_D=1;Sel_W=0;//段选使能
    if(dot)
        P0=Segment_d[num];//段码
    else
        P0=Segment_d[num]&0x7f;//段码点一起显示
}
void Segment_Black(U8 w)//w 位选
{
     Sel_D=0;Sel_W=1;//位选使能
     P0=Segment_w[w];//位选
     Sel_D=1;Sel_W=0;//段选使能
     P0=0xff;//清屏
}
void Dis_Num(U16 Min,U16 Max,U16 Nms)//从 Min 到 Max 数循环显示,亮 Nms
{
  U16 Nm,i;
  if(Min<Max)
    {
      for(Nm=Min;Nm<Max;Nm++)//从最小值到最大值
        {
          for(i=0;i<Nms;i++)//数字亮的时间
          {
           DelayMS(1);//延时
```

```
            if(Nm<10)//数据位数判断
                Dis_Segment(2,Nm,1);//第二位显示 Nm 不显示点
            if(Nm>9 && Nm<100)
              {
                Dis_Segment(2,Nm%10,1);//第 2 位显示 Nm 的个位,不显示点
                Dis_Segment(1,Nm/10,1);//第 1 位显示 Nm 的十位,不显示点
              }
             if(Nm>99 && Nm<1000)
                {
                Dis_Segment(2,Nm%10,1);//第 2 位显示 Nm 的个位,不显示点
                Dis_Segment(1,Nm/10%10,1);//第 1 位显示 Nm 的十位,不显示点
                Dis_Segment(0,Nm/100,1);//第 0 位显示 Nm 的百位,不显示点
                }
             if(Nm>999)
                {
                Segment_Black(0);//第 0 位黑屏
                Segment_Black(1);//第 1 位黑屏
                Segment_Black(2);//第 2 位黑屏
                }
            }
                if(Nm>=Max) Nm=Min;//Nm 递增到 Max    Nm=Min
            }
        }
else
    {Segment_Black(0);Segment_Black(1);Segment_Black(2);}//黑屏
}
```

5. 仿真调试及仿真结果

(1)键值测试。

```
main( )
{
    Segment_Black(0);
    Segment_Black(1);
    Segment_Black(2);
    while(1)
    {
      Key_Scan();//按键扫描
      DelayMS(1);//延时
      if(KeyNum! =0)//按键值不为零显示
          Dis_Segment(2,KeyNum,1);//显示键值
      else
          Segment_Black(2);//键值为 0 不显示
          //Dis_Num(0,100,100);//初值 0 到 100 每个数字亮 100 毫秒  可单独测试
```

```
    }
}
```

主程序中只需加按键扫描、延时、键值显示三部分程序即可。测试结果如图 11.25 所示。共 9 个按键，键值分别显示 1～9。

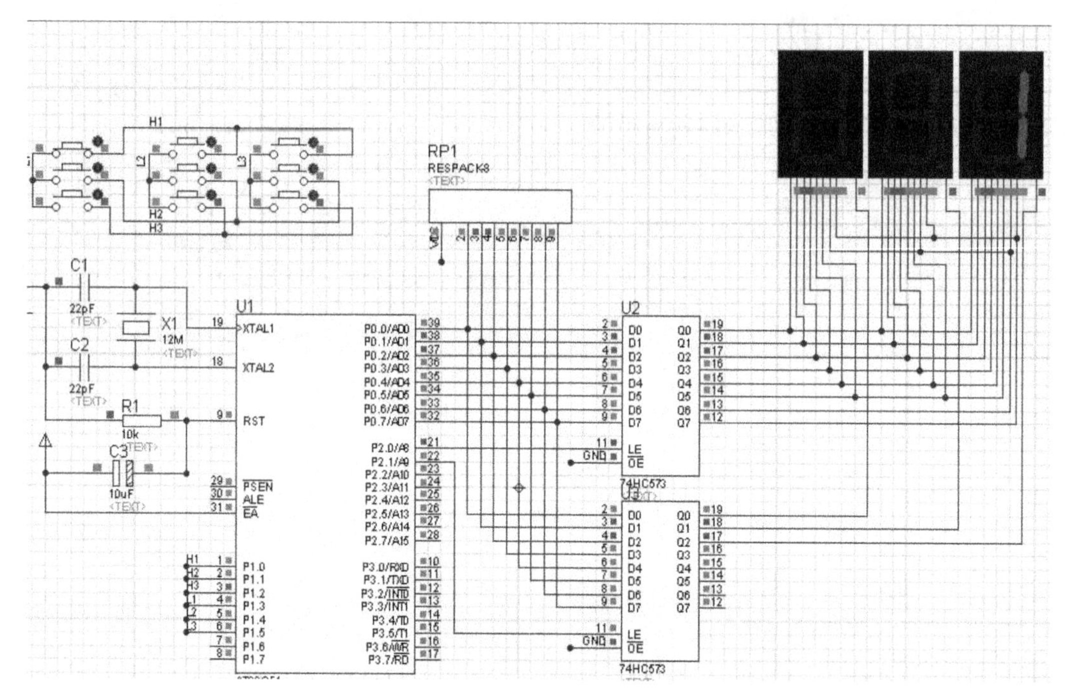

图 11.25　按键键值 1

(2)数字 0～100 循环显示。

```
main( )
{
    Segment_Black(0);
    Segment_Black(1);
    Segment_Black(2);
    while(1)
    {
      //Key_Scan();//按键扫描
      //DelayMS(1);//延时
      //if(KeyNum! =0)//按键值不为零显示
          //Dis_Segment(2,KeyNum,1);//显示键值
      //else
          //Segment_Black(2);//键值为 0 不显示
          //Dis_Num(0,100,200);//初值 0 到 100 每个数字亮 100 毫秒   可单独测试
    }
}
```

主程序只要测试 Dis_Num(0,101,100)函数即可。0 是开始值，101 是终止值，200 是延时

参数。可以改变参数完成循环各种显示。

6. 总结

通过按键扫描函数 Key_Scan、位独立显示函数 Dis_Segment、动态显示 Dis_Num 函数完成了本题目要求。Key_Scan 函数通过行列翻转扫描法完成矩阵按键程序撰写。位独立显示函数利用行选、列选实现数字显示。动态显示函数 Dis_Num 在位独立显示函数 Dis_Segment 基础上通过数据分解结合循环实现。

完成任务固然重要，学会分析问题、分解问题显得更重要。

11.5　方波信号源设计实现

1. 题目要求

设计一方波信号源，绘制仿真电路，软件框图、并完成系统程序的撰写。要求有4个按键：①启、停按键；②增加、减少频率按键；③频率范围1～200Hz；④数码管实时显示；⑤采取定时器完成定时。

2. 硬件电路

信号源电路图如图11-26所示。

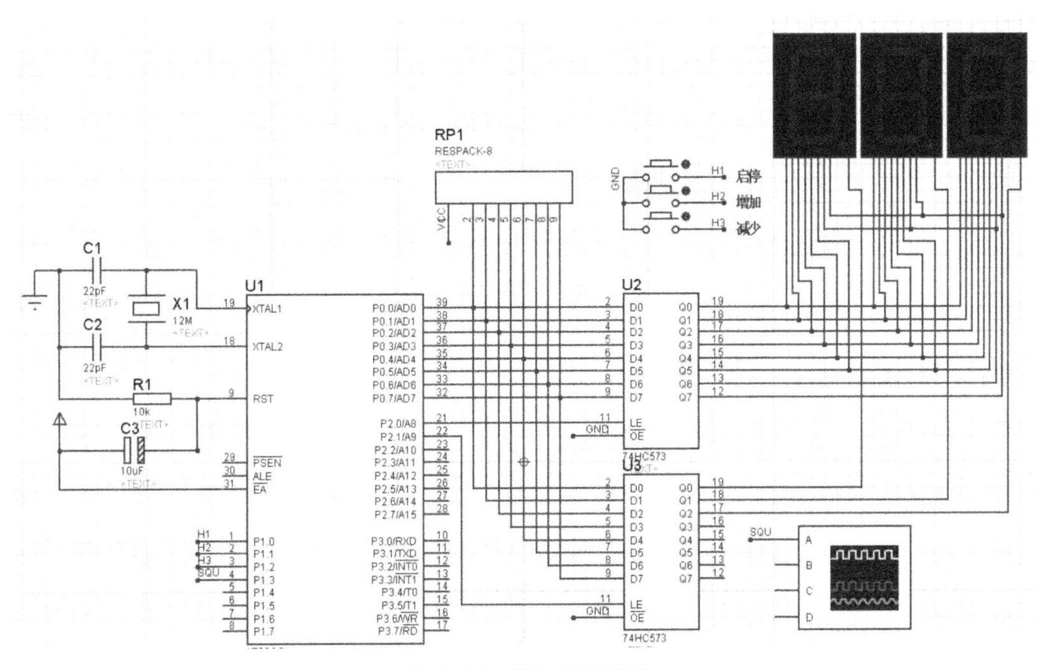

图11.26　信号源电路图

U1是AT89C51；C1,C2,X1组成时钟电路；R1,C3组成复位电路。采用3个1位共阳数码管作为信号频率显示用，U2、U3是数码管段选和位选驱动74HC573。OSCILLOSCOP是Proteus仿真示波器(测试用)。有3个按键分别为是启停、增加、减少按键。

3. 软件框图

信号源软件设计流程图如图 11.27 所示。

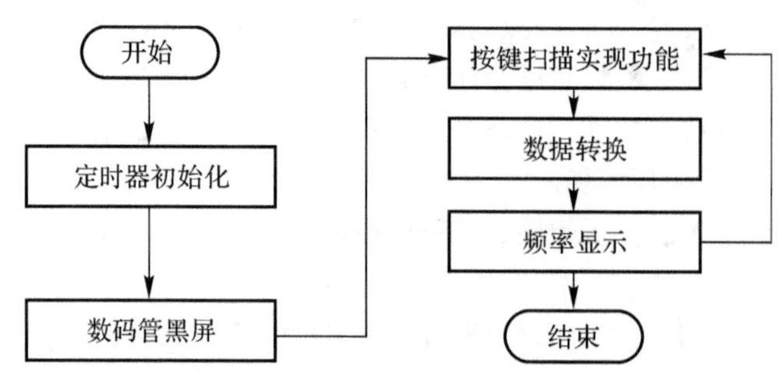

图 11.27　信号源软件设计流程图

4. 程序代码

```
#include "reg51.h"
#define U8 unsigned char
#define U16 unsigned int
sbit Sel_D=P2^0;//段选
sbit Sel_W=P2^1;//位选
sbit K1=P1^0;//按键位定义
sbit K2=P1^1;
sbit K3=P1^2;
sbit Signal=P1^3;
U8 code Segment_d[10]={0xc0,0xf9,0xa4,0xb0,0x99,0x92,0x82,0xf8,0x80,0x90};//共阳码表
U8 code Segment_w[3]={0x01,0x02,0x04};//通过数组选择位
U8 KeyNum=0;//按键键值
U16 Num=1,Num0=0;
U16 Hz=999;//频率变量
void DelayMS(U16 x);//毫秒级延时函数
void Key_Scan(void);//4 个独立按键扫描函数,带返回值
void Dis_Segment(U8 w,U8 num,U8 dot); // w 位选  num  显示的值  dot  那一位点的显示
void Segment_Black(U8 w);//W 位黑屏
void Time0_init(void);//定时器初始化
void Black_Seg(void);//显示屏黑屏
void Dis_Num(U16 Num,U16 Nms);//显示任意数字 Num ,数字停留时间 Nms
void Num_Deal(void);//频率数据转换定时器数据
main( )
{
    Black_Seg();//显示屏黑屏
    Time0_init();//定时器初始化定
  while(1)
  {
    Key_Scan();//按键扫描
```

```
    Num_Deal();//频率数据转换定时器数据
    Dis_Num(Hz,100);//频率显示
  }
}
void DelayMS(U16 x) //x 毫秒延时函数
{
    U8 t;
    while(x--)
    for(t=120;t>0;t--);
}
void Dis_Segment(U8 w,U8 num,U8 dot)//w-位选 num-显示数 dot-点显示使能
{
    Sel_D=0;Sel_W=1;//位选使能
    P0=Segment_w[w];//位选
    Sel_D=1;Sel_W=0;//段选使能
    if(dot)
      P0=Segment_d[num];//段码
    else
      P0=Segment_d[num]&0x7F;//短码、点一起显示
}
void Segment_Black(U8 w)//w-位选
{
    Sel_D=0;Sel_W=1;//位选使能
    P0=Segment_w[w];//位选
    Sel_D=1;Sel_W=0;//段选使能
    P0=0xff;//清屏
}
void Time0_init()//50us 定时
{
    TMOD=0x02;//工作方式 2
    TH0=205;//填装初值
    TL0=205;//填装初值
    TR0=0;//关闭定时器
    ET0=1;//开启定时器中断
    EA=1;//开启总中断
}
void Time0() interrupt 1
{
    Num++;
    if(Num>Num0) //50μs×Num0
     {
      Num=1;
      Signal=~Signal;
```

```
        }
}
void Key_Scan()//按键扫描
{
if(K1 && K2 && K3)
   {KeyNum=0;}//无按键按下
     if(! K1)
        {DelayMS(1);
        if(! K1) {KeyNum=1;while(! K1);TR0=~TR0;}}//键值1 定时器启停
     if(! K2)
       {DelayMS(1);
       if(! K2) {KeyNum=2;while(! K2);Hz=Hz+5;if(Hz>999) Hz=1;}}//键值2 频率加5
     if(! K3)
       {DelayMS(1);
       if(! K3) {KeyNum=3;while(! K3);Hz--;if(Hz<1) Hz=999;}}//键值3 频率减1
}
void Dis_Num(U16 Num,U16 Nms)//Num显示数值 Nms显示循环次数
{
     U16 i;
     if(TR0)//定时器启动时 显示频率值否则 黑屏
     {for(i=0;i<Nms;i++)//数字亮循环次数
          {
          DelayMS(1);//延时
          if(Num>0 && Num<10)//Num一位数时
             Dis_Segment(2,Num,1);//第二位显示Nm不显示点
         if(Num>9 && Num<100)//Num两位数时
             {
               Dis_Segment(2,Num%10,1);//第2位显示Nm的个位,不显示点
               Dis_Segment(1,Num/10,1);//第1位显示Nm的十位,不显示点
             }
          if(Num>99 && Num<1000)//Num三位数时
          {
             Dis_Segment(2,Num%10,1);//第2位显示Nm的个位,不显示点
             Dis_Segment(1,Num/10%10,1);//第1位显示Nm的十位,不显示点
             Dis_Segment(0,Num/100,1);//第0位显示Nm的百位,不显示点
          }
      if(Num==0 && Num>999)
                Black_Seg( );//黑屏
             }
        }
        else
          Black_Seg( );//黑屏
}
```

```
void Black_Seg( )//黑屏
{
      Segment_Black(0);//第 0 位黑屏
      Segment_Black(1);//第 1 位黑屏
      Segment_Black(2);//第 2 位黑屏
}
void Num_Deal()//数据处理
{
      Num0=10000/Hz;//1000ms=1000000us 1000000/(50 * 2)=10000
                    //Hz(频率)转换 定时器时长(50Us)的倍数
}
```

5. 仿真调试及仿真结果

取了 6 个测试点，测试情况见表 11.1，信号源仿真图如图 11.28 所示。

表 11.1　仿真测试表

理论值/Hz	1	5	40	100	150	200
测试值/Hz	1	5	40	100	151	200
误差值	<1%	<1%	<1%	<1%	<1%	<1%

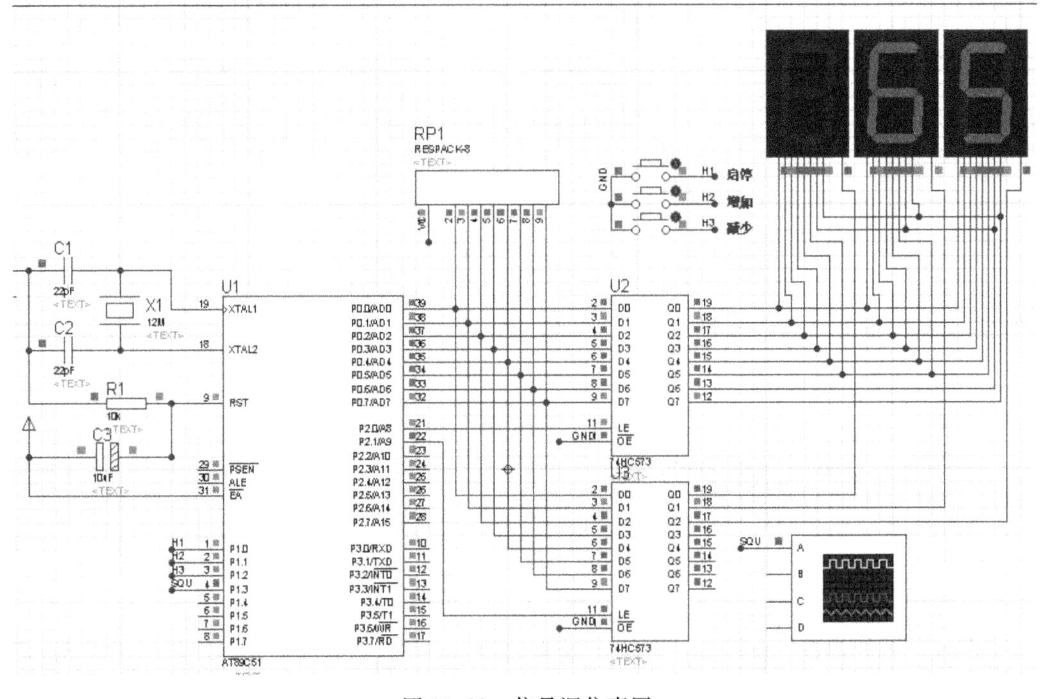

图 11.28　信号源仿真图

6. 结论

根据测试表 11.1 可知，本方案设计的算法可行，有些点误差小，有些点误差大。方案中采用了定时器产生频率信号。定时器 0 的基础定时为 50μs，这样根据设定信号频率可推算出定时周期（定时周期是 50μs 整数倍）。根据分析可知本例信号的误差主要来自程序算法 Num0＝10000/Hz 这里。此语句如果 Hz 不能被 10000 整除，那么 Tnum0 小数部分将被舍去，这样会带来较大计算误差。

通过仿真测试分析可知，在一定的频率范围内，产生信号频率误差小于 1%。

11.6 频率计仿真方案设计

1. 题目要求

设计一频率计，绘制仿真电路，软件框图、并完成系统程序的撰写，最后通过仿真得到小于 10kHz 信号频率的十个点测试数据，并计算误差（使用测数法完成）。

2. 设计方案

频率计硬件仿真电路如图 11.29 所示。U1 是 AT89C51，频率计采用 4 个一位共阳数码管作为频率显示用，U2 和 U3 是数码管段选和位选驱动 74H573。VSM Signal Generator 是 Proteus 仿真信号源（测试用）。

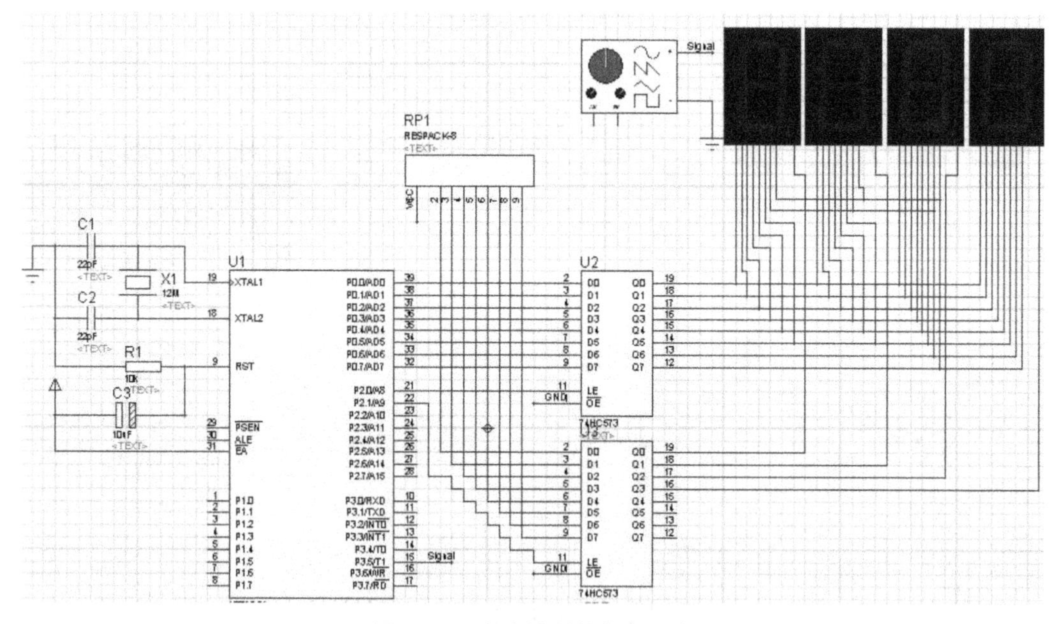

图 11.29 频率计硬件仿真电路

3. 软件框图

软件编写流程如图 11.30 所示。首先按照定时器/计数器的初始化流程进行初始化，定时器 0 用于 1s 定时，计数器 1 用于外部脉冲计数，采用中断完成。在主函数的循环体显示频率数据。同时按照 1s 间隔获得频率统计的数据，并更新。

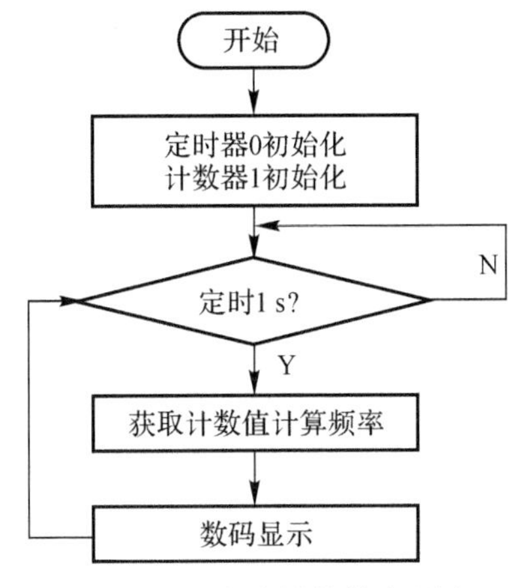

图 11.30　频率计软件流程图

4.程序代码

```
#include "reg51.h"
#define U8 unsigned char
#define U16 unsigned int
sbit Sel_D=P2^0;//段选
sbit Sel_W=P2^1;//位选
U8 code Segment_d[10]={0xc0,0xf9,0xa4,0xb0,0x99,0x92,0x82,0xf8,0x80,0x90};//共阳码表
U8 code Segment_w[4]={0x01,0x02,0x04,0x08};//通过数组选择位
U16 Num=0,Num0=0;//Num 50ms 定时器中断计数标志 Num0 脉冲计数变量
U16 Hz=0;//频率变量
U8  S_flag=0;//秒标志
U8  State=0;//状态机标志
void DelayMS(U16 x);//毫秒级延时函数
void Dis_Segment(U8 w,U8 num,U8 dot); // w 位选  num  显示的值  dot  那一位点的显示
void Segment_Black(U8 w);//W 位黑屏
void Time0_init(void);//定时器初始化
void Black_Seg(void);//显示屏黑屏
void Dis_Num(U16 Num,U16 Nms);//显示任意数字 Num ,数字停留时间 Nms
void Num_Deal(void);//频率数据转换定时器数据
void Timer_Reg_Init();//定时器初值重载
main( )
{
    Black_Seg();//显示屏黑屏
    Time0_init();//定时器初始化定
  while(1)
  {
    Num_Deal();//1 秒到达 频率数据转换定时器数据
    Dis_Num(Hz,1);//频率显示
    Timer_Reg_Init();//定时器寄存器初值从新装载
```

```
    }
}
void DelayMS(U16 x) //x毫秒延时函数
{
    U8 t;
    while(x--)
    for(t=120;t>0;t--);
}
void Dis_Segment(U8 w,U8 num,U8 dot)//w—位选 num—显示数 dot—点显示使能
{
    Sel_D=0;Sel_W=1;//位选使能
    P0=Segment_w[w];//位选
    Sel_D=1;Sel_W=0;//段选使能
    if(dot)
        P0=Segment_d[num];//段码
    else
        P0=Segment_d[num]&0x7f;//短码、点一起显示
}
void Segment_Black(U8 w)//w—位选
{
    Sel_D=0;Sel_W=1;//位选使能
    P0=Segment_w[w];//位选
    Sel_D=1;Sel_W=0;//段选使能
    P0=0xff;//清屏
}
void Time0_init()//定时计数器器0—定时初始化  定时计数器1 —计数初始化
{
    TMOD=0x51;//定时器1设置计数 方式1  定时0设置定时方式1
    TH1=(65536-50000)/256;// 定时器1计数初值
    TL1=(65536-50000)%256;//装载初值
    TH0=(65536-50000)/256;//定时器0设置初值  定时50毫秒
    TL0=(65536-50000)%256;//
    TR0=1;//开定时器0
    TR1=1;//开定时器1
    EA=1;//开总中断
    ET1=1;//开定时器T1中断
    ET0=1;//开定时器T0中断
}
void Timer0( ) interrupt 1//定时器0中断函数 定时50ms
{
    TH0=(65536-50000)/256;//定时0初值重载
    TL0=(65536-50000)%256;
    Num++;//进入中断计数
```

```
        if(Num>19) //20 * 50ms 1s 到达
        {
        TR1=0;//定时器 1 停止  测量精度高的关键
        Num=0;//变量清零
        S_flag=1;//秒标志置位
        }
}
void Timer1() interrupt 3    //定时计数器 1 中断函数
{
    TH1=(65536-50000)/256;//定时器 1 初值重载
    TL1=(65536-50000)%256;//定时器 1 初值重载
    Num0++;//脉冲计数变量递增
}
void Dis_Num(U16 Num,U16 Nms)//Num 显示数值 Nms 显示循环次数
{
    U16 i;
    for(i=0;i<Nms;i++)//数字亮的时间
     {
       DelayMS(1);//延时
       if(Num>0 && Num<10)//数据位数判断
       Dis_Segment(3,Num,1);//第二位显示 Num 不显示点
       if(Num>9 && Num<100)//数 Num 位数判断
       {
         Dis_Segment(3,Num%10,1);//第 2 位显示 Num 的个位,不显示点
         Dis_Segment(2,Num/10,1);//第 1 位显示 Num 的十位,不显示点
       }
       if(Num>99 && Num<1000)
         {
         Dis_Segment(3,Num%10,1);//第 2 位显示 Num 的个位,不显示点
         Dis_Segment(2,Num/10%10,1);//第 1 位显示 Num 的十位,不显示点
         Dis_Segment(1,Num/100,1);//第 0 位显示 Num 的百位,不显示点
         }
      if(Num>999 && Num<10000)
         {
         Dis_Segment(3,Num%10,1);//第 3 位显示 Num 的个位,不显示点
         Dis_Segment(2,Num/10%10,1);//第 2 位显示 Num 的十位,不显示点
         Dis_Segment(1,Num/100%10,1);//第 1 位显示 Num 的百位,不显示点
         Dis_Segment(0,Num/1000,1);//第 0 位显示 Num 的千位,不显示点
         }
       if(Num==0 && Num>9999)
           Black_Seg();
    }
}
```

```
void Black_Seg()
{
    Segment_Black(0);//第0位黑屏
    Segment_Black(1);//第1位黑屏
    Segment_Black(2);//第2位黑屏
    Segment_Black(3);//第3位黑屏
}
void Num Deal()//数据处理
{
     if(S_flag)//1s到达
       {
         S_flag=0;//秒标志清零
         TR0=0;//定时器0停止
         State=1;//状态机置1
         EA=0;//关闭中断
         Hz=Num0*50000+TH1*256+TL1-15536; //计数脉冲数据计算
       }
}
void Timer_Reg_Init()//1s到达
{
    if(State)//运行状态1
     {
         State=0;//状态机清零
         TH1=(65536-50000)/256;//定时器1 TH1初始化
         TL1=(65536-50000)%256;//定时器1 TL1初始化
         TH0=(65536-50000)/256;//定时器0 TH0初始化
         TL0=(65536-50000)%256;//定时器0 TL0初始化
         TR0=1;//定时器0启动
         TR1=1;//定时器1启动
         EA=1; //打开总中断
     }
}
```

5. 仿真调试及仿真结果

程序运行后取得10个测试点，如表11.2所示，仿真结果如图11.31所示。

表11.2 仿真测试表

理论值/kHz	9.70	7.70	6.50	4.50	2.30	1.30	0.4	0.2	0.03
测试值/kHz	9.702	7.702	6.501	4.501	2.301	1.300	0.4	0.2	0.03
误差值	<0.1%	<0.1%	<0.1%	<0.1%	<0.1%	<0.1%	<0.1%	<0.1%	<0.1%

6. 结论

根据测试表11.4可知，设计的算法可行。项目中采用了定时器和计数器结合起来测量频率的方法。定时计数器 0 定时时长 1s,定时计数器 1 用于计数。时间到达 1s 后,获取计数值,更新显示。程序算法良好,测量精度比较高。通过练习达到熟练使用定时器和计数器。

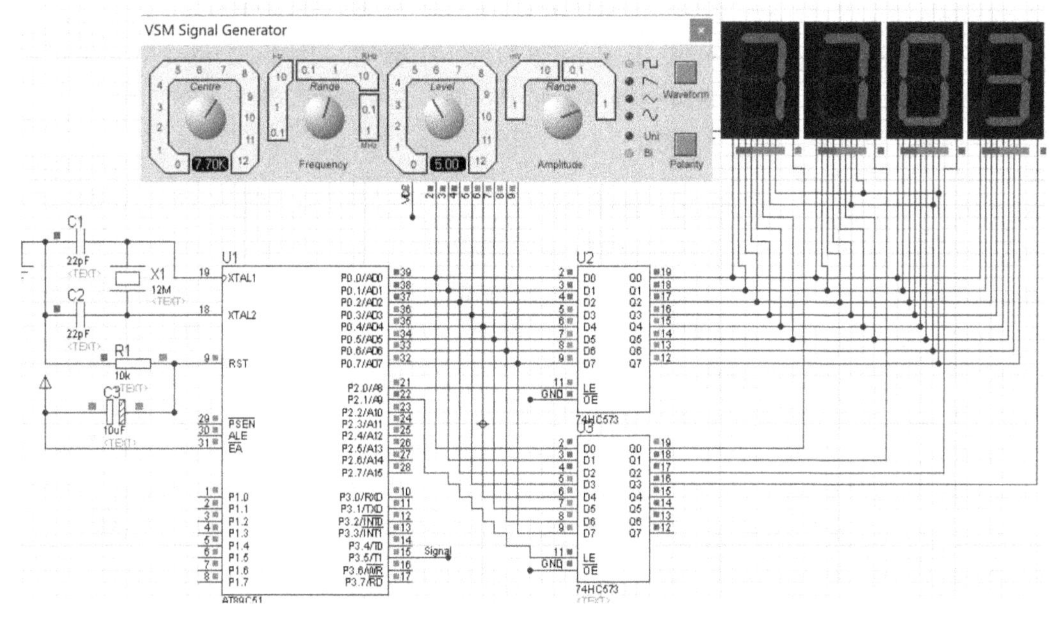

图 11.31　频率计仿真图

11.7　多机通信拓展练习

1. 题目要求

设计一个多机分布式系统。0 号机作为主机,1,2 号机作为从机。主机可以给 1、2 号从机发送数据。从机接收到主机指令返回数据给主机。波特率 9 600b/s。单片机晶振频率11.059 2MHz。

2. 多机通信拓扑结构

多机通信的拓扑结构如图 11.32 所示,图中 RXD 是接收总线,TXD 是发送总线。从机的 TXD(发)挂到接收总线,从机的 RXD(收)挂到发送总线上。从机和从机是不能通信的,一般此类通信拓扑,通信模式一般有从 1 -主 0 -从 2 或者主 0 -从 1(从 2)两种。本题通信模式是第二种主从通信。

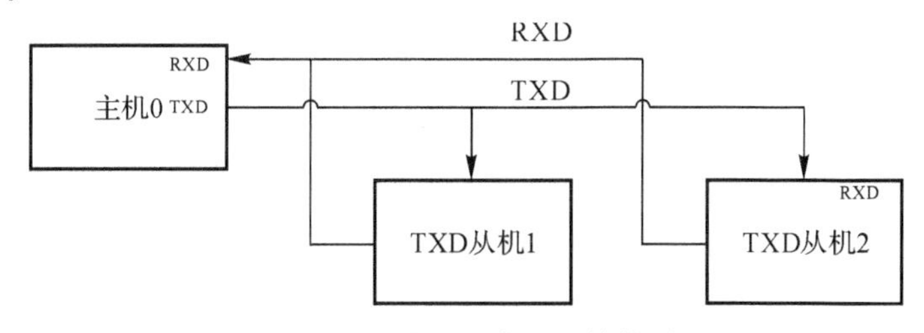

图 11.32　多机通信拓扑结构图

3. 多机通信硬件仿真电路

从机甲和从机乙分别接一个按键。从机甲和从机乙都挂在串行总线上。主机分别按两个按键，从机甲、乙 LED 灯分别点亮 1s。分别按下从机甲乙按键，主机数码管显示 1 和 2。

图 11.33 单片机选择 AT89C4051，是 51 系列的一个型号。主机接 1 位共阳数码管显示数据，段码接 P1 口。接两个按键分别接 P35 和 P37 口。从机甲、乙选择 AT89C4051，分别在 P10 口接按键，P17 口接一颗 LED 灯。

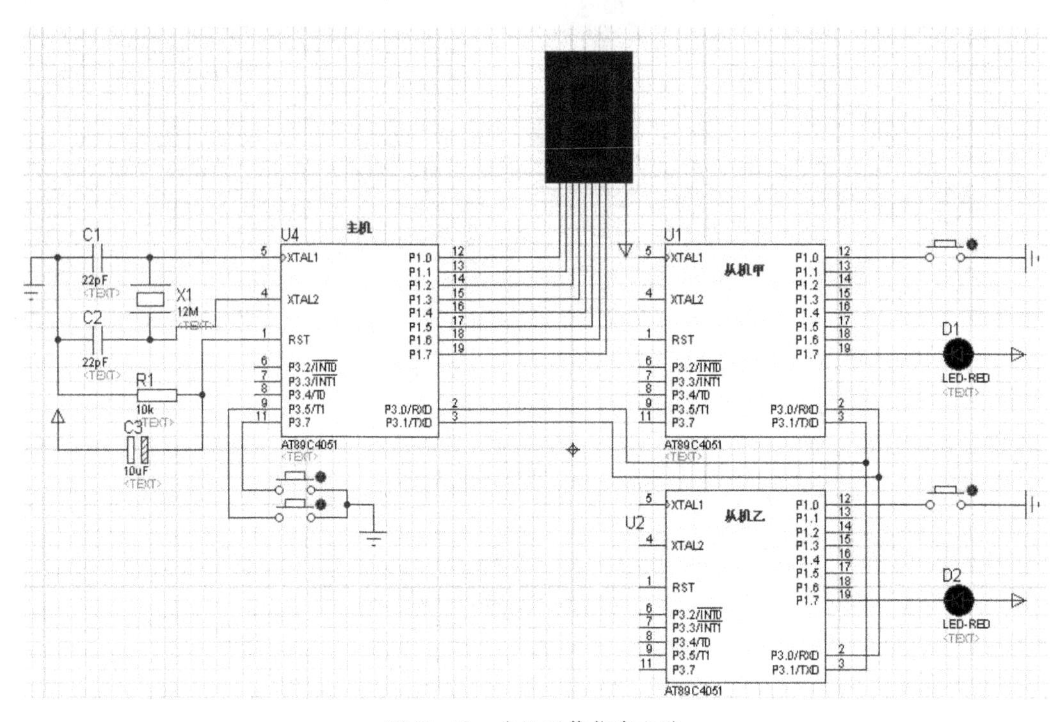

图 11.33 多机通信仿真电路

4. 程序代码

(1)主机程序代码。

```
#include "reg51.h"
#define U8 unsigned char
#define U16 unsigned int
sbit K1=P3^7;//按键宏定义
sbit K2=P3^5;//按键宏定义
sbit Led=P1^7;//LED灯宏定义
U8 code Segment_d[10]={0xc0,0xf9,0xa4,0xb0,0x99,0x92,0x82,0xf8,0x80,0x90};//共阳码表
void DelayMS(U16 ms);//延时
void Uart_Init(void);//串口初始化
void Uart_Send(U8 Dat,U8 DatOrAdd);//发送数据
void Dis_Seg(U8 Num);//数码管显示
void Dat_Deal(void);//接收数据显示
void Key_Scan(void);//按键扫描
```

```
void Key_Transmit(void);//按键发送
U8 KeyNum=0;//键值
bit  Bit9=0;//位定义
U8 Receive_Buff=0;//接收数据缓存
U8 Receive_Flag=0;//接收标志
U8 Statuse=0;
main()
{
    Uart_Init();//串口初始化
    while(1)
    {
      Dat_Deal();//数据处理
      Key_Scan();//按键扫描
      Key_Transmit();//键值处理
    }
}
void DelayMS(U16 ms) //毫秒级延时函数
{
    U8 t;
    while(ms--)
      for(t=120;t>0;t--);
}
void Uart_Init(void)//串口配置
{
    SCON=0xD0;//串口工作方式 3 SM2=1 RB8=1 时 收到的是地址
    PCON=0x00;//波特率倍增位为 0
    TMOD=0x20;//定时器 1 设置工作方式 2
    TH1=0xfd;//波特率 9600
    TL1=0xfd;//波特率 9600
    TR1=1;//启动定时器 1
    ES=1;//串口中断开启
    EA=1;//总中断开启
}
void Uart_Send(U8 Dat,U8 DatOrAdd)//串口发送函数 Dat 数据  DatOrAdd=1 发送地址 否则数据
{
    TB8=DatOrAdd;//地址数据选择
    SBUF=Dat;//数据发送
    while(! TI);//发送等待
    TI=0;//发送完成标志清零
}
void Dis_Seg(U8 Num)//数码管显示
{
    P1=Segment_d[Num];//索引段码赋相应端口
```

```
}
    void Uart_R() interrupt 4 //串口中断函数
{
  if(RI)//接收标志
    {
      RI=0;//接收标志清零
      Bit9=RB8;//接收第九位
      Receive_Buff=SBUF;//接收数据存缓存
      Receive_Flag=1;//自定义接收到标志位
    }
}
void Dat_Deal()//接收到数据处理函数
{
  if(Receive_Flag)//接收到数据
    {
      if(Bit9==1)//接收到数据是地址
        { Bit9=0;//第九位数据清零
          Statuse=1;//启动地址解析
        }
        if(Statuse)//地址解析
        {
          Statuse=0;//地址解析标志清零
          if(Receive_Buff==0x23) Dis_Seg(1);//收到地址 0x23 数据数码管显示 1
          if(Receive_Buff==0x24) Dis_Seg(2);//收到地址 0x24 数据数码管显示 2
        }
      }
}
void Key_Scan()//按键扫描
{
  if(K1&&K2)//没有按键被按下
      KeyNum=0;//键值是 0
  if(! K1)//K1 按键被按下
      {DelayMS(10);if(! K1){while(! K1);KeyNum=1;}}//消抖,松手检测,键值赋 1
  if(! K2)//K2 按键被按下
      {DelayMS(10);if(! K2){while(! K2);KeyNum=2;}}//消抖,松手检测,键值赋 2
}
void Key_Transmit()//键值处理
{
  if(KeyNum==1) {Uart_Send(0x23,0x01);}//键值是 1 时,给 0x23 发送数据
  if(KeyNum==2) {Uart_Send(0x24,0x01);}//键值是 2 时,给 0x24 发送数据
}
```

(2)从机程序代码。

```
#include "reg51.h"
```

```
#define U8 unsigned char
#define U16 unsigned int
sbit K1=P1^0;//按键位定义
sbit Led=P1^7;//LED 灯位定义
void DelayMS(U16 ms);//软件延时
void Uart_Init(void);//串口初始化
void Uart_Send(U8 Dat,U8 DatOrAdd);//串口发送函数
void Dat_Deal(void);//接收到数据处理
void Key_Scan(void);//按键扫描
bit  Bit9=0;//第九位数据缓存
U8 Receive_Buff=0;//接收数据缓存
U8 Receive_Flag=0;//接收标志
U8 Node_Address=0x24;//本机地址 不同从机只需不同地址
U8 Statuse=0;//状态机切换标识
main()
{
  Uart_Init();//串口初始化
  while(1)
  {
       Dat_Deal();//接收到数据处理
       Key_Scan();//按键扫描
  }
}
void DelayMS(U16 ms) //毫秒级延时函数
{
       U8 t;
       while(ms--)
       for(t=120;t>0;t--);
}
void Uart_Init(void)//串口配置
{
       SCON=0xD0;//串口工作方式 3 SM2=1 RB8=1 时 收到的是地址
       PCON=0x00;//波特率倍增位为 0
       TMOD=0x20;//定时器 1 设置工作方式 2
       TH1=0xfd;//波特率 9600
       TL1=0xfd;//波特率 9600
       TR1=1;//启动定时器 1
       ES=1;//串口中断开启
       EA=1;//总中断开启
}
void Uart_Send(U8 Dat,U8 DatOrAdd)//串口发送函数 Dat 数据  DatOrAdd=1 发送地址 否则数据
{
       TB8=DatOrAdd;//地址数据选择
```

```
        SBUF=Dat;//数据发送
        while(! TI);//发送等待
        TI=0;//发送完成标志清零
}
void Uart_R() interrupt 4 //串口中断函数
  {
     if(RI)//接收标志
        {
        RI=0;//接收标志清零
        Bit9=RB8;//接收第九位
        Receive_Buff=SBUF;//接收数据存缓存
        Receive_Flag=1;//自定义接收到标志位
  }
}
void Dat_Deal()//接收数据处理
{
    if(Receive_Flag)//接收到数据标志
      {
        if(Bit9==1)//地址标志
          { Bit9=0;
            if(Receive_Buff==Node_Address)//从机地址判断
            Statuse=1;//处理接收到数据标志
          }
          if(Statuse)//开始处理数据
          {
            Statuse=0;//处理数据标志清零
            Led=0;//点亮 LED 灯
            DelayMS(1000);//延时
            Led=1;//关闭 LED 灯
          }
        }
}
void Key_Scan()//按键扫描
{
     if(! K1)//K1 按下
        {DelayMS(10);if(! K1){while(! K1);Uart_Send(Node_Address,0x01);}}//消抖,松手检测,给主机发送数据。
}
```

5. 综合仿真测试

主机发送从机数据测试,按下主机 K1 按键,从机甲 LED 灯亮 1s。按下主机 K2 按键,从机乙 LED 灯亮 1s。测试结果如图 11.34 所示。

从机发送主机数据测试,按下从机甲按键,主机显示 1。按下从机乙按键,主机显示 2。测试如图 11.35 所示。

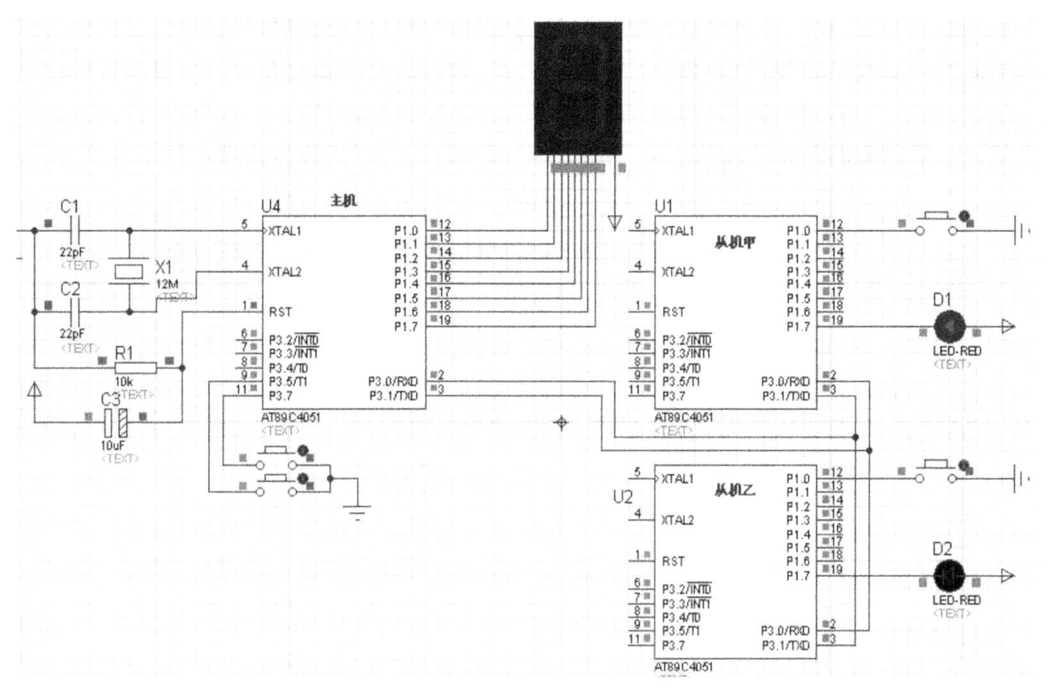

图 11.34　主机给从机发送测试

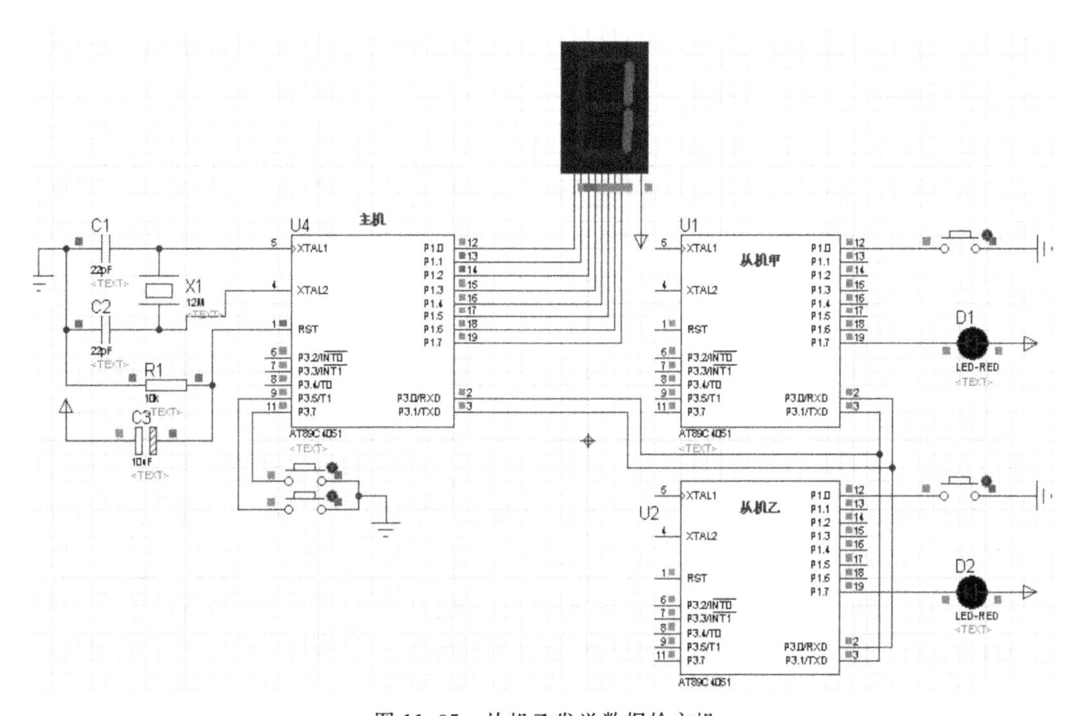

图 11.35　从机乙发送数据给主机

6. 总结

通过任务分析，把主机任务分解成按键扫描、键值处理、接收数据处理三部分，并分别撰写三部分函数。从机任务分解成按键扫描、键值处理、接收数据处理三部分。主机和从机任务分解思路是一致的。不同之处在于各自部分的处理的方法稍有差异。

通过各部分函数撰写、验证，实现了题目的要求，完成一主两从的通信。

11.8 模拟 IIC 总线主从单片机通信仿真

1. 题目要求

设计一套基于 IIC 总线的主从单片机通信系统。系统中一个作为主机，一个作为从机。双机之间采用模拟 IIC 总线通信。数据输入和输出可以通过串口进行调试。

(1)设计仿真电路。

(2)设计主机与从机通信协议细则。

(3)撰写主机、从机 IIC 通信程序。

(4)完成测试报告撰写。

2. 硬件仿真电路

U1 是主机，U2 是从机，型号都是 AT89C4051。主机、从机都引出了模拟串口 Compin。IIC 总线上拉，R1 和 R2 是上拉电阻，阻值是 10kΩ。P12 端口连接，采用 P12 信号线进行收发同步、并表示 IIC 总线收发状态。双机 IIC 模拟通信如图 11.36 所示。

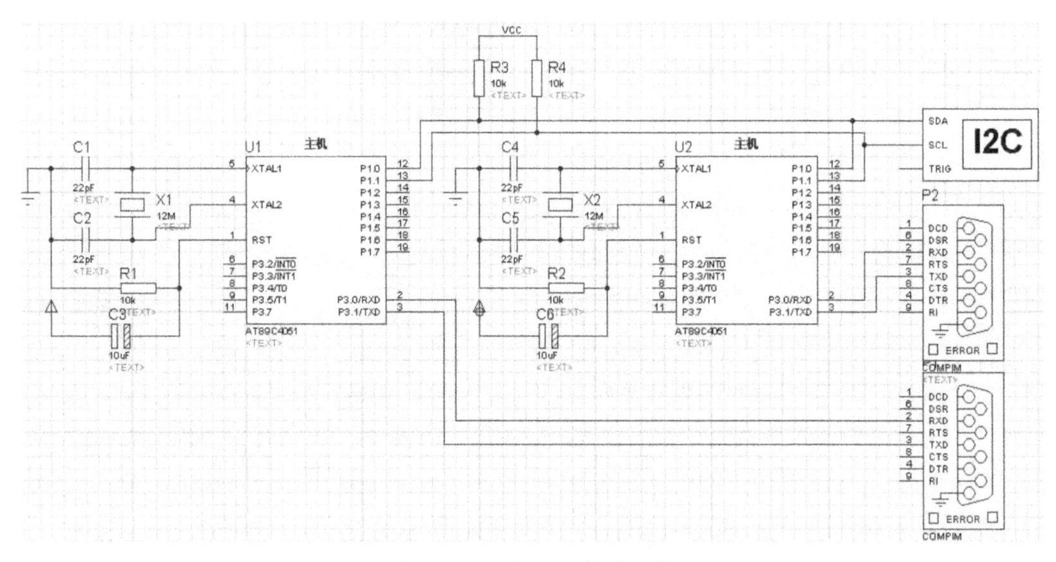

图 11.36　双机 IIC 模拟通信

3. 软件框图

主机、从机软件流程图如图 11.37 所示。

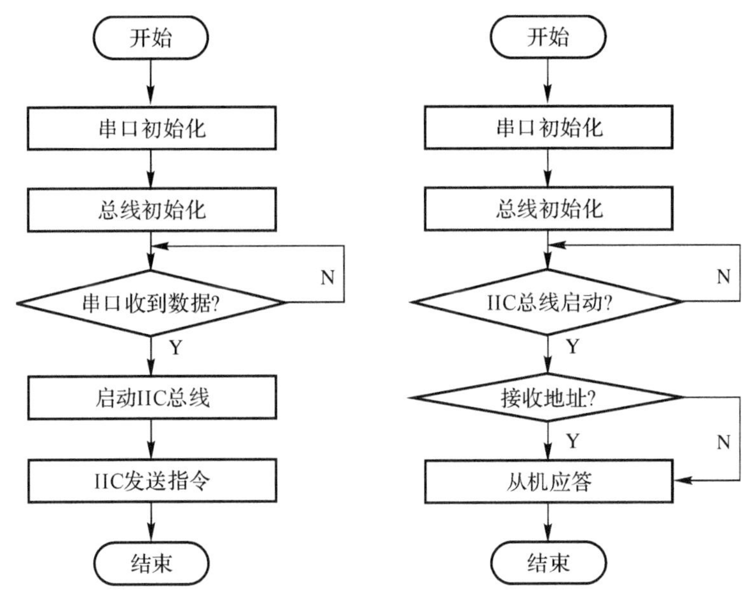

图 11.37　主机、从机软件流程图

4. 程序代码

(1)主机程序代码。

```
#include "reg51.h"
#define U8 unsigned char
#define U16 unsigned int
#define LOC_address 0xa0
sbit SDA=P1^0;//数据线
sbit SCL=P1^1;//时钟线
sbit CS = P1^2;//输入输出使能线
void delay();//延时
void Uart_Init(void);//串口初始化
void Uart_Send(U8 Dat);//串口发送数据
void Master_init_iic(void);//IIC 总线初始化
void start();// 启动总线
void IIC_Send_Date(U8 j);//IIC 总线发送数据
U8 IIC_Receive_Date();//IIC 总线接收数据
void A_work();//本机接收数据处理函数
bit Receive_Flag=0;//串口收到数据标志
U8 Receive_Buff;//串口收到数据缓存
main()
{
    Uart_Init();//串口初始化
    Master_init_iic();//IIC 总线初始化
while(1)
{
```

```
        A_work();//串口收到数据启动 IIC 总线,给从机读或写程序
    }
}
void Uart_Init(void)//串口配置
{
        SCON=0x50;//串口工作方式 3 SM2=1 RB8=1 时 收到的是地址
        PCON=0x00;//波特率倍增位为 0
        TMOD=0x20;//定时器 1 设置工作方式 2
        TH1=0xfd;//波特率 9600
        TL1=0xfd;//波特率 9600
        TR1=1;//启动定时器 1
        ES=1;//串口中断开启
        EA=1;//总中断开启
}
void Uart_Send(U8 Dat)//串口发送函数 Dat 数据   DatOrAdd=1 发送地址 否则数据
{
    SBUF=Dat;//数据发送
    while(! TI);//发送等待
    TI=0;//发送完成标志清零
}
void Uart_R() interrupt 4 //串口中断函数
{
     if(RI)//接收标志
        {
          RI=0;//接收标志清零
          Receive_Buff=SBUF;//接收数据存缓存
          Receive_Flag=1;//自定义接收到标志位
        }
}
void A_work()//主机发起与从机通信函数
{   U8 temp;
      while(CS && Receive_Flag)//串口收到数据启动 IIC 发送
        {
          Receive_Flag=0;//串口接收数据标志
          while(CS)//发送使能进入循环,接收使能退出循环
          {
             start();//启动总线
          }
          while(! CS);//接收使能等待,发送使能退出
          while(CS)//关闭使能进入,关闭使能退出
        { if(Receive_Buff==(LOC_address|0x00))//串口收到数据 进行地址筛查 执行写操作
               {    CS=1; //发送使能
                         IIC_Send_Date(Receive_Buff); //发送地址和读指令
```

```
            CS=1;//发送使能
            delay();//延时等待
          IIC_Send_Date(0x45);//写操作,发送0x45  此数据可修改
          }
      if(Receive_Buff==(LOC_address|0x01))//串口收到数据 进行地址筛查 执行读操作
          {
            CS=1; //准备发送
            IIC_Send_Date(Receive_Buff); //发送地址
          }
      }
          while(! CS)//接收使能进入,发送使能退出
    {
      CS=0;//使能接收
      delay();//延时
      CS=1;//使能发送
      temp=IIC_Receive_Date();//接收数据 并缓存
      if(! (temp==0xff || temp==0))//收到数据判断,并打印输出
        Uart_Send(temp);//打印输出
      Master_init_iic();//总线初始化
    }
  }
    Master_init_iic();//总线初始化
}
U8 IIC_Receive_Date()//接收数据
{
    U8 i,j,k=0xff;//变量声明
    U8 Num=100;//变量声明初始化,等待延时最大值
    SCL = 1;//时钟信号拉高
    CS=0;//接收使能
    delay();//延时
  if((! SCL)&&(SDA))//时钟信号低同时数据信号高,直接返回输出结果k
    {return k;}//
  if(CS==0)//判断接收使能
   {Num=100;//超时数值
      while(SCL && Num>1){Num--;}//等待SCL高电平,同时加超时等待
      for(i=0;i<8;i++)//循环操作8次
      {  Num=100;//超时等待次数
         while(! SCL && Num>1){Num--;}//等待SCL低电平,同时加超时等待
         if(SDA==1)//数据线高电平
           j=1;//J高电平
         else
           j=0;//j低电平
         k=(k<<1)|j;//K接收一位数据,左移一位其结果或到最后一位
```

```
            delay();//延时
            delay();//延时
            Num=100;//超时初始值
            while(SCL && Num>1){Num--;}//等待时钟高电平,并加超时 100 次判断,超时 100
                                        //退出等待
            }
            return k;//返回接收 k
        }
      return k;//返回接收 k
}
void Master_init_iic(void)//总线初始化
{
     SDA=1;//数据线拉高电平
     SCL=1;//时钟线拉高电平
     CS=1;//输出数据使能
}
void delay()//延时
{
   U8 i;
   for(i=0;i<=100;i++);//100 次循环等待操作
}
void start() //总线启动
{
     SDA = 1; //数据线拉高电平
     delay(); //延时
     SCL = 1; //时钟线拉高电平
     delay(); //延时
     SDA = 0; //数据线拉低电平
     delay(); //延时
}
void IIC_Send_Date(U8 j)//发送数据
{    U8 i;
     SCL = 1;//时钟线拉高电平
     while(CS);//输出使能等待,等待接收拉低电平
     if(CS==0)//接收使能
     {
     delay();//延时等待
     delay();//延时等待
     delay();//延时等待
     for (i = 0 ;i < 8 ;i++)//循环 8 次操作
     {
     if((j<<i)&0x80)//j(待发送数据)左移 i 位,取最高位
        SDA=1;//最高位是 1,数据线置 1
```

```
        else
        SDA=0;//否则变量为 0,数据线置 0
        delay();// 延时
        SCL = 0;// 时钟线低电平
        delay();// 延时
        SCL = 1;// 时钟线高电平
        delay();//延时
}
        SCL = 0;//时钟线低电平
        SDA = 1;//数据线高电平
        delay();//延时
        CS=1;//输出使能
  }
        CS=1;//输出使能
}
```

（2）从机程序代码。

```
#include "reg51.h"
#define U8 unsigned char
#define U16 unsigned int
#define LOC_address 0xa0
sbit SDA=P1^0;//数据总线
sbit SCL=P1^1;//时钟总线
sbit CS = P1^2;//输入输出使能线
bit START_flag;//总线启动标志

void Uart_Init(void);//串口初始化
void Uart_Send(U8 Dat);//发送数据
void Master_init_iic(void);//总线初始化
void Start_scan();//总线启动扫描
U8 IIC_Receive_Date();//总线接收数据
void CheckAdd();//地址检测
void B_work();//从机收到数据处理函数
void IIC_Send_Date(U8 j);//从机发送数据函数
U8 Receive_Buff=0;//接收数据缓存
U8 Receive_Flag=0;//接收标志
U8  Local_Add,RW;//本机地址变量,读写标志
main( )
{
   Uart_Init();//串口初始化
   Master_init_iic();//总线初始化
while(1)
{
  B_work();//从机处理数据过程
```

```
}
}
void Uart_Init(void)//串口配置
{
  SCON=0x50;//串口工作方式 3 SM2=1 RB8=1 时 收到的是地址
  PCON=0x00;//波特率倍增位为 0
  TMOD=0x20;//定时器 1 设置工作方式 2
  TH1=0xfd;//波特率 9600b/s
  TL1=0xfd;//波特率 9600b/s
  TR1=1;//启动定时器 1
  ES=1;//串口中断开启
  EA=1;//总中断开启
}
void Master_init_iic(void)//总线初始化
{
  SDA=1;//数据总线高电平
  SCL=1;//时钟总线高电平
  CS=1;//总线输出使能
}
void delay()//延时
{
  U8 i;
    for(i=0;i<=100;i++);//执行 100 次
}
void Start_scan()//启动信号扫描
{
  bit PreState;//前状态
  bit NowState;//现在状态
  char NN = 10;//超时等待
  PreState = SDA;//记录当前 SDA 状态,用作比较
  while(SCL == 1 && NN--)//时钟线高电平,超时判断
  {
    NowState = SDA;//取数据总线
    if(PreState == 1 && NowState == 0)//如果为下降沿则为开始信号
    {
        START_flag = 1;//总线启动标志置 1
    }
  }
}
void Uart_Send(U8 Dat)//串口发送函数 Dat 数据  DatOrAdd=1 发送地址 否则数据
{
  SBUF=Dat;//数据发送
  while(! TI);//发送等待
```

```
  TI=0;//发送完成标志清零
}
U8 IIC_Receive_Date()//接收数据函数
{
  U8 i,j,k=0xff;//变量声明
  U16 Num=100;//超时变量
  SCL = 1;//时钟线高电平
  CS=0;//接收使能
  delay();//延时
  if((! SCL)&&(SDA))//时钟线低电平,数据线高电平 退出返回
  {return k;}//返回 0xff
  if(CS==0)//接收使能
  {
    while(SCL && Num>1){Num--;}//等待时钟低电平或超时退出等待
    for(i=0;i<8;i++)//8 次循环操作
    {  Num=100;//超时赋初值
       while(! SCL && Num>1){Num--;}//时钟线高电平或超时退出等待
       if(SDA==1)//数据总线高电平
          j=1;//变量 j=1
       else
          j=0;
       k=(k<<1)|j;//结果左移一位与 i 或运算
       delay();//延时
       delay();//延时
       Num=100;//超时等待赋初值
       while(SCL && Num>1){Num--;}//时钟线低电平或超时退出等待
     }
    return k;
}
  return k;
}
void CheckAdd()//地址检测函数
{
    U8 i,j,k=0xff;//变量初始化
    U8 Num=100;//超时等待变量
    SCL = 1;//时钟线高电平
    CS=0;//置低信号告诉单片机 A、单片机 B 已做好准备接收
    delay();//延时
  if(! CS)//判断接收使能进入
    {
    while(SCL && Num>1){Num--;}//时钟线低电平或超时退出等待
    for(i=0;i<8;i++)//循环 8 次操作
    {
```

```
        Num=100;//超时等待变量赋初值
      while(! SCL && Num>1){Num--;}//时钟线高电平或超时退出等待
        if(SDA==1)//数据总线高电平
      j=1;//变量j=1
    else
      j=0;
    k=(k<<1)|j;//结果右移一位与i
    delay();//延时
    delay();
    Num=100;//超时等待变量赋初值
    while(SCL && Num>1){Num--;}//时钟线低电平或超时退出等待
    }
    RW=k&0x01;//取接收结果最低位,判断读或写
    Local_Add=(k&0xfe);//取接收数据的高7位作为地址
    CS=1;//读使能
    }
    CS=1;//读使能
}
void B_work()//从机接收数据及处理过程
{
U8 temp;//临时变量
if(CS)//主机输出使能
{
  Start_scan();//开始扫描总线启动与否
  if(START_flag)//判断总线启动
    {
        START_flag=0;//总线启动标志清0
        CS=0;//关闭主机输出
        delay();//延时
        CS=1;//开启主机输出
        CheckAdd();//从机接收地址及操作指令
          if(Local_Add==LOC_address)//接收数据 地址判断
          {
              if(RW)//从机接收读操作
                {
                  CS=0;//主机接收使能
                  IIC_Send_Date(0x80);//从机返回数据给主机
                  CS=1;//主机发送使能
              }
              if(! RW)//从机接收写操作
              {
                  CS=0;//主机接收使能
                  delay();//延时
```

```
                    CS=1;//主机输出使能
                    temp=IIC_Receive_Date();//从机接收主机数据
                    delay();//延时
                    Uart_Send(temp);//接收数据串口发送
                    CS=1; //主机发送使能
                }
            }
            delay();//延时
            Master_init_iic();//总线初始化
        }
            Master_init_iic();//总线初始化
    }
            Master_init_iic();//总线初始化
}
void IIC_Send_Date(U8 j)//IIC 总线从机发送数据函数
{   U8 i;//临时变量
    SCL = 1;//时钟线高电平
    while(CS);//主机发送使能等待
    if(CS==0)//主机接收使能
    {
        delay();//等待
        delay();//等待
        delay();//等待
      for (i = 0 ;i < 8 ;i++)//循环操作 8 次发送
     {
       if((j<<i)&0x80)//取最高数据
         SDA=1;//数据总线高电平
       else
         SDA=0;//否则数据总线低电平
       delay();//延时
       SCL = 0;//时钟线低电平
       delay();//延时
       SCL = 1;//时钟线高电平
       delay();//延时
      }
      SCL = 0;//时钟线低电平
      SDA = 1;//数据线高电平
      delay();//延时
      CS=1;//主机输出使能
      }
      CS=1;//主机输出使能
}
```

5. 仿真调试及仿真结果

根据题目要求，建立主机和从机通信(IIC 通信)。P1.0 和 P1.1 分别为数据和时钟总线。CS 输出/输入使能。主机、从机串口分别通过虚拟串口引出。整个仿真电路如图 11.38 所示。

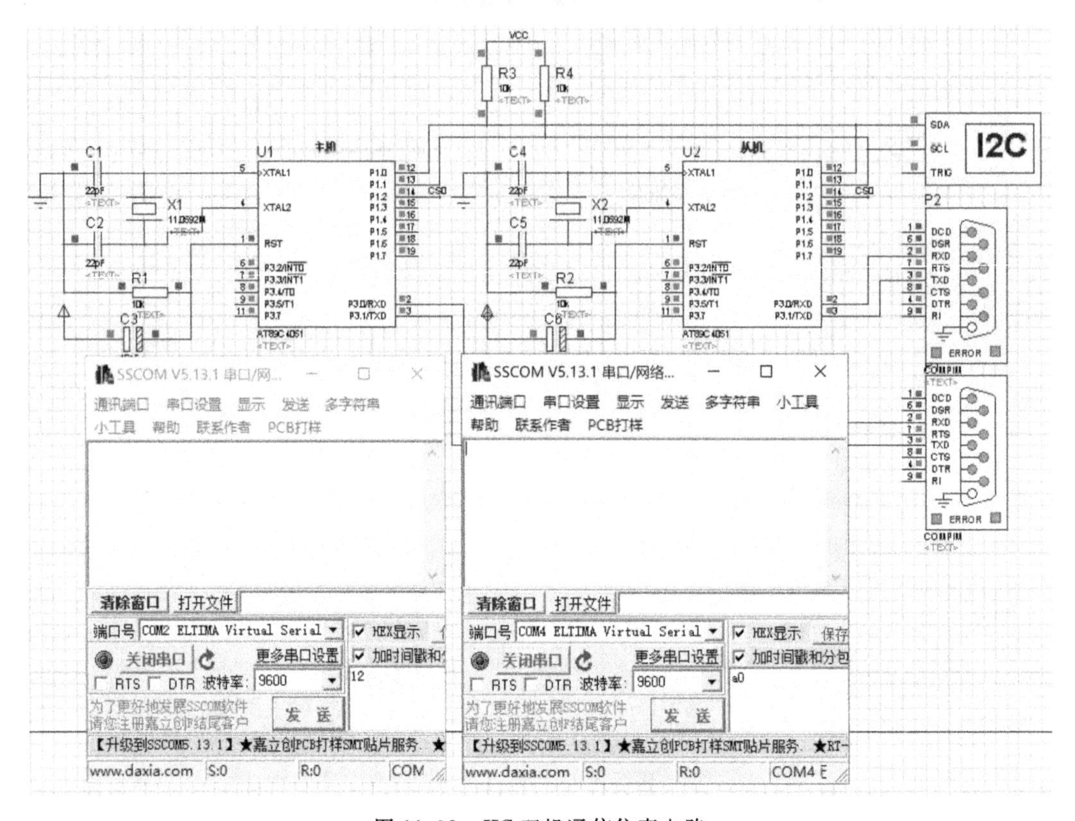

图 11.38　IIC 双机通信仿真电路

0xA0 的高 7 位是从机地址，0xA0 的最低位是 0，表示写数据。0xA1 的高 7 位是从机地址 0xA1 的最低位是 1 表示读从机数据。

主机通过串口发送 0xA1，从机收到后判断是从机地址 0xA0，从机返回 0x80(此数据可变)，主机收到返回数据，通过串口打印输出 0x80。测试仿真结果如图 11.39 所示。

主机通过串口发送 0xA0，从机收到后判断是从机地址 0xA0，主机再发送 0x45(数据可变)给从机，从机收到数据后串口打印输出。测试仿真结果如图 11.40 所示。

6. 总结

通过测试得出结论，主机通过串口发送 0xA1，主机串口返回数据 0x80，0x80 为从机返回主机数据。主机通过串口发送 0xA0，从机收到数据通过地址判断，主机再发 0x45 给从机，从机收到 0x45 再通过从机串口输出。验证了设计的方案可行，程序稳定。但仍有以下几方面需要改进。

(1)本次仿真任务是双机 IIC 通信，在实际应用中，如果是多机 IIC 通信，设计电路时需要增加一根读写使能控制线。

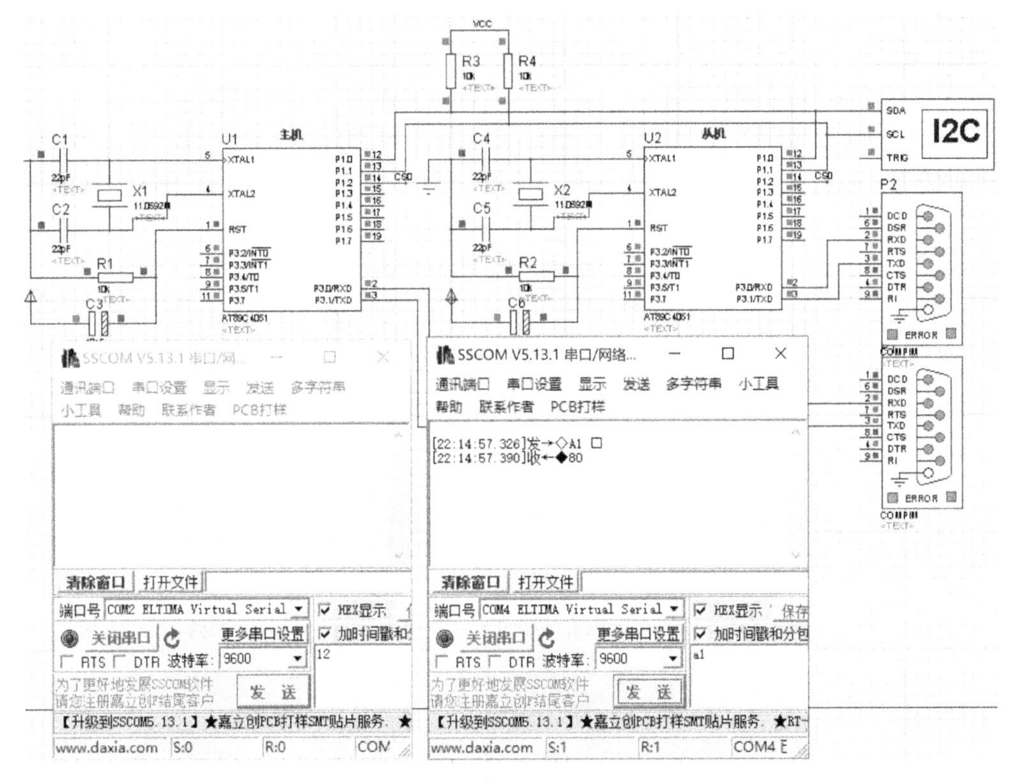

图 11.39　串口发送 0xA1 读指令测试图

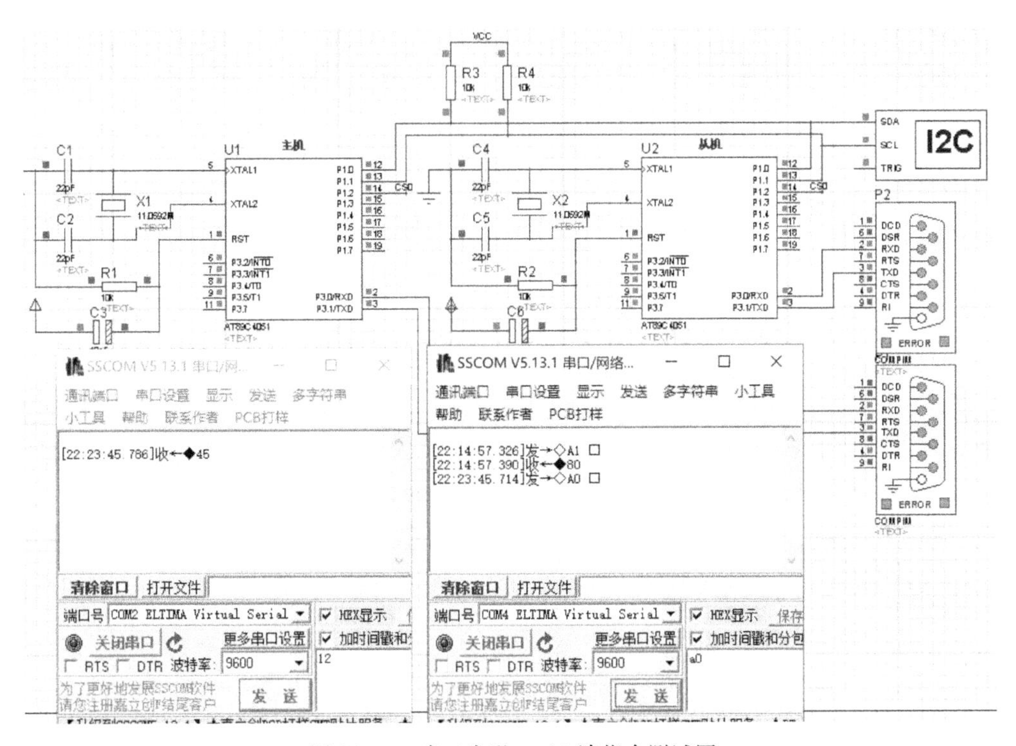

图 11.40　串口发送 0xA0 读指令测试图

(2)本次程序设计过程中一次发数据一个字节,收也是一个字节。实际使用中可能是多字节的,因此收发程序得修改再调试。验证多字节收发准确性。

(3)对于本例双机、单字节通信封装函数还需要再优化,提高稳定行。

不管是多机还是多字节通信,都是建立在双机、单字节通信的基础上,有了稳定的第一步,后面的改进有了坚实的基础和明确的方向。希望本例对大家学习 IIC 总线通信有所帮助。

11.9 模拟 SPI 总线双机通信仿真方案设计

1. 题目要求

设计一套基于 SPI 总线的双机通信系统,一个作为主机,另外一个作为从机。完成数据传递。

2. 设计方案

如图 11.41 所示,在本仿真方案中,U1 和 U2 是 AT89C4051 单片机,Master 和 Slave 是模拟 SPI 总线。主机 SPI 总线定义分别是 SCK(P1.0)、SDO(P1.1)、SDI(P1.2)。从机 SPI 总线定义是 SCK(P1.0)、SDO(P1.2)、SDI(P1.1)。主机与从机收发数据线交叉连接。

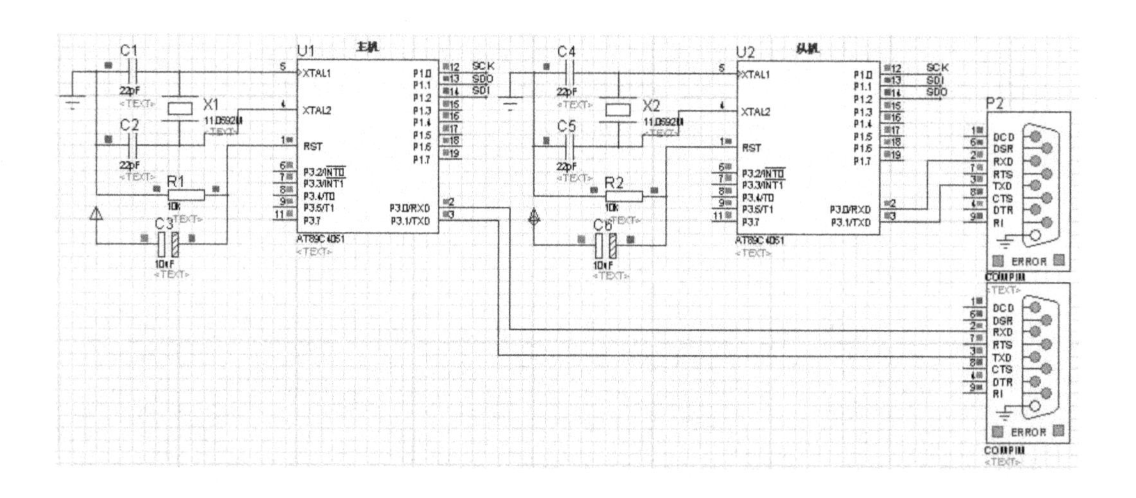

图 11.41 模拟 SPI 总线双机通信仿真方案

软件设计的框图如图 11.42 所示,根据模拟 SPI 总线特点和题目的要求,设计的主从机是对等通信,即模拟串口发数据给 A 机,A 机收到数据通过 SPI 总线发送数据给 B 机。B 机收到数据,通过串口发出数据,反过来由 B 到 A 流程一样的。

3. 程序代码(主机与从机程序一致)

```
# include <reg52. h>//头文件
# include <intrins. h>//头文件
# define U8 unsigned char
# define U16 unsigned int
```

```
sbit SCK = P1^0;//位定义时钟
sbit SDI = P1^1;//位定义 Input
sbit SDO = P1^2;//位定义 Output
void delay5us();//延时
void SpiSend(U8 dat1);//SPI 发送函数
U8 SpiReceive();//SPI 接收函数
void Com_Init(void);//串口初始化
void main()
{
     Com_Init();//串口初始化
     while(1)
     {
       SBUF = SpiReceive();// 循环接收数据
     }
}
void delay5us()//延时
{
     _nop_();
}
void SpiSend(U8 dat1)//SPI 发生函数
{
     U8 i;
     for (i=0; i<8; ++i)//循环 8 次操作
     {
       SCK = 0;
       if (dat1 & 0x80)//判断当前最高位为 1 还是 0
       {
         SDO = 1;//数据总线为高
       }
       else
       {
         SDO = 0;//数据总线为低
       }
       SCK = 1;//上升沿发送数据
       dat1 <<= 1;//接收数据左移一位
       delay5us();//延时
     }
}
U8 SpiReceive()//SPI 接收数据
{
       U8 i, dat0;
```

```
        dat0 = 0x00;//dat0 初始化
        for (i=0; i<8; ++i)//循环 8 次操作
        {
          dat0 <<= 1;//接收数据左移一位
          while(SCK == 1);//等待低电平
          while(SCK == 0);//等待高电平
          dat0 |= SDI;//总线数据获取
        }
        return (dat0);//收到数据(返回值)dat0
}
void Com_Init(void)//串口初始化
{
        SCON=0x50;//串口工作方式 2
        PCON=0x00;//波特率倍增率为 0
        TMOD=0x20;//定时器工作方式 2
        TH1=0xfd;//波特率 9600b/s
        TL1=0xfd;
        TR1=1;//定时器 1 启动
        EA=1;//总中断开启
        ES=1;//串口中断开启
}
void UART() interrupt 4
{
        if (RI)//判断是否接收完成
        {
        RI = 0;//软件清零
        SpiSend(SBUF);// 转发接收到的数据
      }
      if (TI)//判断是否发送完成
      {
        TI = 0;//软件清零
      }
}
```

4.仿真调试及仿真结果

仿真结果如图 11.44 所示。仿真调试中采用了模拟串口和 SPI 调试工具。程序流程为串口发出数据→触发主机 SPI 发送→从机接收到数据→串口发送显示。对于这样的信号流调试要分步进行,一步步来,保证每一步正确这是调试的关键。调试分步有如下三步:

(1)串口收发调试,这是要做的第一步,保证串口收发无误。

(2)SPI 总线发调试。通过 SPI 调试工具调试,如图 11.44 所示。

(3)串口收发程序和 SPI 收发程序融合在一起调试,如图 11.45 所示。

5. 总结

通过测试得出结论,A 机串口发送 0x12,B 机串口返回数据 0x12。反之发送 0x12,返回 0x12。验证了设计的方案基本可行,程序也比较可靠,但仍需进行以下几方面的改进。

(1)本次仿真任务是双机 SPI 总线通信,实际应用中有可能是多机通信。那么就需要改进从机接收程序,增加地址使能信号。

(2)在本次程序设计过程中,一次发数据一个字节,收也是一个字节。实际使用中可能是多字节的,需要收发程序得修改再调试,需要验证多字节收发准确性。

(3)对于本例双机、单字节通信封装函数还需要再优化,提高稳定性。

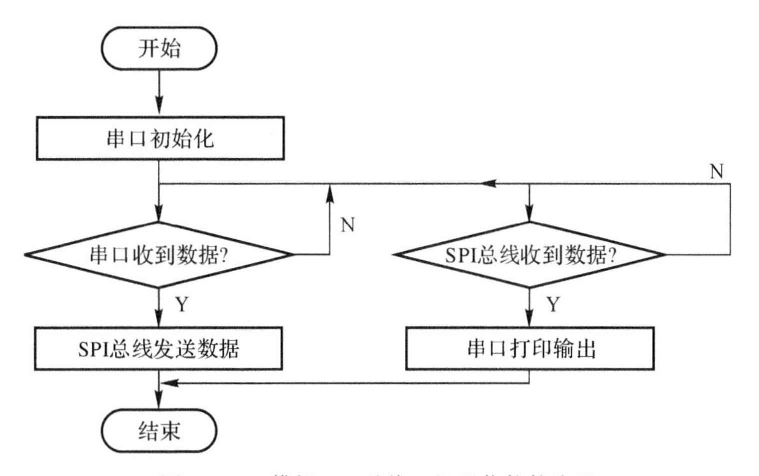

图 11.42　模拟 SPI 总线双机通信软件流程

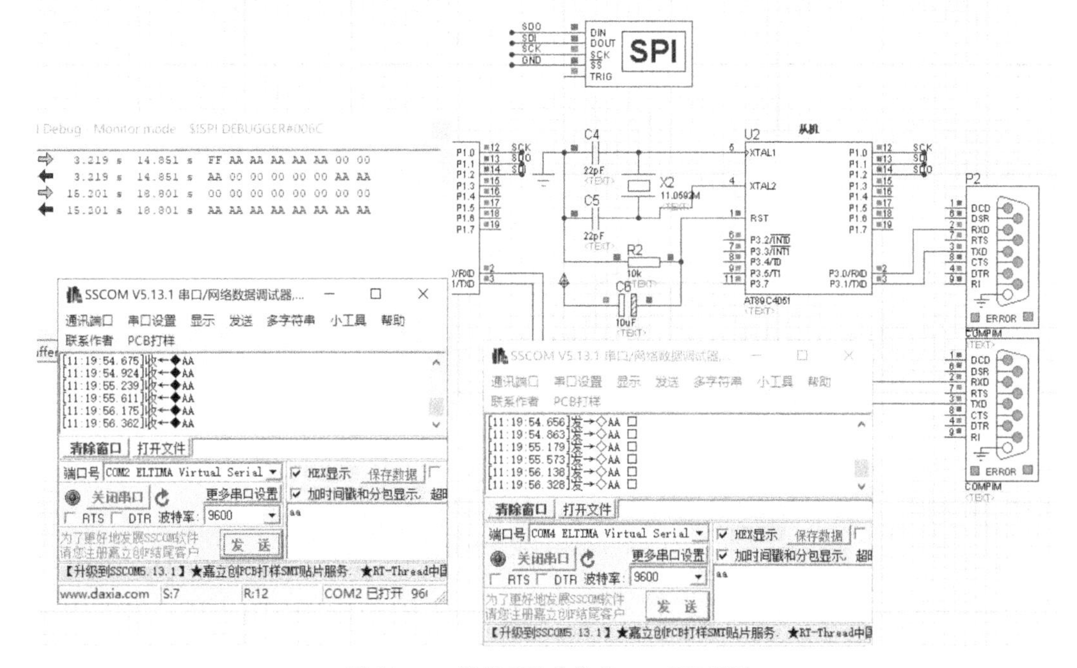

图 11.43　模拟 SPI 总线串口－SPI 调试

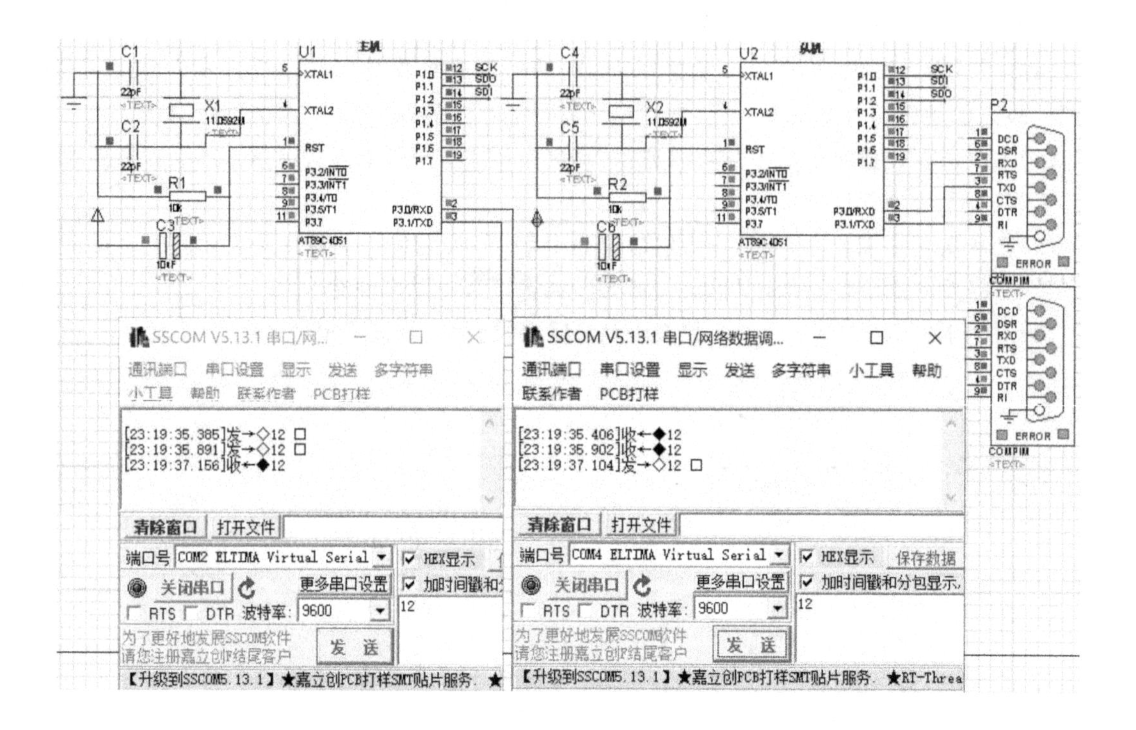

图 11.44　模拟 SPI 总线双机通信调试

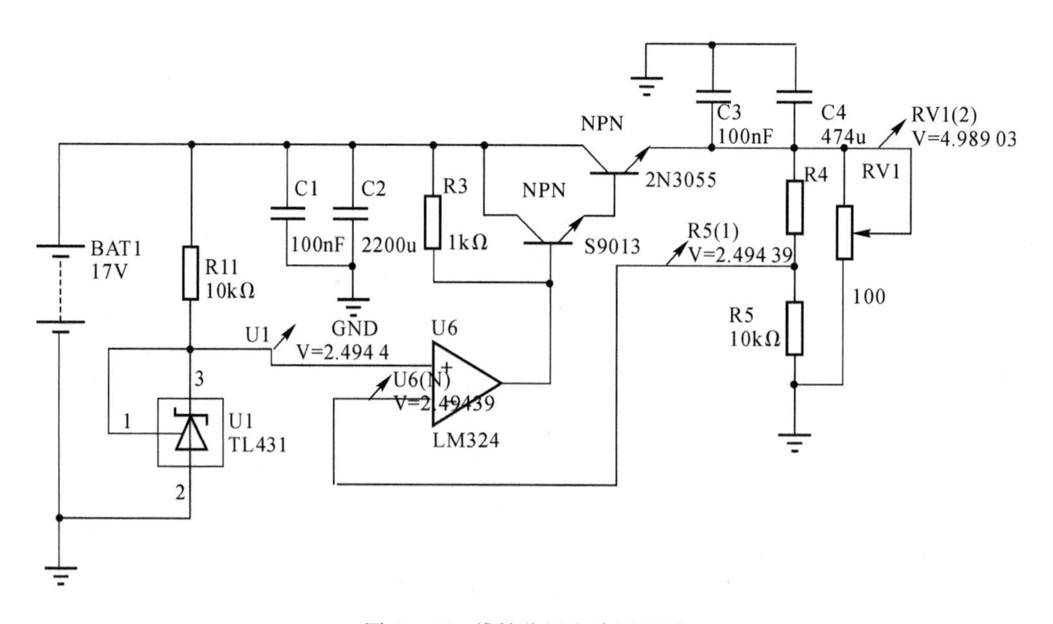

图 11.45　线性稳压电路原理图

11.10　数控恒压电源

1. 题目要求

设计一款基于 51 单片机控制数控电压源，使用 PCF8591 芯片进行电压采集和电压输出控制。

2. 线性稳压电源原理介绍

如图 11.46 所示电路典型的串联式稳压电路，电路共分为①基准电源部分（R11、U1），②三极管电压调整部分（R3、9013、2N3055），③取样反馈电路（R3、R4），④基准与反馈电压比较电路部分（U6），⑤电源滤波电路（C1、C2、C3、C4）等 5 部分组成。

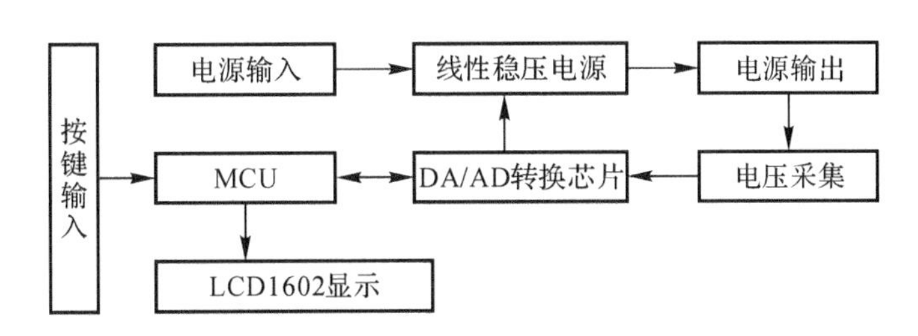

图 11.46　数控稳压源硬件方案

图 11.45 中基准提供约 2.5V 电压，根据运放基本原理可分析算出 R5 端电压约为 2.5V，进而推出线性稳压电源输出 5V 电压。

如果把 R5 改成可调电阻，上图电路可实现可调电源输出，或者改变基准电压也可以实现可调电源电压输出。如果把基准源改成单片机控制的 DA 输出的模拟电压输出，从而实现可调电压的输出。这就是本章数控恒压源实现的基本思路。

3. 数控稳压电源的硬件设计方案

在图 11.46 中，是数控稳压电路实现框图，按键设置输出电压值，单片机控制 D/A 芯片提供相应的基准电压给线性稳压电路，稳压电路输出设置的电压值。再通过电压采集电路、A/D 转换电路测量出输出电压值。设置电压值和测量的输出电压值都在液晶屏上予以显示。

4. 数控稳压电源的实现电路

比较图 11.47 部分与图 11.49 电路，区别就在基准源上，一个是固定的基准源，一个是单片机控制 DA 芯片输出的基准电压。当基准电压可单片机控制时，数控电压即随着线性变化。图 11.48 部分包括 4 个独立按键，分别是增加、减少、确定/移位、设置 4 个功能。采用 LCD1602 液晶屏显示，显示 2 行，每行最多显示 16 个字符。PCF8591 的操作在第十章已经讲过，这里不再过多介绍了。

5. 数控稳压电源的软件实现

软件框图如图 11.50 所示，通过按键输入要设置电压，按照电路分压比计算出基准电压，再通过控制 DA 芯片输出相应基准电压。

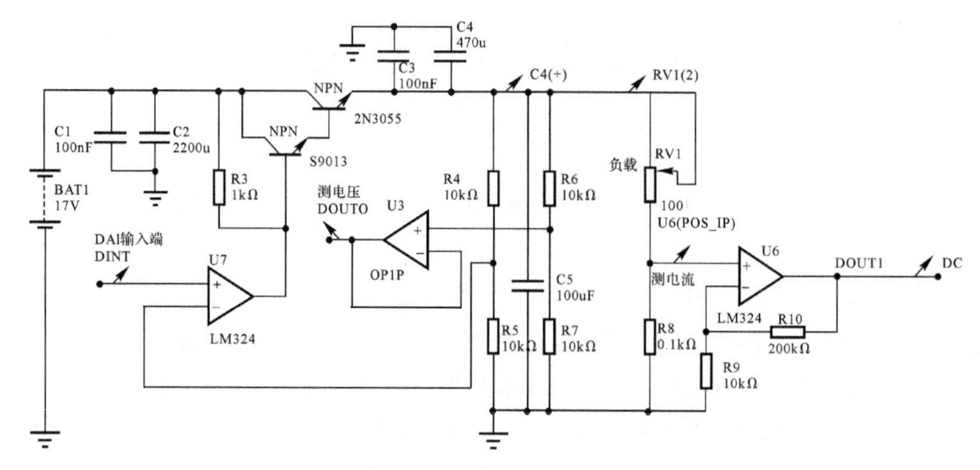

图 11.47 线性稳压部分

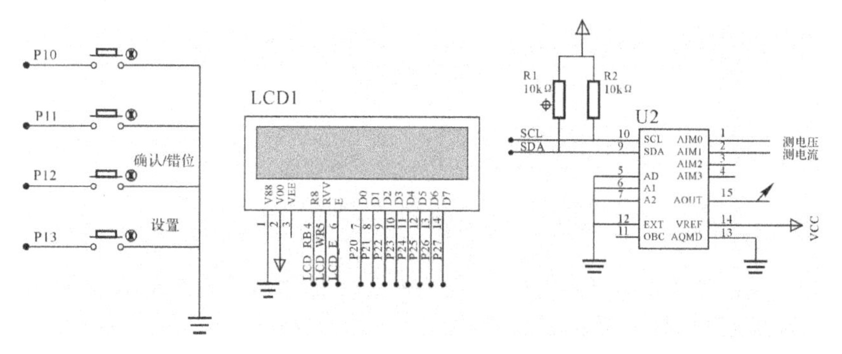

图 11.48 按键、LCD1602 显示、PCF8591 电路

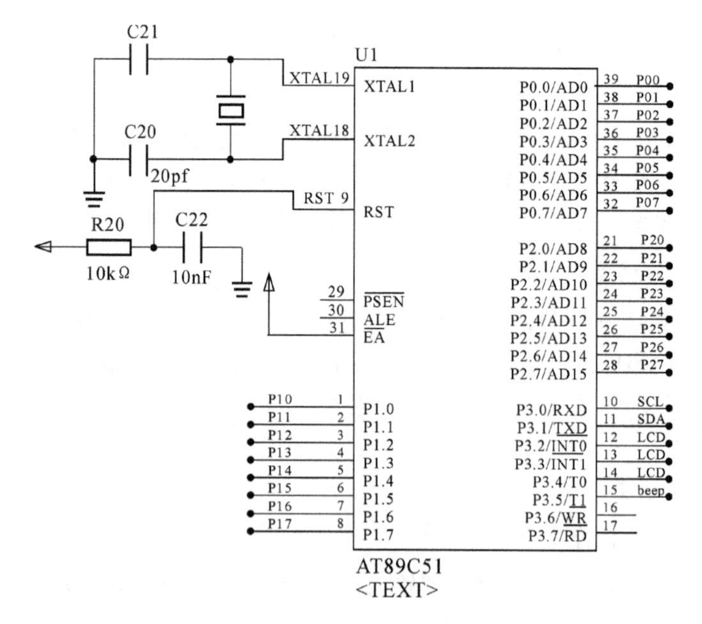

图 11.49 AT89C52 单片机最小系统及外围电路

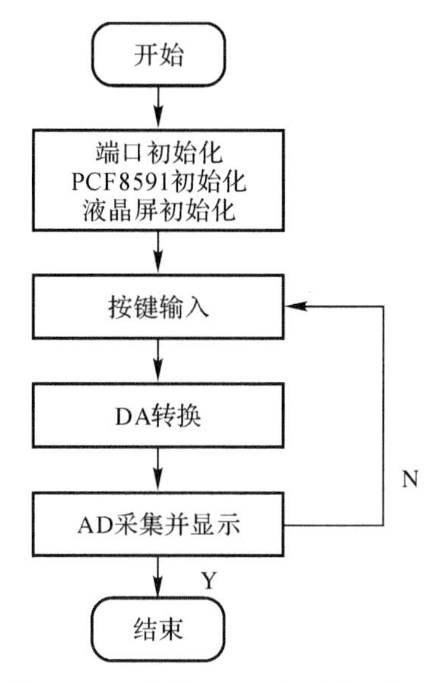

图 11.50　数控稳压源软件实现框图

6. 程序代码

```
//main.c
#include "reg51.h"
#include "Head.h"
void main()
{
    LCD_Init();//LCD 初始化
    IIC_Init();//IIC 初始化
    while(1)
    {
        keyscan();
        Set_Data();//设置电压
        Dis_Data();//显示电压
    }
}
//Head.h
#ifndef _Head_H
#define _Head_H
#include "reg51.h"
#define U8 unsigned char
#define U16 unsigned int
#define  WRITEADDR 0x90
#define  READADDR  0x91
sbit LCD_RS=P2^7;//LCD 引脚定义
sbit LCD_WR=P2^6;// LCD 引脚定义
```

```
sbit LCD_E=P2^5;// LCD引脚定义
sbit K1 = P2^3;// + 增加按键
sbit K2 = P2^2;//- 减少按键
sbit K3 = P2^1;// 移位按键
sbit K4 = P2^0;// 确认按键
sbit CLK=P3^0;// IIC总线时钟线
sbit SDA=P3^1;//IIC总线数据线

void Delay_Us(U16 nus);
void IIC_Init(void);
void IIC_Start(void);
void IIC_Stop(void);
void IIC_Ack(void );
void IIC_Write_Byte(U8 Dat);
U8    IIC_Read_Byte(void);
U8    Pcf8591ReadByte();   //读PCF8591数据
void Pcf8591DaConversion(U8 value);//DAC转换函数
void keyscan();//按键扫描
void LCD_Write_Cmd(U8 com );//LCD屏写命令
void LCD_Write_Data(U8 date);//LCD屏写数据
void LCD_Init();//LCD屏初始化
void LCD_Manifest(U8 row,U8 add,U8 date);//LCD屏指定位置显示函数
void Cursor_display(U8 add);//光标指定函数
void Delay_Ms(U8 i);//毫秒延时函数
void ADC_Send_Byte(U8 com,U8 addr);//ADC发送函数
U8    ADC_Receive_Byte(U8 addr);//ADC寄存器读函数
void Dis_Data();//显示电压数据函数
void Set_Data();//设定电压值函数

#endif
//Head.c
#include "Head.h"
U8 str1[]="Set:  .              ";//第一行固定显示
U8 str2[]="Get:  .              ";//第二行固定显示
U8 key_num;//键值  确认按键  按键次数
U8 Updat_Flag=1;//设定值、采样值更新标志
U16 back_voltage1,back_current;//返回电压  返回电流
U16 key_value,set_value,back_voltage2;//按键输入值  根据电压计算返回电流
U8 Dat[4]={0,0,0,0};//存储按键键值
void Delay_Us(U16 nus)//微秒级延时函数
{
while(nus--);
}
```

```
void IIC_Init()//IIC 总线初始化
{
    SDA=1;
    CLK=1;
}
void IIC_Start()//IIC 总线启动
{
    CLK=1;
    Delay_Us(5);
    SDA=1;
    Delay_Us(5);
    SDA=0;
    Delay_Us(5);
    CLK=0;
}
void IIC_Stop()//IIC 总线停止
{
    CLK=1;
    Delay_Us(5);
    SDA=0;
    Delay_Us(5);
    SDA=1;
    Delay_Us(5);
}
void IIC_Ack( )//主机等待从机应答
{
    U8 i=0;
    SDA=0;
    Delay_Us(2);
    CLK=1;
    while((SDA==1)&&(i<255))i++;
    CLK=0;
    Delay_Us(5);
}
void IIC_Write_Byte(U8 Dat)//IIC 总线写数据
{
   U8 i;
   CLK=0;
   Delay_Us(5);
   for(i=0;i<8;i++)
{
    if((Dat&0x80)>>7)
         SDA=1;
```

```
    else
        SDA=0;
  Dat=Dat<<1;
  CLK=1;
  Delay_Us(5);
  CLK=0;
  Delay_Us(5);
  }
}

U8 IIC_Read_Byte()//IIC 读操作
{
  U8 i,Rec=0;
  SDA=1;
  CLK=1;
  for(i=0;i<8;i++)
   {
      Rec=Rec<<1;
      if(SDA) Rec++;
      CLK=0;
      Delay_Us(5);
      CLK=1;
      Delay_Us(5);
   }
   return Rec;
}

U8 Pcf8591ReadByte() //读 PCF8591 数据
{
    U8 dat;
    IIC_Start();
    IIC_Write_Byte(READADDR);
    IIC_Ack( );
    dat=IIC_Read_Byte();
    IIC_Stop();
    Delay_Us(10);
    return(dat);
}
void Pcf8591DaConversion(U8 value) //DAC 模数转换
{
    IIC_Start();
    IIC_Write_Byte(WRITEADDR);
    IIC_Ack( );
```

```
    IIC_Write_Byte(0x40);
    IIC_Ack( );
    IIC_Write_Byte(value);
    IIC_Ack( );
    IIC_Stop();
}
void LCD_Write_Cmd(U8 com )//LCD 液晶屏写命令
{
    LCD_RS=0;
    P1=com;
    Delay_Ms(1);
    LCD_E=1;
    Delay_Ms(1);
    LCD_E=0;
}
void LCD_Write_Data(U8 date)//LCD 液晶屏写数据
{  LCD_RS=1;
   P1=date;
   Delay_Ms(1);
   LCD_E=1;
   Delay_Ms(1);
   LCD_E=0;
}
void LCD_Init()//LCD 液晶屏初始化
{  U8 i;
   LCD_WR=0;
   LCD_Write_Cmd(0x38);
   LCD_Write_Cmd(0x0e);
   LCD_Write_Cmd(0x06);
   LCD_Write_Cmd(0x80);//设定第一行地址
   for(i=0;i<16;i++)
   LCD_Write_Data(str1[i]);//第一行固定显示
   LCD_Write_Cmd(0x80+0x40);//设定第二行地址
   for(i=0;i<16;i++)
   LCD_Write_Data(str2[i]);//第二行固定显示
}
void LCD_Manifest(U8 row,U8 add,U8 date)//LCD 液晶屏显示
{
  if(row==1)
    LCD_Write_Cmd(0x80+add);
  if(row==2)
    LCD_Write_Cmd(0xc0+add);
  LCD_Write_Data(0x30+date);
```

```
}
void Cursor_display(U8 add)//光标位置设定
{
  LCD_Write_Cmd(0x80+add);
  LCD_Write_Cmd(0x0e);
}
void Delay_Ms(U8 i)//延时函数
{U8 x,y;
  for(x=i;x>0;x--)
    for(y=110;y>0;y--);
}
void ADC_Send_Byte(U8 addr,U8 com)//发送命令
{  IIC_Start();
   IIC_Write_Byte(addr);
   IIC_Ack();
   IIC_Write_Byte(com);
   IIC_Ack();
   IIC_Stop();
}
U8 ADC_Receive_Byte(U8 addr)//读取指定地址数据
{  U8 c;
   IIC_Start();
   IIC_Write_Byte(addr+1);
   IIC_Ack();
   c=IIC_Read_Byte();
   IIC_Ack();
   IIC_Stop();
   return(c);
}
void keyscan()//按键扫描
{ if(K1&&K2&&K3&&K4)
        {key_num=0;}//
     if(K1==0)
     {
       Delay_Ms(10);
       if(K1==0)
       {while(K1==0);key_num=1;}//+ 增加按键
     }
     if(K2==0)
     {
       Delay_Ms(10);
       if(K2==0)
       {while(K2==0);key_num=2;}//- 减少按键
```

```
    }
    if(K3==0)
    {
      Delay_Ms(10);
      if(K3==0)
      {while(K3==0);key_num=3;}//shift 移位按键
    }
    if(K4==0)
    {
      Delay_Ms(10);
      if(K4==0)
      {while(K4==0);key_num=4;}//enter 按键
    }
}
void Dis_Data()//显示更新
{
  if(Dat[0]==0)
    {LCD_Manifest(1,5,Dat[1]);Cursor_display(5);}
  if(Dat[0]==1)
    {LCD_Manifest(1,7,Dat[2]);Cursor_display(7);}
  if(Dat[0]==2)
    {LCD_Manifest(1,8,Dat[3]);Cursor_display(8);}
   if(Updat_Flag>0)
    {
      key_value=Dat[1]*100+Dat[2]*10+Dat[3];//
      key_value=key_value*51/200;//
      Pcf8591DaConversion(key_value) ;//DAC 转换
      ADC_Send_Byte(0x90,0x40);//通道二 ADC 转换
      back_voltage1=ADC_Receive_Byte(0x90);//
      back_voltage1=back_voltage1*4;//将输出反馈值扩大 2 倍,使小数点后保留
                                    //2 位有效数据 4 是个估算值。
      LCD_Manifest(2,5,back_voltage1/100);//输出反馈值个位
      LCD_Manifest(2,7,back_voltage1%100/10);//输出反馈值小数点 1 位
      LCD_Manifest(2,8,back_voltage1%10);//输出反馈值小数点 2 位
      Updat_Flag++;//刷新数据标志
      if(Updat_Flag>2)//确保数据执行两次
          Updat_Flag=0;
    }
}
void Set_Data()//设置电压数据
{
    if(key_num==3)//位置标记
      {
```

```
            Dat[0]++;//位置标记
            if(Dat[0]>2) Dat[0]=0;
        }
      if(key_num==1)//数值增加
    {
      Dat[Dat[0]+1]++;
      if(Dat[Dat[0]+1]>9) Dat[Dat[0]+1]=9;//在指定位置数据增加并存储
    }
    if(key_num==2)//数值减少
    {
      Dat[Dat[0]+1]--;
      if(Dat[Dat[0]+1]<1) Dat[Dat[0]+1]=0;//在指定位置数据减少并存储
    }
    if(key_num==4)//确认执行
    {
        Updat_Flag=1;//确认执行标志
    }
}
```

7.仿真结果及总结

本题通过分析研究线性稳压电源电路原理,提出了以DA输出替换线性稳压电源电路的基准电压,从而实现数控电源的思路。通过仿真电路证明方案可行。测试结果见表11.3。

表11.3 测试结果

设置1.0V	设置2.0V	设置3.0V	设置8.0V
输出0.96V	输出2.04V	输出3.04V	输出8.12V

通过分析电路分析可知,误差主要来源是DA输出误差及计算误差影响的输出的精度。如果要提高输出精度可采用位数较高的DA转换芯片。

参考文献

[1] 郭天祥.51 单片机 C 语言教程[M].北京:电子工业出版社,2009.
[2] 陈海宴.51 单片机原理及应用[M]. 北京:北京航空航天大学出版社,2017.
[3] 宋雪松,李冬明,崔长胜.手把手教你学 51 单片机[M]. 北京:清华大学出版社,2014.
[4] 王浩全,李晋华,张敏娟,等.单片机原理与应用[M]. 北京:人民邮电出版社,2013.
[5] 周润景,丁岩.单片机技术及应用[M]. 北京:电子工业出版社,2017.
[6] 丁向荣.单片机原理与应用[M]. 北京:电子工业出版社,2014.